U0361026

民族教育信息化教育部重点实验室
云南省高校民族教育与文化数字化支撑技术工程研究中心

本书的出版幸承2010年国家自然基金项目"非常规突发事件演化分析和应对决策支持模型集成原理与方法"（91024029）、2015年国家自然基金项目"多源异构的海量少数民族文化资源挖掘与服务关键技术研究"（61562093）、2016年国家自然基金项目"基于语义的边疆民族地区泥石流灾害辅助应急决策研究"（61661051）、2013年云南省科技计划项目"基于语义的教育突发事件应急决策技术研究"、2015年云南省科技计划项目"基于云计算的海量少数民族文化数字资源管理与服务模型研究"（2016FA024）、2014年云南师范大学博士科研启动项目"基于复杂网络的教育突发事件演化机理分析及应对策略研究"的资助。

知识元及其相关模型构建研究
—— 基于煤矿事故领域

文斌 著

Research on the Construction of
Knowledge Element and its Relavant Models
—— Based on the Coal Mine Accident Domain

科 学 出 版 社
北 京

内 容 简 介

本书围绕煤矿事故的发展、变化以及应急管理中的信息、知识、模型的描述与组织等问题进行研究，建立知识元及相关模型，为煤矿事故领域信息、知识、模型处理提供统一的描述标准，为煤矿事故应急处理的多学科信息、知识、模型的集成和融合建立一定的基础理论及方法。本书引入共性知识元模型思想对煤矿事故领域知识元及相关模型构建问题进行研究，系统地对知识元的形式化表示、煤矿事故领域知识元模型、煤矿事故领域知识元本体模型和煤矿事故领域知识元网络等内容进行介绍和阐述。

本书适合作为信息管理、计算机应用及相关专业的高年级本科生和研究生教材，也适合作为从事信息技术、知识处理、应急管理等相关技术专业人员的参考书。

图书在版编目（CIP）数据

知识元及其相关模型构建研究：基于煤矿事故领域/文斌著.—北京：科学出版社，2017.5
ISBN 978-7-03-052712-7

Ⅰ.①知… Ⅱ.①文… Ⅲ.①煤矿-矿山事故-应急对策-知识管理-研究 Ⅳ.①TD77

中国版本图书馆CIP数据核字（2017）第080856号

责任编辑：付 艳 苏利德 王迎春 / 责任校对：刘亚琦
责任印制：张欣秀 / 整体设计：楠竹文化

编辑部电话：010-64033934
E-mail：edu-psy@mail.sciencep.com

科 学 出 版 社 出版

北京东黄城根北街16号
邮政编码：100717
http://www.sciencep.com

北京建宏印刷有限公司 印刷

科学出版社发行 各地新华书店经销

*

2017年7月第 一 版 开本：720×1000 B5
2018年1月第二次印刷 印张：15 1/4

字数：258 000

定价：78.00元

（如有印装质量问题，我社负责调换）

前言 *Preface*

我国大部分煤矿都为井工矿。井工开采是在多数信息未知或不确定的地下动态空间环境进行的，进而导致煤矿行业成为事故发生率很高的行业。经统计，2000~2012年，我国累计发生煤矿事故 33 557 起，死亡 57 030 人。煤矿事故造成了生命和经济方面的巨大损失。而对煤矿事故的应急处置存在资源难以共享、高效预案缺乏、协调统一的指挥缺少、有效对策难以得到等问题，煤矿事故应急管理研究成为一个紧迫的任务。煤矿事故具有偶然性、预测难等特点，难以用单一的方法和模型来解决应急决策，而是需要针对情境即时综合信息、知识和模型。因此，如何建立模型把来自不同学科的非结构化或不同结构的信息、知识、模型组织并管理起来，有效并且方便地建立和维护这些信息、知识、模型，并针对相关情境快速提供准确的信息、知识、模型是煤矿事故应急管理的关键问题之一。知识元为知识结构的最小单位，是描述事物的最小单位，能够从概念、属性、组成要素方面揭示事物的本原，知识元能够作为统一标准把来自不同学科、不同结构的信息、知识、模型进行描述和集成起来。因此，本书以"知识元及其相关模型构建研究——基于煤矿事故领域"为题开展研究工作。

知识元在文本信息挖掘与处理方面得到了深入的研究，但在应急管理领域，特别是煤矿事故领域有待进一步提炼和建模。王延章提出了共性知识元模型。知识元是基于哲学思想——事物是可不断细分，在管理学范畴下事物知识的最小单元。本书基于此对知识元的形式化表示、煤矿事故领域知识元、煤矿事故领域知识元本体模型、煤矿事故领域知识元网络模型进行系统的研究。

本书共 7 章，主要内容如下。

第 1 章：绪论。对研究背景及选题依据进行介绍，阐述用知识元来研究煤矿事故及其涉及的相关事物的必要性及意义，然后分别对应急知识管理研究现状、知识元研究现状、复杂网络研究现状、描述逻辑研究现状进行综述，最后介绍研究内容、本书结构和技术路线。

第 2 章：基本概念及相关理论基础。首先介绍知识元和知识元模型，然后介绍传统描述逻辑 ALC 的语法、语义、推理，其推理包括可满足性、概念包含等检测问题，其中可满足性判定是关键问题，可以用 Tableau 算法（基于表的算法）来完成，介绍 ALC 的该算法。复杂网络随着时代的发展逐渐被人们重视，网络由节点和边组成，节点表达要研究的对象，边表达这些对象之间的关系，其最常见的统计特性包括平均路径长度、度与度分布、聚类系数等，并对规则网络等几个典型模型进行介绍。此外，还对煤矿事故领域知识元、对应的网络和它的网络要素进行确立。

第 3 章：描述逻辑 KEDL 形式化系统。在传统描述逻辑 ALC 的基础上进行扩展，提出描述逻辑 KEDL（ knowledge element description logics ），其中包括：概念由 ALC 中一类概念扩展成两类概念，即对象知识元概念和属性知识元概念，关系扩展成对象知识元间关系、属性知识元间关系、对象知识元和属性知识元关系三类关系，添加反关系构造器。建立描述逻辑 KEDL 的语法、语义以及公理体系，然后通过证明得到 KEDL 的一些性质，如幂等律、排中律等，并通过证明讨论 KEDL 的语义推论和语法推论的关系，得两者相等价，即 KEDL 形成化系统具有完备性。描述逻辑 KEDL 的表达能力比传统描述逻辑 ALC 更强，能够更好地形式化描述知识元，并为基于知识元的推理提供逻辑基础。

第 4 章：煤矿事故领域知识元模型构建研究。对煤矿事故进行分析得出，面向应急管理的煤矿事故涉及煤矿事故本身、其所在的煤矿客观事物系统环境以及人们对其进行的应急管理活动。基于系统论把煤矿事故、煤矿客观事物系统、煤矿应急管理活动进行细分，细分到管理学意义下不可再分为止，分别提出煤矿事故基元事件、煤矿事故应急活动基元概念；然后分别抽取这些不可再分事物的属性要素及其关系，基于共性知识元模型分别建立表达煤矿事故领域涉及的相关事物及信息的三种知识元和它们的模型，对三类知识元模型的知识元表达的完备情况进行讨论，另外讨论这些知识元间的关系。基于实例描述说明所建立的相关知识元模型能够很好地表达事故及相关信息。

第 5 章：煤矿事故领域知识元本体模型构建研究。根据煤矿事故领域概念分类体系及构建的相关知识元，为了实现对知识元的组织和查询检索，基于本体论构建了煤矿事故领域知识元本体模型，其中包括煤矿客观事物系统知识元本体、煤矿事故知识元本体、煤矿事故应急活动知识元本体，提出基于树型结构来对三类知识元本体进行构建，并建立三类知识元本体基于树型结构的语义描述模型。然后采用本体开发工具 Protégé 构建煤矿事故领域知识元本体，并采用 OWL（ontology web language）对所构建的煤矿事故领域知识元本体进行形式化描述，再次基于 Fact++推理器对所建立的知识元本体进行推理和查询研究。通过所建立的模型能够有效地实现煤矿事故领域知识元组织和查询检索。

第 6 章：煤矿事故领域知识元网络研究。首先依据煤矿事故领域知识元模型及其关系建立其知识元网络的数学模型。之后给出煤矿事故领域知识元网络建立的流程和方法，经过分析、统计确立煤矿事故领域知识元网络节点、关系，接着从煤矿事故领域知识元网络的节点数、边数、密度、平均节点度、聚类系数等各方面分析其整体属性和特征，并对煤矿事故领域知识元网络节点中心度、中介中心度、接近中心度进行分析。最后对煤矿事故领域的八个知识元子网的属性特征、中心性进行分析。

第7章：总结和展望。对全书内容进行总结，对知识元及相关模型构建研究进行展望。

本书是作者在其博士学位论文基础之上进行修改完善编写而成的。整个研究和编写过程得到了中国矿业大学（北京）张瑞新教授，大连理工大学王延章教授、裘江南教授，云南师范大学徐天伟教授、甘健侯教授等的指导和帮助，作者借此机会深表谢意。本书的研究得到了国家自然科学基金（91024029）、国家自然科学基金（61562093）、国家自然科学基金（61661051）、云南省科技计划项目（2016FA024）、云南省科技计划项目（2013FD015）、民族教育信息化教育部重点实验室（云南师范大学）、云南省高校民族教育与文化数字化支撑技术工程研究中心等的资助，科学出版社对本书的出版给予了大力支持，在此一并表示衷心的感谢。

由于作者水平有限，加之时间仓促，书中难免存在不足之处，恳请各位读者批评指正。

文 斌

2016 年 8 月

目 录
Contents

前言

第1章 ◆ 绪论 …………………………………………………… 1

1.1 研究背景及意义 ………………………………………… 1
1.1.1 研究背景 ………………………………………… 1
1.1.2 研究的意义 ……………………………………… 5

1.2 国内外研究现状 ………………………………………… 7
1.2.1 应急知识管理 …………………………………… 7
1.2.2 知识元研究综述 ………………………………… 9
1.2.3 复杂网络及其在知识管理领域研究综述 ……… 10
1.2.4 描述逻辑研究综述 ……………………………… 13

1.3 研究内容和技术路线 …………………………………… 15
1.3.1 主要研究内容 …………………………………… 15
1.3.2 组织结构 ………………………………………… 16

1.4 本章小结 ………………………………………………… 18

第2章 ◆ 基本概念及相关理论基础 ………………………… 19

2.1 知识元 …………………………………………………… 19

2.1.1 知识元概念 ………………………………………………… 19

2.1.2 知识元模型 ………………………………………………… 19

2.1.3 知识元网络 ………………………………………………… 20

2.2 描述逻辑 …………………………………………………………… 21

2.2.1 传统描述逻辑ALC的语法 ………………………………… 21

2.2.2 传统描述逻辑ALC的语义 ………………………………… 21

2.2.3 传统描述逻辑ALC的推理 ………………………………… 22

2.2.4 传统描述逻辑ALC的可满足性问题 ……………………… 22

2.3 网络表示及其特征参数 ………………………………………… 23

2.3.1 网络的图表示 ……………………………………………… 23

2.3.2 网络特征参数 ……………………………………………… 24

2.4 网络模型 ………………………………………………………… 26

2.4.1 规则网络 …………………………………………………… 26

2.4.2 随机网络 …………………………………………………… 28

2.4.3 小世界网络模型 …………………………………………… 29

2.4.4 无标度网络模型 …………………………………………… 31

2.5 煤矿事故领域相关概念 ………………………………………… 32

2.6 本章小结 ………………………………………………………… 33

第3章 ◆ 描述逻辑 KEDL 形式化系统 …………………………… 35

3.1 描述逻辑KEDL的提出 ………………………………………… 35

3.2 KEDL的形式化公理体系 ……………………………………… 36

3.2.1 描述逻辑KEDL的语法 …………………………………… 36

3.2.2 描述逻辑KEDL的语义 …………………………………… 38

3.2.3 描述逻辑KEDL的公理、公理解释说明 ………………… 40

3.3 描述逻辑KEDL的基本性质 …………………………………… 45

3.4　描述逻辑KEDL形式化系统的可靠性和完全性 ·············· 65

3.5　实例说明 ··· 78

3.6　本章小结 ·· 84

第4章 ◆ 煤矿事故领域知识元模型构建研究 ····················· 85

4.1　煤矿事故主要类型及其特征 ···························· 85
4.1.1　煤矿事故分类 ··· 85
4.1.2　煤矿事故的特点 ·· 86

4.2　煤矿事故分析 ·· 87
4.2.1　煤矿事故内外环境分析 ·································· 87
4.2.2　煤矿事故主要构成分析 ·································· 87
4.2.3　煤矿事故应急管理分析 ·································· 89

4.3　煤矿客观事物系统知识元模型构建 ·················· 90
4.3.1　煤矿客观事物系统的概念及分类 ···················· 91
4.3.2　煤矿客观事物系统知识元模型 ······················· 91
4.3.3　煤矿客观事物系统知识元之间的关系 ··············· 94

4.4　煤矿事故知识元模型构建 ······························· 94
4.4.1　基元事件的定义 ·· 95
4.4.2　煤矿事故知识元模型 ····································· 95
4.4.3　煤矿事故知识元之间的关系 ··························· 97

4.5　煤矿事故应急活动知识元模型构建 ·················· 98
4.5.1　煤矿事故应急活动基元概念 ··························· 98
4.5.2　煤矿事故应急活动知识元模型 ························ 99
4.5.3　煤矿事故应急活动知识元之间的关系 ··············· 101

4.6　煤矿事故知识元与煤矿客观事物系统知识元的关系
讨论 ··· 107

4.6.1 煤矿事故的发生机理 ···107

4.6.2 煤矿事故基元事件与煤矿客观事物系统对象的关系 ··········108

4.6.3 煤矿事故知识元与煤矿客观事物系统知识元的关系 ··········113

4.7 煤矿事故应急活动知识元与煤矿客观事物系统知识元的
关系讨论 ···114

4.7.1 煤矿事故应急活动基元与煤矿客观事物系统对象的关系 ······114

4.7.2 煤矿事故应急活动知识元与煤矿客观事物系统知识元的关系
···118

4.8 煤矿事故知识元与煤矿事故应急活动知识元的关系
讨论 ···119

4.8.1 煤矿事故基元事件与煤矿事故应急活动基元间关系 ··········120

4.8.2 煤矿事故知识元与煤矿事故应急活动知识元的关系 ··········124

4.9 实例验证 ···125

4.10 本章小结 ···127

第5章 ◆ 煤矿事故领域知识元本体模型构建研究 ···················128

5.1 煤矿事故领域知识元本体 ··128

5.2 煤矿事故领域知识元本体模型 ··129

5.2.1 煤矿事故领域知识元本体的形式化 ·································129

5.2.2 煤矿客观事物系统知识元本体 ·······································130

5.2.3 煤矿事故知识元本体 ···136

5.2.4 煤矿事故应急活动知识元本体 ·······································141

5.2.5 煤矿事故领域知识元本体模型的特性 ······························147

5.3 煤矿事故领域知识元本体的构建与推理实现 ·······························147

5.3.1 构建煤矿事故领域知识元本体 ·······································147

5.3.2 煤矿事故领域知识元本体编码 ·······································150

5.3.3 基于煤矿事故领域知识元本体的推理 ····························151

5.4 本章小结 ·· 153

第6章 ◆ 煤矿事故领域知识元网络研究 ·· 154

6.1 煤矿事故领域知识元网络化描述 ··· 154

6.1.1 煤矿事故领域知识元系统化模型 ································ 154

6.1.2 煤矿事故领域知识元网络化模型 ································ 156

6.2 煤矿事故领域知识元网络建模 ·· 157

6.2.1 数据收集与处理 ··· 158

6.2.2 知识元网络节点确定 ·· 160

6.2.3 知识元网络关系确定 ·· 161

6.3 煤矿事故领域知识元网络结构及其属性 ······························ 161

6.3.1 煤矿事故领域知识元网络结构分析 ··························· 162

6.3.2 煤矿事故领域知识元网络个体属性分析 ····················· 166

6.3.3 子网络属性分析 ··· 170

6.4 本章小结 ·· 194

第7章 ◆ 总结和展望 ··· 197

7.1 主要工作与创新 ·· 197

7.2 下一步研究工作 ·· 200

参考文献 ·· 202

附录 ··· 215

第 *1* 章

绪　论

　　首先对研究背景进行介绍，阐述用知识元来研究煤矿事故及其涉及的相关事物的必要性及意义，然后分别对应急知识管理研究现状、知识元研究现状、复杂网络研究现状、描述逻辑研究现状进行综述，最后提出研究内容、本书结构和技术路线。

1.1　研究背景及意义

1.1.1　研究背景

　　我国是煤炭生产和消耗大国，煤炭提供了 2/3 的能源消耗，76%的工业燃料、发电能源、工业动力都由煤炭提供，煤炭还提供民用商品能源的 60%和化工原料的 70%。可以说，煤炭在我国经济发展中起到了重要的战略作用。我国大部分煤炭都是由井工开采生产的，占到 90%以上。井工开采是在多数信息未知的地下动态空间环境进行的，进而导致煤矿行业成为事故发生率很高的行业，煤炭生产行业也是安全形势比较严峻的生产领域。依据《煤炭工业统计年报》等发布的数据，经统计得，2000～2012 年我国累计发生煤矿事故 33 557 起，死亡 57 030 人，其中 3～9 人死亡事故 2 695 起，死亡 12 189 人，10 人以上 517 起，死亡 11 083 人[1, 2]（表 1.1 和图 1.1）；事故的分类统计情况见表 1.2 和图 1.2、图 1.3。

表 1.1 2000～2012 年我国煤矿事故情况统计

年份	起数	死亡人数	死亡 3～9 人事故（较大事故）		死亡 10 人以上事故（重大、特大事故）	
			起数	死亡人数	起数	死亡人数
2000	2 722	5 798	391	1 783	75	1 405
2001	3 082	5 670	336	1 587	49	1 015
2002	4 344	6 995	321	1 423	56	1 167
2003	4143	6 434	286	1 257	51	1 061
2004	3 641	6 027	247	1 085	42	1 008
2005	3 306	5 938	208	877	58	1 739
2006	2 945	4 746	237	1 072	39	744
2007	2 421	3 786	179	815	28	573
2008	1 954	3 215	118	535	38	707
2009	1 616	2 631	106	475	20	509
2010	1 403	2 433	110	517	24	532
2011	1 201	1 973	85	412	21	350
2012	779	1 384	71	351	16	273
合计	33 557	57 030	2 695	12 189	517	11 083

表 1.2 2000～2012 年我国煤矿事故分类统计

年份	顶板事故		瓦斯事故		机电事故		运输事故		放炮事故		水害事故		火灾事故		其他事故	
	起数	死亡人数	起数	死亡人数	起数	死亡人数	起数	死亡人数	起数	死亡人数	起数	死亡人数	起数	死亡人数	起数	死亡人数
2000	1 228	1 521	724	3 132	75	79	291	330	48	52	104	351	13	40	239	293
2001	1 531	1 879	662	2 436	97	99	444	495	64	70	109	432	13	84	162	175
2002	2 364	2 766	743	2 407	134	136	496	534	83	94	162	516	20	185	342	357
2003	2 140	2 455	584	2 061	137	128	531	570	92	99	137	551	20	75	502	495
2004	1 985	2 309	492	1 900	97	89	582	605	105	122	118	357	17	91	245	554
2005	1 805	2 058	414	2 171	105	105	536	578	89	101	109	605	11	58	237	262
2006	1 633	1 902	327	1 319	94	93	467	517	78	90	100	417	7	26	239	382
2007	1 299	1 518	272	1 084	90	86	409	453	69	77	63	255	10	72	209	241
2008	1 032	1 222	182	778	106	109	348	400	39	55	59	263	11	111	177	277
2009	805	939	157	755	97	97	285	319	45	75	47	166	4	31	176	249
2010	702	829	145	623	71	78	246	281	34	37	38	224	12	168	155	193
2011	567	665	119	533	57	57	239	279	32	35	44	192	4	34	139	178
2012	366	459	72	350	56	58	145	201	24	25	24	122	5	27	87	142
合计	17 457	20 522	4 893	19 549	1 216	1 214	5 019	5 562	802	932	1 114	4 451	147	1 002	2 909	3 798

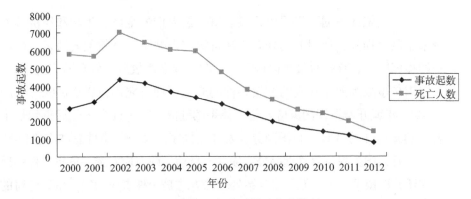

图 1.1 2000~2012 年我国煤矿安全情况

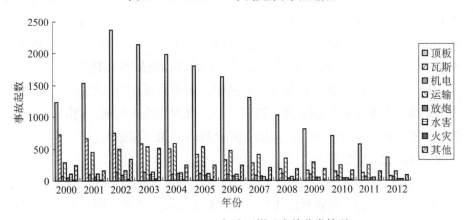

图 1.2 2000~2012 年我国煤矿事故分类情况

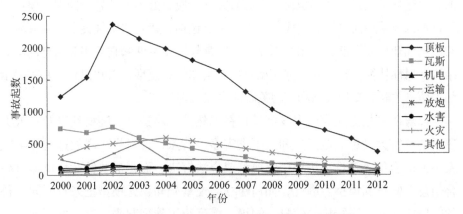

图 1.3 2000~2012 年我国煤矿各类事故增减趋势

从以上统计数据可以看出，煤矿事故给人们的生命、生活和经济等方面带来了巨大损失，而对其的处置存在资源难以共享、高效预案缺乏、协调统一的指挥缺少、有效对策难以得到等问题，煤矿事故应急管理研究迫在眉睫。而以煤矿事故为典型代表的突发事件的应急管理研究也在逐步加强。美国早在1979年就开始重视国家应急管理体系的建立，"9·11"事件后得到长足进展。2006年1月8日，我国国务院发布《国家突发公共事件总体应急预案》。同年5月，国务院应急管理办公室成立。目前，政府应对突发危机事件的处理方式还是以预案为主。但是，预案处理的方式是一种事先制定、事后应对的方式，很多情况下政府和公共管理部门根据应急预案所作的决策往往不适用于现实情况，不能对危机事件进行有效的响应和管理。各个具体的危机事件都具有各自的特点，而预案是事先编制好的，因此适应性、灵活性较差。尤其是面对预案中没有考虑到的问题，就会束手无策，管理和决策陷入混乱[3]。

对于突发事件来说，在其应急管理中，无论是对它的决策还是它涉及的决策系统，都需要以信息支持、知识支持、模型支持为基础。美国、德国、日本等都在整合政府资源，制定国土安全科研计划，加强现有技术在应急管理领域的转化和应用研究。

从2008年开始，国家自然科学基金设立"非常规突发事件应急管理研究"重大研究计划项目，旨在解决我国重大突发事件应急管理中的核心科学问题。本书依托的重大计划项目支持课题以危化品、矿山等领域事故案例为背景，从管理学方面探讨不同学科领域非常规突发事件情境应对、演化、决策、实施的共性管理学范式，从知识科学方面研究支持应急处理的信息、知识、模型如何管理以及采用何种机制集成，其中创新点包括：建立非常规突发事件领域的共性基础知识元模型，采用知识元揭示非常规突发事件和它的相关信息的本源结构及属性特征，建立元数据模型及各类实体信息模型，以知识元为基础揭示相关信息关联、知识关联和模型关联的内在机理等[3, 4]。

以煤矿事故为代表的突发事件存在偶然性、难预测、随机性以及对人类造成的危害大、影响范围广和次生灾害多等特点，针对煤矿事故这类复杂突发事件的应急决策难以用单一的模型或方法解决，而是需要针对情境即时综合信息、知识和模型。因此，如何建立共性基础知识元模型把来自不同学科的非结构化或不同结构的信息、知识、模型组织管理起来，有效方便地建立和维护这些模型，并针对情境快速提供准确的信息、知识、模型是应急管理中相当重要的问题之一。

本书以煤矿事故为研究对象，围绕煤矿事故的发展、变化以及应对决策活动中的信息、知识和模型展开研究，首先基于基础知识元模型，为了能够更好地形式化描述知识元扩展描述逻辑（attributive concept description language，ALC）提出知识元描述逻辑（knowledge element description logics，KEDL），其次采用基础知识元模型的思想来建立煤矿事故领域的知识元和它对应的模型，采用本体的思想建立煤矿事故领域的知识元本体模型，然后结合煤矿事故领域中的知识元采用复杂网络建立其知识元网络，从而形成煤矿事故领域知识元及其相关模型，有利于揭示煤矿事故相关信息的本源结构及属性特征，为煤矿事故信息、知识、模型处理提供统一的概念描述标准，为应急处理的多学科信息、知识、模型的集成和融合建立一定的基础理论及方法。

1.1.2 研究的意义

系统论的观点认为，现实世界由各种各样的系统组成，这些系统要么是简单系统，要么是复杂系统，并且系统由各种元素构成，各元素之间相互联系、相互作用组成一个整体[5]。现实客观世界中的万事万物都为元素，事物是客观存在的，并且事物之间普遍存在联系，于是客观事物相互关联形成系统，对客观事物或系统进行主观抽象可以形成模型，知识元是对这种主观抽象模型的知识表示[6]。若用网络中的节点代表元素，边代表元素之间的联系和作用，系统就成为一个网络[4]。复杂网络是一种对系统进行抽象和描述的方式，复杂网络可以视为一些节点按一定的方式连接起来构成的一个系统[7]。

由史培军对灾害的定义可知，灾害由地表层各类孕灾环境、致灾因子、承灾体所组成[8]。煤矿事故应急管理面对的系统是一个处于矿山、煤矿生产、企业经济和文化环境下的开放复杂系统，涉及政府、煤矿企业、救护队、各种媒体等机构和组织；涉及各类机构及组织在预防、应对煤矿事故和恢复等方面的活动；还涉及各种危险源与事故，以及事故间的复杂演化和耦合关系。煤矿事故为具有破坏力的系统[4]，对矿区生命财产、井下空间、矿区自然环境有着破坏力，还存在事故发生后人们的应急处置以及平时应急管理。本书将分析煤矿事故中涉及的相关事物的各种要素，抽取其共性特征，然后建立相应的知识元模型，基于复杂网络对知识元及知识元间关系进行网络抽象，采用复杂网络研究手段对煤矿事故领域知识元进行研究。

(1) 描述逻辑为知识元的描述提供逻辑基础。

王延章基于模型对客观事物进行了主观抽象，并对相关模型进行研究，分析其共性特征，抽象出模型的共性知识，建立了相应知识元模型[9]，知识元是对客观事物或系统的主观抽象模型描述的共性知识[6]。知识元是基于哲学思想——事物是可不断细分，在管理学范畴下事物知识的最小单元[10]。描述逻辑是一种基于对象的知识表示的形式化方法，它借鉴了知识语言（knowledge language-one，KL-ONE）的主要思想，是一阶谓词逻辑的一个可判定子集。因而，对描述逻辑进行扩展研究来表示模型的共性知识，即描述知识元，为知识融合以及决策提供相应的逻辑基础。

(2) 煤矿事故领域进行知识表示及推理需建立知识元模型。

煤矿事故是一种突发事件，没有较好的模型能够用来表示对以煤矿事故为代表的各类事件的应急管理的知识，以及推理[11]。知识元是基于哲学思想——事物是可不断细分，在管理学范畴下事物知识的最小单元[10]。因而，对煤矿事故领域涉及的客观事物系统、煤矿事故和应急管理活动构建其知识元模型，揭示煤矿事故领域的客观事物系统、事故过程和应急管理活动的属性要素和其间的关联关系。

(3) 煤矿事故领域知识元间存在各种关系。

煤矿事故的产生以各类煤矿生产环境为孕灾环境，煤矿生产环境由各种客观事物，包括巷道、工作面等组成，而客观事物之间存在相关关系，如位置关系、隶属关系等，各类客观事物具有共同的属性要素，可以把客观事物抽象为相应的知识元。煤矿事故还涉及各种组织在预防、应对、恢复等方面的活动，这些活动之间也存在时序关系或互相影响关系，各类活动具有其共同的属性要素，可以把活动抽象为相应的知识元。另外，煤矿事故本身也包含各种类型，各类事故存在共同的属性要素，煤矿事故之间也具有衍生与耦合关系，可以将其抽象为相应的知识元。

由矿山灾害学和平衡态理论可知，煤矿地质环境的平衡会因地下空间煤矿采动而破坏，引发煤矿环境作出相应反应，环境反应所导致的煤矿事故不止一个，一般情况下在一矿区的某一时间段会形成一系列事故[12]。同时，还可能存在次生事故和衍生事故，换句话说，煤矿事故的发生、发展是不断变化和耦合的过程，受一系列物的不安全状态和人的不安全行为共同作用、相互耦合影响，煤矿地质环境由平衡稳态向非平衡激发态转化的过程[4]。发生事故的井下相关信息不完备，从而使得判断、预测井下环境新的平衡态属性以及煤矿事故的应急管理成为困难[13]。这种相关信息未知、不易判断的平衡向非平衡状态转化过程使得煤矿事故具有突发性、偶然性等特性。

网络是一种将复杂系统进行简单化的工具。煤矿事故相关知识元抽象为网络节点，知识元之间的各种复杂关系抽象为边，构建一个反映煤矿事物本身、客观事物环境、应急管理活动的知识元网络。从理论上来看，如果将煤矿事故所有涉及的相关元素及它们的关系找出来，然后抽象为知识元及知识元间的关系，此知识元网络就能反映出煤矿事故发生、发展过程中所涉及的环境中的客观事物属性状态的变化、煤矿事故本身属性状态的变化、人们应对活动状态的变化，以及各种客观对象间的相互作用关系。煤矿事故相关知识元之间各种复杂的关系是构建知识元网络的必要条件。

基于以上分析，知识元、复杂网络给研究煤矿事故及其应对提供了一种新途径和方法。另外，对知识元表示、煤矿事故领域知识元、知识元本体、知识元网络的研究有一定的理论意义和应用价值。

1.2 国内外研究现状

1.2.1 应急知识管理

20 世纪中期，古巴导弹事件使人们初次认识到美国和苏联核对抗带来的危害，给整个人类带来了巨大的威胁，在这样的情况下危机管理理论诞生了，且危机管理很快发展成为决策理论的一个分支并不断发展[14]。薛澜等指出危机是一个对社会系统产生严重威胁的事件，且该事件的决策是有时间压力并且各种信息具有不确定性[15]。危机管理是一个交叉学科，它既属于管理学的一个分支，又属于决策学的一个分支，首先作为管理学分支主要表现在其研究内容包括企业危机管理、教育危机管理、政府危机管理等，这些研究主要是基于管理组织机制，然后建立相关领域的组织运作措施来有效地管理危机；其次作为决策学分支主要体现在以对危机进行决策为核心，基于信息系统来对危机管理进行研究[16]。

应急管理主要管理各种突发事件，它基于"平时"工作及相关信息，以战时突发事件应急响应全过程为主线，涵盖监测监控、预测预警、报警、接警、处置、善后等环节的系统[17]。但其侧重于突发事件发生后，人们对其进行及时、准确的处理和控制，分为事前、事中、事后管理过程[18]。薛澜指出应急管理系统是一个专门对突发事件进行应对的综合体系，该体系由政府及各类社会组织、机构组成[19]。应急管理系统研究包括两种角度，其一为应急管理信息系统，侧重点为信息系统在应急管理和应急决策中应用方面的研究[20]；其二为组织管理，侧重点为关于应急管理的组织结构和其运作效率方面的研究[21]。

突发事件的决策是应急管理的核心问题，而应急决策过程中最重要的资源是知识，研究以知识为基础的应急管理系统成为一个新的热点[22, 23]。决策者可以通过知识管理相关的方法得到相关的知识，这些知识可以对决策起到辅助作用[24]。基于知识的应急管理方法的核心是知识资源，对应急管理知识进行组织，并对其优化配置，在决策过程采用知识，然后将应急问题解决。在国外，20世纪80年代，人们开始研究知识管理，知识管理这个概念在1986年联合国国际劳工大会上首次被研究人员提出，进而知识管理研究成为热点，关于其理论及实践在接下来的十几年中得到快速发展，特别是研究人员还把2000年确定为知识管理年。到目前为止知识管理还没有一个比较专业的定义。国外学者和研究人员基于不同的角度对知识管理进行了各种定义[25]，包括巴斯、维格、法拉普罗都给出了自己的观点[16]。维格的观点是知识管理包括：①通过监测来推动跟知识相关的活动；②为知识创建其基础设施并对其进行维护；③对组织内部的知识进行更新以及把自己组织的知识进行转化；④对知识不断地进行运用进而使知识价值得到提升[16]。国内也有学者提出了自己的观点。乌家培认为知识管理以信息管理为基础，然后在信息管理的基础上对其进行发展、延伸[16,26]。2000年，王众托院士提出知识系统工程，其思想是基于系统工程[27]，其观点是知识管理可以基于两条路线来进行研究：其一是研究重点为人文方面，主要研究人们的行为、技巧以及思维方式；其二是研究重点为信息技术方面，研究如何把信息技术工具运用到知识管理和知识组织中。

《国家应急预案》指出，当前我国主要面临四种公共危机，包括自然灾害、事故灾难、公共卫生、社会安全，而由煤矿事故导致的危机管理划分成事故灾难类的应急管理[28]。倪蓉在文献[29]中提出了应急管理在煤矿事故方面需进行建设的基本框架体系。

从已有文献可以看出，煤矿事故领域应急知识管理研究还有待进一步深入。

1.2.2　知识元研究综述

20 世纪 70 年代末，美国情报学家弗拉基米尔·斯拉麦卡提出"知识元"，那个时候"知识元"被称为"数据元"[30]。20 世纪 80 年代初，英国著名情报学家布鲁克斯提出了绘制"认知地图"的任务[31]。我国学者也围绕知识单元和知识元相继提出了"知识基因""知识单元""知识地图""概念地图""元知识""知识原子"等概念。

当前，对知识元的研究包括概念、应用研究、相关技术处于探索起步阶段，因而对其概念理解各不相同，从而知识元出现多种定义，到目前为止，对知识元还没有公认的界定。陈毓森认为组成知识点的独立内容部分为知识元[32]。孙成江等在文献[33]中提出在人们的知识结构中存在一种基本的元素，这种基本的要素就是知识元。温有奎等提出知识元是一种基元，该基元用来对知识结构进行构造[34]。游星雅认为知识元是一种数据库中的关于知识的信息元素，该信息元素是人们依据认识事物发展规律和与事物有关特性用文字对知识进行明确简洁的描述[35]。姜永常等认为知识元是一种最小的独立单元，用来构成知识结构，是对一个解决特定问题方案的表示[36, 37]。文庭孝等认为知识元为一种知识单位，该单位可以自由切分知识、表达知识等[38]。席运江等提出知识元是能表示完备知识的单位，并且可控[39]。周宁等提出知识元为一词组集，其意义确定，并且不能再分[40]。有学者也对知识元的特点进行了归纳，虽然不一样，但基本都很类似，要具有独立性，要能链接。付蕾根据现有知识元定义将其特点归纳为[41]：拓扑性、独立性、链接性、外显性、便于存储。毕经元将知识元的属性总结为：能认知、能组合、能链接、能导航、独立单一[42]。

在知识元分类上，学者依据不同出发点把其知识元分成不同的类别。温有奎等将知识元分为描述型、过程型两类，然后每一类又分为若干小类[43]。而张静等将知识元分成概念型、原理型等七类[44]。付蕾将知识元分为定义型、类别型、属性型等 11 类[41]。原小玲按表达内容把知识元分为事实型、理论方法型、数值型[45]。

已有文献给出的知识元的结构各不相同，一些学者用二元组、四元组、六元组、七元组来定义，还有一些学者用点、线等定义。温有奎等根据知识元的基本定义提出了四元组的知识元结构[46]。周宁在文献[40]中把知识元的结构表示为4种，即点、线性表、树、图，采用二元组 ku(Name，Value)标记每个知识元。付蕾在文献[41]中用七元组定义知识元结构，即{名称、来源、类型、上下文、上下文关系、内容、其他}。姜永常在文献[47]中用六元组来描述知识元的结构。温有奎等在文献[48]中提出了一种面向对象的描述数值型这一类知识元的结构，即 $S(O,P,S)$。温有奎等在文献[49]中给了一种四元组的知识元本体，另外他还与其他学者在文献[50]中提出了知识元的范畴结构 $K=(O,M,G,T)$。

关于知识元的应用。已有文献较多的是将知识元应用于文献管理[51]、文本知识发现[52]和文本数据挖掘等[53, 54]方面。谈春梅等在文献[51]中设计和开发了一个系统，其能抽取知识元。在文本知识的发现方面，李锐等在文献[52]中提出把知识分成知识元、模块，再由知识元和模块来构建知识体系。在文本数据挖掘方面，赵火军等在文献[53]中提出通过引用的文献间的关联来对其进行知识元提取，并对该方法进行了验证。肖洪等在文献[54]中对数值类别的知识元提取的流程和算法进行了详述，且分析了其效果。徐文海在文献[55]中分析了文本单元如何转换成知识单元的相关模型及两者如何进行映射的相关算法，实现了一个抽取系统。温有奎等在文献[56]中为了解决数据挖掘，使用文献中的创新内容的知识的问题提出构建创新点的知识元。Wu 在文献[57]中提出了以知识元为基础来建立知识结构模型。熊霞等在文献[58]中设计了一个基于叙词表的文献数据库知识单元检索系统，该系统首先将数据库中的文献分解为知识单元，检索时用叙词表中的正式叙词对用户输入的检索词进行规范化处理。来建良在文献[59]中将知识单元应用于产品设计，知识单元中封装进概念信息。

这些研究基本都是围绕文本信息的挖掘与处理进行的。而在煤矿事故领域，对知识元的提炼与建模还有待研究。

1.2.3 复杂网络及其在知识管理领域研究综述

人们对复杂网络的研究最早开始于18世纪，欧拉(Euler)对"七桥问题"的研究方法开创了人们对图论的研究[60]，在随后很长的时间里，图论没得到很好的研究。20 世纪 60 年代，匈牙利科学家 Erdös 和 Rényi 提出随机图理论[61,62]，其对复杂网络的理论的研究起到了系统性的开创作用。Erdös 和 Rényi 采用随机图来对网络进行描述，他们建立的随机网络图理论称为 ER(Erdös Rényi) 随机图理论[63]。1967 年，心理学家 Milgram 进行了小世界试验，建立了六度分离推断[64]。20 世纪末，人们对复杂网络的研究取得了重要进展，并发生了转变。1998 年，美国物理学家 Watts 和 Strogatz 建立了小世界网络模型[65]，此网络模型简称 WS(Watts Strogatz) 小世界模型。1999 年，美国物理学家 Newman 和 Watts 依据 WS 模型的连通性在随机构造时会被破坏，建立了 NW(Newman Watts) 小世界模型，该模型与 WS 小世界的不同之处是以小概率加边而不是以小概率随机进行重连[66]。真实网络具有增长特性和优先连接特性，美国物理学家 Barabási 和 Albert 建立了无标度网络模型，称为 BA(Barabási Albert) 模型，该模型揭示了复杂网络的另一个特性——无标度特性，即网络节点产生机理服从幂律分布[67]。在 Watts 和 Strogatz 关于小世界模型的论文以及 Barabási 和 Albert 关于无标度网络模型论文开创新工作的指引下，关于复杂网络的研究有两个方向，其中一个方向以研究小世界现象为主，另一个方向以研究无标度为主。国外研究人员或学者的关于复杂网络的研究成果和研究进展出现在一些关于复杂网络的研究综述中，Strogatz 在 *Nature* 期刊上发表的一篇简短的关于小世界网络的研究综述[68]，Newman 在 *Journal of Statistical Physics* 发表了一篇关于小世界网络的研究综述[69]。Albert 和 Barabási 发表了一篇教科书式的关于复杂网络的研究综述[70]，该论文讨论的重点是无标度网络，这篇综述被引用了近千次。Newman 于 2003 年发表的另一篇关于复杂网络研究的综述[71]是一篇很好的综述文章，涉及复杂网络研究的理论和其应用，全面详细地介绍了复杂网络，该论文引用的参考文献达 400 多篇。学者 Dorogovtsev 和 Mendes 给出的一篇综述穷尽了当时所有的关于网络演化的结论[72]。这些研究工作起到了开创性作用，让人们对复杂网络更加关注，使其研究进入了一个新阶段。

国内对复杂网络的研究最早是汪小帆于 2002 年在 *Bifurcation & Chaos*(《分形与混沌》)期刊上的发表的一篇论文[73]，对国外在复杂网络方面的研究近年来取得的重要成果进行了综述。在国内刊物上发表关于复杂网络的研究的论文最早为朱涵等 2003 年发表在《物理》上的一篇论文，从小世界、无标度、集团化等着手概述了关于复杂网络研究的情况[74]。接着，吴金闪等在文献[75]中从统计物理学的角度总结了复杂网络研究的主要成果。周涛等在文献[76]中以统计特性小世界、无标度等问题，对其研究进展进行了概述。刘涛等在文献[77]中从复杂网络的重要统计特性度分布、聚集系数以及相关网络模型等方面对其相关研究进行了概述。王翠君等在文献[78]中对复杂网络发展史、研究现状进行了简单介绍。史定华在文献[79]中也对复杂网络进行了综述，主要是对复杂网络分类、复杂网络模型等的研究进展进行了概括和总结。陈关荣在文献[80]中介绍了近些年来关于复杂网络的研究具有的新方向，重点是随机网络等典型模型及其概念、参数，并回顾了复杂网络在生物、传感器网络等方面的应用。刘建香在文献[81]中从模型如何演化开始，首先对其统计特征进行了介绍，接着对国内关于复杂网络及应用的研究现状进行了综述。朱陈平等在文献[82]中总结了复杂网络在其稀疏性方面的研究。何宇等在文献[83]中对复杂网络在演化方面取得的研究成果进行了综述。

近年来，随着人们对复杂网络研究的深入，复杂网络的应用研究也取得了进展，复杂网络理论被广泛运用到各个方面。研究现实网络系统的脆弱性或抗毁性时大多数都利用复杂网络理论来进行，包括用于电力网[84-86]、航空网[87-89]、道路交通网[90, 91]、供应链[92-94]、E-mail 网[95-97]等。在社会领域，对传染病传播(包括病毒扩散、非典扩散等)、计算机病毒扩散、流言传播采用复杂网络来进行研究，病毒传播的动态性、病毒蔓延的模式可以采用复杂网络来进行研究[98, 99]，通过复杂网络对非典爆发性进行预测[100, 101]，另外采用复杂网络可以对谣言如何在社会上传播进行模拟，可以借其性质来控制谣言的扩散，从而使谣言的负面影响得到降低[102, 103]。而在经济管理领域，网络被用来研究公司、经济、产业间的关系[104, 105]，基于复杂网络建立动态企业董事会网络来支持分析决策[106, 107]，在公司新产品发布时复杂网络可以提供新方法、新理论[108, 109]，企业、公司还能采用复杂网络来对企业组织内部及企业组织间的信息传播[110, 111]、信息交换[112, 113]、企业组织综合评价、企业组织排名[114]、战略同盟[115]情况进行分析，复杂网络还可用来对产品定价等[116]。

在知识管理领域，复杂网络为知识组织、知识管理、知识学习、知识获取提供新的研究方法及途径[117-119]，为科研合作研究提供新方法[120, 121]。Beckmann 于 1995 年首先提出知识网络，其含义为从事科学知识的生产和传播的机构和活动[122,123]。于洋在文献[124]中提出了知识超网络，其为知识网络与超网络概念的扩展和知识元方面的链接理论的深入发展[123]，知识元网络是知识超网络的核心网络，用来对知识进行组织和描述[123-125]。

1.2.4　描述逻辑研究综述

描述逻辑是一种形式化方面，它基于对象来进行知识表示，已经被运用在信息系统、语言理解、软件工程等领域[126]，其特点包括：表达能力较强、具有可判定性、推理算法总能停止。

描述逻辑的研究经历了以下几个阶段[127, 128]。

(1) 1980~1990 年，该阶段主要是关注对一些系统的实现，包括 KL-ONE系统[129]、K-REP 系统[130]、BACK 系统[131]等，这些系统的开发都采用结构包含算法，第一步是用统一的标准来规范概念描述，第二步是对先前描述的规范过的语法结构进行比较。这一阶段的算法一般都有效，但表达能力不足。

(2) 1990~1995 年，Tableau 算法(基于表的算法)被引入描述逻辑[132]。此算法被运用到 KRIS[133]和 CRACK[134]系统中，并表明经过 Tableau 算法的优化，系统可以得到较好的推理结果，但其时间复杂度较高。

(3) 1995~2000 年，此阶段，设计实现 Tableau 算法，并对其进行优化。优化描述逻辑系统 FACT[135]、RACE[136]、DLP[137]证明了这些优化 Tableau 算法的良好性能。另外，研究人员在此阶段还详细研究了描述逻辑(description logics，DL)与模态以及其与一阶谓词逻辑中的可判定部分间的关系。

(4) 2000 年至今，强化描述逻辑系统，其是在表达能力较强的 DL 基础上进行的，并采用 Tableau 算法，于是 Tableau 算法也在被优化完善，描述逻辑被运用到语义 Web[138]、知识表示[133, 139]、生物信息集成[140] 方面。

DL 扩展包括经典扩展、非经典扩展。DL 经典扩展就是增加相应构造器和关系算子进行扩展。Baader 和 Sattler 在文献[141]和文献[142]中添加数量约束算子提出描述逻辑 ALCN。Baader 等在文献[126]中通过添加关系并、复合、关系传递提出描述逻辑 ALC-trans。Horrocks 和 Sattler 在文献[143]中通过添加反关系和关系传递提出描述逻辑 $ALCI_{R+}$。

Lutz 在文献[144]中把描述逻辑扩展到数字领域，包括非负整数领域、全体整数领域、实数领域。Baader 把关系数据库看成具体领域来扩展，领域为关系数据中的字段值集合，角色就是用 SQL(结构化查询语言)定义的关系[145]。Bennett 扩展 DL 应用到时间段，时间段组成的集合为描述逻辑的领域，角色通过布尔运算来连接基本时间段(如 before、after、…)进行构造。空间区域代替时间段扩展到空间区域领域，布尔算子连接基本空间关系作为角色关系[146]。

添加构造算子、关系算子、领域扩展对 DL 扩展仅能表示静态知识，而不能表示动态知识，如不同 agent 的信念、义务、责任等。Wolter 等在文献[147]中添加模态算子对 DL 进行扩展，并在文献[148]中提出描述逻辑 PDLC，让ALC 结合命题动态逻辑(propositional dynamic logic，PDL)，解决 DL 仅表示静态知识的这一局限。史忠植等在文献[149]中也提出一种动态 DL，其有机地结合了 DL、动态逻辑、动作理论。常亮等在文献[150]中对描述逻辑 ALCO进行了动态扩展，给出描述逻辑 D-ALCO，并提出了 D-ALCO 的 Tableau 算法，证明了其性质。

由于时间的解释有其独特性，与一般模态逻辑不大相同，于是对描述逻辑进行时态扩展，Bettini、Artale 等基于时态对 DL 进行了扩展，并讨论了时态描述逻辑[151-153]。

Heinsohn 将概率与描述逻辑结合进行基于概率的描述逻辑扩展[154]。Straccia 等将描述逻辑 ALC 结合模糊逻辑给出了模糊描述逻辑(fuzzy ALC)，并定义了其语法、语义，模糊 ALC 结合了描述逻辑与模糊逻辑的特性，然后对推理及推理复杂性进行了研究[155]。Sanchez 等在文献[156]中提出基于模糊描述逻辑进行添加数量约束。Stoilos 等基于模糊 ALC 添加关系传递、关系包含、关系逆、无限定的数量约束，提出描述逻辑 f-SHIN，并给出了推理算法[157]。王驹等在文献[158]中基于动态描述逻辑进行了模糊扩展，提出了模糊动态描述逻辑(fuzzy dynamic description logic，FDDL)，定义了 FDDL 的语法、语义，并对 FDDL 的推理问题进行了研究。

为了处理单调知识、不完备知识，Baader 等提出了缺省描述逻辑[159]，董明楷等把缺省规则添加到 DL 中，对描述逻辑进行了扩展[160]。

为了表示数据库中的 ER(实体–关系)模型和 ER 模式，Calvanese 等提出了描述逻辑 DLR(关于 *n* 元关系的描述逻辑)和描述逻辑 ALNUI(包括数量约束、反关系和无圈断言的描述逻辑)，并研究了 ER 模型到 DLR 和 ALNUI 表示的知识库的转换[161, 162]。为了能够表示元组和属性在逻辑上的区别，马东嫄等提出了 DDLD(双层描述逻辑)，给出了语法、语义，并定义了 ER 关系到DDLD 知识库的转换[163]。蒋运承等在文献[164]中为了描述模糊 ER 模型，引入了模糊描述逻辑 FALNUI，并对模糊 ER 模型到 FALNUI 表示的知识库的对应关系进行了研究。张富等在文献[165]中基于描述逻辑(DLR)引入模糊描述逻辑(FDLR)，对模糊 ER 模型到 FDLR 表示的知识库的转化问题进行研究。

王静在文献[166]中把可拓集与可拓变换引入到描述逻辑中对其进行扩展。

人们对描述逻辑的研究越来越多，其应用也越来越广，在概念建模[167]、语义 Web[138]、软件工作[168]、数字图书馆[126]、数据库[161-165]等方面得到了应用。

1.3　研究内容和技术路线

1.3.1　主要研究内容

本书以煤矿事故为研究对象，围绕煤矿事故的发展、变化以及应急活动中的信息、知识和模型，建立知识元及相关模型，揭示煤矿事故涉及事物的信息的本源结构及属性特征，为煤矿事故领域信息、知识、模型处理提供统一的概念描述标准。本书研究内容如下。

1) 相关基础理论研究

首先介绍知识元，知识元是描述事物知识的基本单位，其次概述传统描述逻辑，它具有一定的知识表达能力，接着对书中所用到的复杂网络的表示、相关概念、性能指标进行详细概述。然后对几个网络模型相关概念及特征进行介绍，最后阐述煤矿事故领域知识元及知识元网络的构成要素。

2) 描述逻辑 KEDL 形式化系统研究

为了描述知识元，把概念由描述逻辑 ALC 中的一类概念扩展为两类概念，即对象知识元概念和属性知识元概念，关系扩展为三类关系，并添加反关系构造器扩展 ALC 提出 KEDL，建立了描述逻辑 KEDL 的语法、语义以及公理集，然后通过证明得到 KEDL 的一些性质，讨论 KEDL 的语义推论与语法推论的关系，并证明两者为等价关系，即 KEDL 系统具有完备性。

3) 煤矿事故领域知识元模型构建研究

介绍煤矿事故分类及其特征，对煤矿事故分析后得出煤矿事故涉及煤矿事故本身、周围的客观事物系统环境以及人的应急管理活动，根据系统论，把煤矿事故、煤矿客观事物系统、应急管理活动进行细分，分到管理学范畴下不可再分，分别提出煤矿事故基元事件、煤矿事故应急活动基元概念，然后抽取其对应的属性要素及其关系，基于共性知识元模型分别建立了表达煤矿事故领域所涉及的相关事物及信息的三种知识元和它们的模型，讨论知识元模型的知识元表达的完备情况，并对知识元间的关系进行讨论。

4) 煤矿事故领域知识元本体模型构建研究

根据煤矿事故领域概念体系及构建的相关知识元，采用本体构建煤矿事故领域知识元本体模型，接着基于树型结构对其包含的煤矿客观事物系统知识元本体、煤矿事故知识元本体、煤矿事故应急活动知识元本体进行模型构建，分别给出三类知识元本体基于树型结构的语义描述模型，然后采用本体工具对建立的煤矿事故领域知识元本体进行构建实现及推理研究。

5) 煤矿事故领域知识元网络模型构建研究

依据煤矿事故领域知识元及其关系建立对应的知识元网络数学模型，提出煤矿事故领域知识元网络建立的流程、方法，经过分析、统计确立了其节点、关系。从节点数、边数、密度、平均节点度、聚类系数等各方面对其整体属性和特征进行研究，然后从节点中心度、中介中心度、接近中心度等方面对其个体属性进行研究，最后对八个知识元子网的属性特征、中心性进行研究。

本书所用技术路线如图 1.4 所示。

1.3.2　组织结构

第 1 章为绪论，首先对研究背景进行介绍，分析研究意义，接着综述应急知识管理、知识元、复杂网络、描述逻辑的国内外研究现状，然后确定本书的研究内容、技术路线以及本书的组织结构。

第 2 章为基本概念及相关理论基础，详细介绍知识元、知识元网络、传统描述逻辑 ALC、复杂网络。重点研究共性知识元模型、传统描述逻辑 ALC、复杂网络的性能指标，是本书后续的基础。

第 3 章为了形式化描述知识元，研究在传统描述逻辑 ALC 基础上进行扩展的描述逻辑 KEDL，其中概念分为对象知识元概念和属性知识元概念两类，关系分为对象知识元间关系、属性知识元间关系、对象知识元和属性知识元间关系 3 类，并添加反关系构造器，建立了描述逻辑 KEDL 的语法、语义以及公理体系，通过证明得到 KEDL 的一些性质，证明得到 KEDL 的语法推论与语义推论相等价，即 KEDL 系统具有完备性。

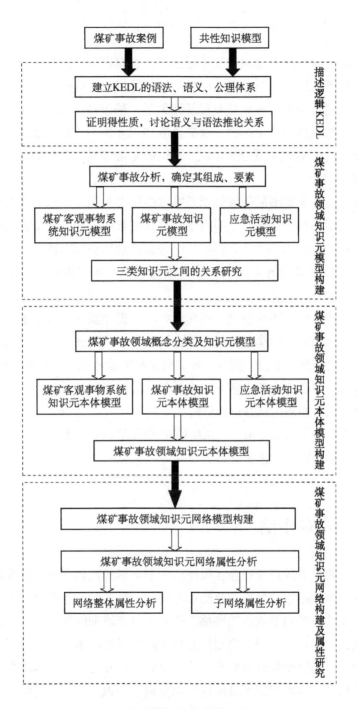

图 1.4　采用的技术路线图

　　第 4 章建立煤矿事故领域知识元模型，在对煤矿事故进行分析后分别提出煤矿事故基元事件、煤矿事故应急活动基元概念，然后抽取煤矿事故涉及的不能再分的相关事物的属性要素及其关系，基于共性知识元模型分别建立煤矿客观事物系统知识元模型、煤矿事故知识元模型、煤矿事故应急活动知识元模型，讨论知识元模型的知识元表达的完备情况，并对知识元间的关系进行了讨论。

　　第 5 章建立煤矿事故领域知识元本体模型，采用本体来建立煤矿事故领域知识元本体模型，提出基于树型结构对其包含的煤矿客观事物系统知识元本体、煤矿事故知识元本体、煤矿事故应急活动知识元本体进行构建和语义描述，用本体工具对建立的煤矿事故领域知识元本体进行构建实现及推理研究。

　　第 6 章建立煤矿事故领域知识元网络，依据知识元及其关系建立煤矿事故领域知识元网络数学模型，经过事故案例收集、整理、分析、知识元提取、知识元统计确立网络节点、网络关系，对煤矿事故领域知识元网络构建研究。从整体性和个体属性角度分析煤矿事故领域知识元网络的属性，还对所包含的 8 个知识元子网络的属性进行分析。

　　第 7 章对本书总结并展望，总结所完成的研究内容及对创新性作出评价，然后对今后的研究工作作了展望。

1.4　本章小结

　　煤矿行业是事故高发行业，煤矿行业安全形势比较严峻，以煤矿事故为代表的突发事件存在偶然性、预测难等特点，针对这类复杂突发事件的应急决策难以用单一的模型或方法解决，需要针对情境即时综合信息、知识和模型。因此，如何建立知识元模型把来自不同学科的非结构化或不同结构的信息、知识、模型组织管理起来变得非常重要。在此背景下，本章先提出了研究背景及意义，接着对国内外应急知识管理、知识元、复杂网络、描述逻辑的研究现状进行总结，最后对本书安排进行说明。

第2章

基本概念及相关理论基础

本章解释和说明使用的一些基本理论和术语。首先介绍知识元、知识元网络及其构成要素；之后介绍传统描述逻辑 ALC，它具有一定的知识表达能力；接着，对本书中所用的网络表示、相关概念、性能指标进行详细概述；然后，对几个网络模型相关概念及特征进行介绍；最后，介绍煤矿事故领域知识元及知识元网络的构成要素。

2.1 知识元

2.1.1 知识元概念

作为最小的知识管理单位，知识元还未形成统一的概念定义。在第1章对现有文献中关于知识元的定义进行了概括，从已有知识元定义可得，多数学者都认为知识元是描述事物知识的最小单位，是描述完备知识的独立单位，具有不可再分性。

2.1.2 知识元模型

王延章在文献[9]中将知识元应用于模型领域，给出了共性知识元模型，即模型知识元，其包括如下内容。

1) 对象知识元

对于一个模型 m ，令 N_m 为 m 代表的事物概念和其属性名称， A_m 为 m 的相关属性状态集， R_m 为 $A_m \times A_m$ 上的映射关系集，那么 m 对应的知识为[9]

$$K_m = (N_m, A_m, R_m) \tag{2.1}$$

一般有 $N_m \neq \varnothing, A_m \neq \varnothing, R_m \neq \varnothing$ 。

2) 属性知识元

设 $a \in A_m$ ，其对应的知识元为

$$K_a = (p_a, d_a, f_a) , \quad \forall a \in A_m \tag{2.2}$$

其中， p_a 为属性状态 a 可测特征描述，当 p_a=0 时表示属性状态 a 是不可描述的；当 p_a=1 时为可描述的；当 p_a=2 时为常规可测度的；当 p_a=3 时为随机可测度的；当 p_a=4 时为模糊可测度的……若 a 为可测的，则 d_a 为测度量纲， f_a 为 a 的变化函数，有 $p_a > 0, d_a \neq \varnothing$ ，但 f_a 可能为空[9]。

3) 关系知识元

设 $r \in R_m$ ，其对应的知识元

$$K_r = (p_r, A_r^{\mathrm{I}}, A_r^{\mathrm{O}}, f_r) , \quad \forall r \in R_m \tag{2.3}$$

其中， p_r 表示关系 r 的映射属性描述，可为逻辑结构、线性、模糊、非线性等； A_r^{I} 表示输入属性状态集； A_r^{O} 表示输出属性状态集； f_r 为映射函数，有 $A_r^{\mathrm{O}} = f_r(A_r^{\mathrm{I}})$ ，有 $p_r \neq \varnothing, A_r^{\mathrm{I}} \neq \varnothing, A_r^{\mathrm{O}} \neq \varnothing, f_r \neq 0$ [9]。

基于王延章提出的知识元模型，已有研究人员进行应用研究。陈雪龙等在文献[11]中对此知识元模型进行了细化，并指出该模型从知识元自身、知识元属性、知识元属性间的关系三个角度刻画客观事物系统的个体要素以及关联方式，并提出了知识元属性关系的隐性描述方法，并用实例证明知识元模型的有效性。仲秋雁等在文献[169]中采用上述模型来对突发事件中与情景相关的模型进行研究，并基于知识元对关于情景的元模型、概念模型、实例化约束进行建立和描述，同时在文献[170]中基于上述知识元模型在承灾体系统中进行实例化得到承灾体知识元，并给出了其模型。钞柯在文献[171]中提出知识元可视为对共性知识元模型进行具体化的结果，并基于知识元从知识层面来研究突发事件方面的连锁反应。

2.1.3　知识元网络

知识元网络主要由知识元及其间的关系构成，它对认知事物起基础作用，

对事物变化反映同样有基础作用，表示如下[10]

$$G_K = (K, E_{K-K}) \tag{2.4}$$

其中，$K = \{K_1, K_2, \cdots, K_n\}$ 为知识元节点集；$E_{K-K} = \{(K_i, K_j) | r(K_i, K_j) = 1\}$ 为知识元节点间边的集合[10]。

2.2 描述逻辑

描述逻辑是一种基于对象的知识表示的形式化工具，一个描述逻辑系统（description logic system，DLS）包括：①概念、关系集；②TBox 断言（术语断言）；③ABox 断言（实例断言）；④TBox 和 ABox 上的推理机制[126]。

2.2.1 传统描述逻辑 ALC 的语法

描述逻辑通过构造器来构建复杂的概念、复杂的关系（角色），传统描述逻辑 ALC 的构造器为⊓（交）、⊔（并）、¬（补）、∃（存在量词）和∀（全称量词）[132]。

定义 2.1（ALC 语法） 设 A 是原子概念，R 是原子关系，则有：

①A 是 ALC 的概念；

②设 C、D 为 ALC 的概念，R 为 ALC 的原子（角色）关系，那么 $C \sqcap D$、$C \sqcup D$、$\neg C$、$\exists R.C$、$\forall R.C$ 为 ALC 的概念。

2.2.2 传统描述逻辑 ALC 的语义

定义 2.2（ALC 语义） 通过一个解释 I 来定义，即解释 $I = (\triangle^I, \bullet^I)$，包括非空集 $\triangle^I$（论域）和函数 $\bullet^I$，其中，通过函数 $\bullet^I$，概念 C 映射成 $\triangle^I$ 的子集 C^I，关系 R 映射成 $\triangle^I \times \triangle^I$ 的子集 R^I，个体映射成 $\triangle^I$ 的元素[126]。

传统描述逻辑 ALC 语法、语义总结如表 2.1 所示[126]。

表 2.1 传统描述逻辑 ALC 的语法、语义

构造器	语法	语义
原子概念	A	$A^I \subseteq \triangle^I$
原子角色	R	$R^I \subseteq \triangle^I \times \triangle^I$
交	$C \sqcap D$	$C^I \cap D^I$

续表

构造器	语法	语义
并	$C \sqcup D$	$C^I \cup D^I$
补	$\neg C$	$\triangle^I \setminus C^I$
存在量词	$\exists R.C$	$\{x \mid \exists y, <x, y> \in R^I \wedge y \in C^I\}$
全称量词	$\forall R.C$	$\{x \mid \forall y, <x, y> \in R^I \Rightarrow y \in C^I\}$
全概念	$\top$	$\triangle^I$
空概念	$\perp$	$\varnothing$

2.2.3　传统描述逻辑 ALC 的推理

ALC 的推理包括：概念可满足性判断、概念包含判断、知识库可满足性判断和实例检测[172]，下面分别进行阐述。

1) 概念可满足性

检测知识库 Σ 中 C 的可满足性，也就是检测是否存在一个 I 使 $C^I \neq \varnothing$ 成立。

形成化为 $\Sigma \not\models C \equiv \perp$。

2) 概念包含关系

在知识库 Σ 中，检测概念 C 被概念 D 包含与否，也就是检测 $C^I \subseteq D^I$ 在 Σ 的每个 I 中是不是成立。

形成化为 $\Sigma \models C \sqsubseteq D$。

3) 知识库可满足性

检测知识库 Σ 的可满足性即查看 Σ 中存在一个模型 I 与否。

形成化为 $\Sigma \not\models \perp$。

4) 实例检测

也就是查看 $C(a)$（表示个体实例 a 属于概念 C）在知识库 Σ 中的所有模型解释下可满足与否。

形式化为 $\Sigma \models C(a)$。

2.2.4　传统描述逻辑 ALC 的可满足性问题

可满足性是 ALC 的推理过程的关键性问题，判定可满足性是由一个算法来完成的，该算法为 Tableau 算法[173]，其过程如下。

（1）算法从 $S=\{x:C\}$ 开始，其中要求预先将概念 C 转换为否定范式。

（2）运行下面的完全规则对 S 中的概念进行扩展，直到没有规则可用。

→⊓规则：

如果 $x:C⊓D$ 在 S 中，并且 $x:C$ 和 $x:D$ 都不在 S 中，那么 $S:=S\cup\{x:C, x:D\}$。

→⊔规则：

如果 $x:C⊔D$ 在 S 中，$x:C$ 不在 S 中且 $x:D$ 也不在 S 中，那么 $S:=S\cup\{x:E\}$，其中 $E=C$ 或 $E=D$。

→∀规则：

如果 $x:\forall R.C$ 在 S 中，且 xRy 在 S 中，$y:C$ 不在 S 中，那么 $S:=S\cup\{y:C\}$。

→∃规则：

如果 $x:\exists R.C$ 在 S 中，不存在变量 z 使得 xRz 和 $z:C$ 在 S 中，那么 $S:=S\cup\{xRy, y:C\}$，其中 y 是一个新的变量。

（3）检查 S 中存在冲突与否，如果 $\{x:C, \neg x:C\}$ 在 S 中，则说明概念 C 是不可满足的，否则 C 是可满足的。

将概念 C 转换为否定范式，转换规则如下：

$$\neg(C⊔D)\Leftrightarrow\neg C⊓\neg D$$
$$\neg(C⊓D)\Leftrightarrow\neg C⊔\neg D$$
$$\neg(\forall R.C)\Leftrightarrow\exists R.\neg C$$
$$\neg(\exists R.C)\Leftrightarrow\forall R.\neg C$$

2.3 网络表示及其特征参数

2.3.1 网络的图表示

网络是对各种实际问题进行抽象的模型。网络用图表示最早为 1736 年著名数学家欧拉研究的七桥环游问题，而研究复杂网络的数学基础公认是图论。人们在对复杂网络进行研究时，将各类网络采用图论中的相关符号和相关语言进行形式化描述，并且把图论的相关方法和结论移植过来，得到很好的研究成果[174]。

1. 节点

节点为网络中的最基本单元，根据需要，指网络中的一切个体、群体或事件。

2. 边

边是关系在网络中的抽象。连接两个节点的线为边。假设节点为 i、j，若 i 和 j 间有关系，那么 i 和 j 之间存在一条边，用 (i,j) 或 i, j 来表示，称 i、j 为边的端点。

对网络图采用计算机进行研究计算时，一般运用矩阵来描述图或网络拓扑关系。

3. 邻接矩阵

一个有 n 个节点的无向图，它的邻接矩阵是一个 $n \times n$ 的方阵，邻接矩阵的元素为

$$a_{ij} = \begin{cases} 1, & \text{若节点} j \text{与节点} i \text{邻接} \\ 0, & \text{若节点} j \text{与节点} i \text{不邻接} \end{cases} \tag{2.5}$$

如果在 $G=(V, E)$ 中，把 w_{ij} 称为边 e 的权。一个含权具有 n 个节点的无向图，其邻接矩阵中的元素为

$$w_{ij} = \begin{cases} w_{ij}, & \text{若节点} j \text{与节点} i \text{邻接；} w_{ij} \text{为邻接边的权} \\ 0, & \text{若节点} j \text{与节点} i \text{不邻接} \end{cases} \tag{2.6}$$

2.3.2 网络特征参数

下面概述几个最常见的网络特性。

1. 平均路径长度

定义 2.3　网络 G 中有任意节点 i、j，d_{ij} 为两者的距离，d_{ij} 的均值称为 G 的平均路径长度，记为 L[71]，设 N 为网络的节点数，那么有

$$L = \frac{1}{\frac{1}{2}N(N-1)} \sum_{i>j} d_{ij} \tag{2.7}$$

式 (2.7) 只对网络 G 在连通的情况下求平均路径长度才适用。不连通情况下，用网络效率来描述[175]。

2. 度及度分布

定义 2.4　在网络中，与节点 i 相连接的其他节点的数目称为节点 i 的度，

记为 k_i ，也就是与节点 i 相关联的边数[176]。

定义 2.5 网络 G 的平均度指 G 的全部节点 i 的度 k_i 的均值[176]，记为 $\langle k \rangle$ ，即

$$\langle k \rangle = \frac{1}{N} \sum_{i=1}^{N} k_i \tag{2.8}$$

其中， N 表示网络 G 的节点数。

定义 2.6 在网络 G 中，随机选取节点 i ，其度为 k 的概率称为度分布，用 $P(k)$ 来表示[176]。

在规则网络中，节点的度一样，度分布较简单，近似为 Poisson 分布。近年来的研究表明，一些实际网络的度分布跟 Poisson 分布明显不同，能用幂律形式 $p(k) \sim k^{-y}$ [176]。

另外也可以采用累计分布来对网络的度进行表达[176]，即

$$P_k = \sum_{k'=k}^{\infty} P(k') \tag{2.9}$$

式 (2.9) 表示度大于等于 k 的节点的概率分布。

3. 聚类系数

假设网络节点 i 有 k_i 条边将其与其他节点相连，称这 k_i 个节点为节点 i 的邻居节点[176]。而且 k_i 个邻居节点之间边数最多可能为 $k_i(k_i-1)/2$ 。于是把 k_i 个邻居节点之间实际存在的边数 E_i 与 k_i 个邻居节点可能构成的边数 $k_i(k_i-1)/2$ 的比值称为节点 i 的聚类系数 C_i [176, 177]，有

$$C_i = \frac{2E_i}{k_i(k_i-1)} \tag{2.10}$$

上式也可定义为

$$C_i = \frac{与节点 i 相连的三角形的数量}{与节点 i 相连的三元组的数量} \tag{2.11}$$

其中，与节点 i 相连的三元组指包括节点 i 的三个节点，并且至少存在从节点 i 到其他两个节点的两条边[176]，如图 2.1 所示。

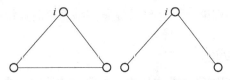

图 2.1 节点 i 的三元组的两种可能形式

网络 G 中全部节点 i 的 C_i 的均值称为 G 的聚类系数[177]，记为 C，有

$$C = \frac{1}{N}\sum_{i=1}^{N} C_i \tag{2.12}$$

当网络带权时，节点 i 的聚类系数为[178]

$$C^{w_i} = \frac{1}{s_i(k_i-1)}\sum_{(j,k)}\frac{w_{ij}+w_{jk}}{2}a_{ij}a_{jk}a_{ik} \tag{2.13}$$

其中，w_{ij} 为边 (i,j) 上的权；s_i 为节点 i 的点强度，定义成 $s_i = \sum_j w_{ij}$。聚类系数也可以定义为

$$C^{w_i} = \frac{1}{k_i(k_i-1)}\sum_{(j,k)}(\tilde{w}_{ij}\tilde{w}_{jk}\tilde{w}_{ik})^{1/3} \tag{2.14}$$

其中

$$\tilde{w}_{ij} = \frac{w_{ij}}{\max_{ij} w_{ij}}$$

4. 密度

密度是对节点间关联的紧密情况的描述，若一网络有 N 个节点和 M 条边（实际存在），对于无向网络，其边数理论上最多可能为 $N(N-1)/2$ 条，则其密度为[4]

$$D = \frac{M}{N(N-1)/2} = \frac{2M}{N(N-1)} \tag{2.15}$$

对于有向网络，其边数理论上最多可能为 $N(N-1)$ 条，其密度为

$$D = \frac{M}{N(N-1)} = \frac{M}{N(N-1)} \tag{2.16}$$

2.4 网络模型

复杂网络是一种用于研究复杂系统的工具。20 世纪 60 年代，Erdös 和 Rényi 提出了随机图理论[63]，系统的复杂网络理论研究从此才正式开始。

2.4.1 规则网络

规则网络就是把网络的节点按确定规则用边连接起来得到的网络[179]，如

图 2.2 所示。环状网络是比较常用的一种规则网络，其结构如图 2.3 所示。

图 2.2   规则网络

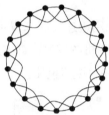

图 2.3   一种典型的规则网络[70]

以图 2.3 所示规则网络作为实例进行讨论，它是最简单的规则网模型，在网络中，N 个节点排成环形，每个节点只与近邻的 m 个节点连在一起（图中 $m=4$），该网络的重要统计性质如下[178]。

度分布

$$P(k) = \begin{cases} 1, & k = m \\ 0, & k \neq m \end{cases}$$

说明度分布为 δ 函数。

平均度：$\langle k \rangle = m$，与 N 无关。

平均聚类系数

$$C = \frac{\dfrac{1}{2} \times 3 \times (k-2)}{\dfrac{1}{2} \times 4 \times (k-1)}$$

图 2.3 对应的网络有 $C = 1/2$，与 N 无关。当 $k \to \infty$ 时，$C \to 3/4$。

最大距离为

$$l_{\max} = \frac{N/2}{k/2} = \frac{N}{k}$$

平均距离为

$$\langle l \rangle \underset{N \to \infty}{\cong} \frac{l_{\max}}{2} = \frac{N}{2k} \propto N$$

其中，$N \to \infty$。

总结上述结论为：①度分布是 δ 函数；②平均度与 N 无关；③平均聚类系数与 N 无关；④最大距离和平均距离与 N 成正比。规则网络均有这四个结论成立。

2.4.2 随机网络

随机网络指把节点随机地用边连接起来得到的网络[180]，如图 2.4 所示。1959 年，Erdös 和 Rényi 提出随机图理论，即 ER 理论，他们研究的网络称作 ER 随机网络[63]。图 2.5 代表一种随机网络。

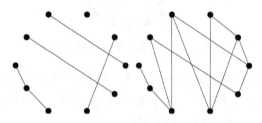

图 2.4　随机网络

图 2.5　ER 随机网络[63]

其性质如下[178]。

平均度：$<k> = p(N-1) \cong pN$，与 N 成正比。

度分布：$P(k) = C_{N-1}^k p^k (1-p)^{N-1-k} \underset{N \to \infty}{\cong} \mathrm{e}^{-<k>} \dfrac{<k>^k}{k!}$，也就是度分布为围绕 $<k>$ 的泊松分布。该结论 Erdös，Rényi 和 Albert，Barabási 作了严格证明[63, 70]。

平均聚类系数：$C = p \cong \dfrac{<k>}{N} \propto N^{-1}$，表明其与 N 成反比。

平均距离：近似分析，任取一节点 i，与该节点相距为 1 的节点(其邻接点)个数为 $pN \cong <k>$ ，同时每个邻接点也有 $pN \cong <k>$ 个邻接点，于是与节点 i 相距为 2 的节点个数为 $(pN)^2 \cong <k>^2$ ，以此类推，与节点 i 相距为 $<l>$ 的节点个数为 $(pN)^{<l>} \cong <k>^{<l>}$ 。而该模型满足泊松分布，近似认为节点对距离为 $<l>$ ，那么 $N \cong <k>^{<l>}$ ，因而得到 $<l> \cong \dfrac{\ln N}{\ln <k>} \propto \ln N$ 。

总结上述得其性质为：①度分布为泊松分布；②平均度与 N 成正比；③平均聚类系数与 N 成反比；④平均距离与 $\ln N$ 成正比。这些性质结论与规则网络不同。

2.4.3　小世界网络模型

美国物理学家 Watts 和 Strogatz 于 1998 年在 *Nature* 上的论文[65]提出了"小世界网络"，称为 WS 小世界网络。WS 小世界网络与规则网络、随机网络的关系如图 2.6 所示，它通过随机重连来构建。

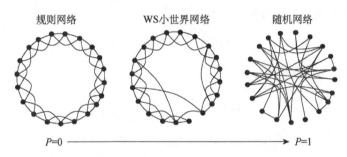

图 2.6　WS 小世界网络与规则网络、随机网络的关系

Newman 和 Watts 的另一种小世界网络模型也被研究得较多，称为 NW 小世界模型[66]。NW 小世界网络与其他网络关系如图 2.7 所示，它是通过随机加边来构建的。

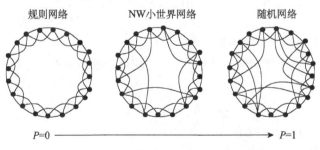

图 2.7　NW 小世界网络与规则网络、随机网络的关系

其性质如下。

1) 聚类系数

WS 小世界网络的聚类系数为[181]

$$C(p) = \frac{3(K-2)}{4(K-1)}(1-p)^3 \tag{2.17}$$

其中，K 表示小世界网络模型对应的规则网中每个节点的常数度值。

NW 小世界网络的聚类系数为[182]

$$C(p) = \frac{3(K-2)}{4(K-1)+4Kp(p+2)} \tag{2.18}$$

2) 平均路径长度

关于小世界网络模型的平均距离解析计算过去曾一度是一个难题，由学者 Newman、Moore、Watts 用平均场方法得到的解析式是当前被普遍接受的[178]，具体如下。

WS 小世界网络的平均路径长度[66]为

$$L(p) = \frac{2N}{K} f(NKp/2) \tag{2.19}$$

其中，$f(u)$ 为普适标度，满足

$$f(u) = \begin{cases} 常数, & u \ll 1 \\ (\ln u)/u, & u \gg 1 \end{cases}$$

Newman 等基于均场方法提出其近似表达式[183]

$$f(x) \approx \frac{1}{2\sqrt{x^2+2x}} \tanh^{-1} \sqrt{\frac{x}{x+2}} \tag{2.20}$$

3) 度分布

对于 WS 小世界网络，当 $k \geqslant K/2$ 时，有[181]

$$P(k) = \sum_{n=0}^{\min(k-K/2,K/2)} \binom{K/2}{n}(1-p)^n p^{(K/2)-n} \frac{(pK/2)^{k-(K/2)-n}}{(k-(K/2)-n)!} e^{-pK/2} \tag{2.21}$$

当 $k < K/2$ 时，$P(k) = 0$。

对于 NW 小世界网络，当 $k \geqslant K$ 时，随机选取一节点，其度为 k 的概率为

$$P(k) = \binom{N}{k-K}\left(\frac{Kp}{N}\right)^{k-K}\left(1-\frac{Kp}{N}\right)^{N-k+K} \tag{2.22}$$

当 $k < K$ 时，$P(k) = 0$。

2.4.4 无标度网络模型

规则网络的度分布是 δ 函数，即把网络按每组内完全相同分成有限组，也就是所有节点的度都一样，可以用 Poisson 分布近似地表示随机网的度分布和 WS 小世界网络的度分布，以上网络模型的度分布均表现为某种"均质性"，称为均匀网络或指数网络[176]。近年来，有些网络的度分布满足幂律形式是该研究领域的一大发现，此类网络的节点度的特征长度相对较模糊，因而称其是无标度网络[176]。

美国物理学家 Barabási 和 Albert 于 1999 年在文献［67］中提出了无标度网络模型，用许多实际网络作为例子来验证"无标度性"，所举例子的度分布精确或近似遵循幂函数，Barabási 和 Albert 在文献中同时对实际复杂网络的节点的重要程度分布具有异质性进行了揭示。

Barabási 和 Albert 提出的无标度网络模型称为 BA 模型[176]，其性质如下。

1）聚类系数

BA 无标度网络的聚类系数[184]为

$$C = \frac{m^2(m+1)^2}{4(m-1)}\left[\ln\left(\frac{m+1}{m}\right) - \frac{1}{m+1}\right]\frac{[\ln(t)]^2}{t} \tag{2.23}$$

上式说明 $C \propto \dfrac{(\ln N)^2}{N}$。

2）平均路径长度

BA 无标度网络的平均路径长度为[185]

$$L(p) \propto \frac{\log N}{\log\log N} \tag{2.24}$$

此式说明 BA 网络存在一种特性，即小世界特性。

3）度分布

当前用于研究 BA 无标度网络的度分布方法有：平均场方法[67]、主方程法[186]和率方程法[187]。由以上方法得到的渐近值是一样的。由平均场方法得到 BA 无标度网络度分布为

$$P(k) = \frac{\partial P(k_i(t)<k)}{\partial k} = 2m^2k^{-3}\frac{t}{n_0+t} \propto 2m^2k^{-3} \tag{2.25}$$

由率方程法推导求得的 BA 无标度网络的度分布为

$$P(k) = \frac{2m(m+1)}{k(k+1)(k+2)} \propto 2m^2k^{-3} \tag{2.26}$$

主方程法的解法包括三种，由解的结果可得 $P(k) \propto 2m^2 k^{-3}$。

上述分析表示 BA 无标度网络的度分布可近似描述成指数为 3 的幂函数。

2.5　煤矿事故领域相关概念

1. 煤矿事故系统

由煤矿事故本身、构成其所发生环境的客观事物、煤矿应急管理活动所组成的集合称为煤矿事故系统，其不仅包括各类煤矿事故、各类客观事物对象、各类应急活动，而且包括其内部错综复杂的相互影响关系。煤矿事故系统依存于煤矿生产系统，是以人、机、环境、物料等多种因素为载体，以瓦斯、煤尘、煤岩、水、火等为传播介质，以瓦斯爆炸、煤与瓦斯突出等事故为表现形式，涉及煤矿生产全过程，是空间分布和内部关系极其错综复杂的大系统[4]。

2. 煤矿事故领域知识元

煤矿事故涉及事故本身、构成其发生环境的客观事物、应急管理活动。把煤矿事故细分到不可再分的单位，称为煤矿事故基本子过程，即基元事件，它跟知识元都具有不可再分性，而构成煤矿事故基元事件的知识为煤矿事故知识元；把煤矿事故发生的周围环境系统细分到不可再分的单元，与知识元的概念相一致，描述这不可再分单元的知识为煤矿客观事物系统知识元；把煤矿应急管理活动细分到不可再分的单元，称为煤矿事故应急活动基元，它跟知识元都具有不可再分性，而构成煤矿事故应急管理活动基元的知识为煤矿事故应急活动知识元。

3. 煤矿事故领域知识元网络

煤矿事故系统涉及事故本身、构成其所在环境的客观事物、人们对其应急活动等众多因素，那么它们在煤矿事故系统中有什么作用，它们间的关联情况怎么样等问题的解答需要分析煤矿事故系统。把这些因素细分到不可再分的单元，从知识层面来描述这些基本因素单元，形成对应的知识元，然后基于网络分析方法，定义：煤矿事故所涉及的知识元体系的网络化抽象所形成的网络称为煤矿事故知识元网络，其构成要素包括：各类事故知识元、各类构成事故发生环境的煤矿客观事物系统知识元、各类煤矿事故应急活动知识元、各知识元之间的相互关系。

4. 知识元网络节点描述

煤矿事故领域知识元网络的"节点"由各类煤矿事故知识元、各类煤矿客观事物系统知识元、各类煤矿事故应急活动知识元组成。即其节点包括三类，一类是描述煤矿事故基本子过程的知识元，如瓦斯爆炸、透水事故、火灾事故等，主要对应各类煤矿事故基元事件；另一类描述构成煤矿事故发生环境的客观事物系统知识元组成，如巷道、工作面、井筒等；第三类是描述人的应急活动的基本子过程的知识元，如爆破、机电管理。

5. 知识元网络关系描述

煤矿事故的发生是多方面因素演化和耦合影响的结果，由一系列人的不安全行为和物的不安全状态联合作用所致。煤矿事故领域知识元网络的关系为知识元间相互作用、相互影响的关系，包括煤矿客观事物系统知识元与煤矿事故知识元间的关系、煤矿事故应急活动知识元与煤矿事故知识元间的关系、煤矿事故应急活动知识元与煤矿客观事物系统知识元间的关系。

第一种煤矿客观事物系统知识元与煤矿事故知识元间的关系，包括事故知识元描述的基元事件对煤矿客观事物系统知识元描述的对象的破坏作用，如知识元"瓦斯爆炸"会导致知识元"巷道"是否受损成立；煤矿客观事物系统知识元描述的对象对事故知识元描述的基元事件的触发作用，如知识元"工作面"的瓦斯浓度属性值大会触发知识元"瓦斯爆炸"。第二种煤矿事故应急活动知识元与事故知识元间的关系，煤矿事故应急活动知识元描述的活动基元对事故知识元描述的对象起到加剧或减缓作用，如知识元"违章放炮"对"顶板事故"起加剧作用。第三种煤矿事故应急活动知识元与煤矿客观事物系统知识元间的关系，煤矿事故应急活动知识元描述的活动基元对煤矿客观事物系统知识元描述的对象起到增加或减少损失的作用，如知识元"恢复巷道"对知识元"巷道"起到减小损失的作用。

2.6 本章小结

（1）首先对知识元及相关概念进行介绍。知识元还未形成统一的定义，王延章将知识元应用于模型领域给出了共性知识元模型，有学者也对知识元网络及其构成要素进行了简单定义。

（2）传统描述逻辑 ALC 的构造器包括交（⊓）、并（⊔）、补（¬）、存在量词（∃）和全称量词（∀），对其语法、语义、推理进行介绍。

（3）网络的数学基础是图论，对网络的图表示及相关概念、性能指标进行概述，还对小世界网络、规则网络等典型网络和其属性进行了阐述。

（4）煤矿事故系统涉及煤矿事故本身、构成其所在环境的客观事物、人们对其的应急活动，按照系统理论基本原理把三者分到管理学范畴意义下不可以再分时，抽取其共性要素形成煤矿事故知识元、煤矿事故客观事物系统知识元、煤矿事故应急活动知识元，把三类知识元作为网络节点，它们之间的关系作为网络的边，形成煤矿事故领域知识元网络。

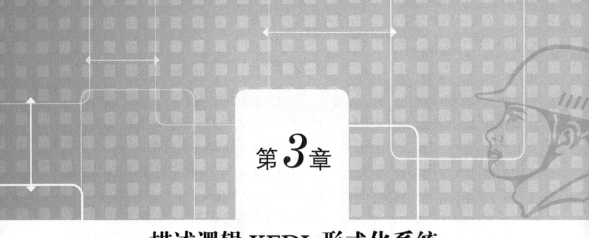

第**3**章

描述逻辑 KEDL 形式化系统

本章首先分析提出描述逻辑 KEDL 的原因，为了形式化描述知识元并使所描述的知识具有逻辑性，在传统描述逻辑 ALC 的基础上，把概念由一类概念扩展分为两类概念，关系扩展分为三类关系，并添加反关系构造器提出描述逻辑 KEDL，然后给出了描述逻辑 KEDL 的语法、语义定义以及公理体系，然后通过证明得到 KEDL 的一些性质，讨论 KEDL 的语法推论跟语义推论之间的关系，并证明两者等价，即 KEDL 系统具有完备性。

3.1 描述逻辑 KEDL 的提出

传统描述逻辑 ALC 具有交($\sqcap$)、并($\sqcup$)、补($\neg$)、存在量词($\exists$)和全称量词($\forall$)构造器，有一定的描述能力。用 ALC 描述知识元，概念的实例是对象知识元实例，也就是只有概念 C 解释为对象知识元实例集合并且 a 解释为对象知识元实例时，$C(a)$ 在 ALC 中才有意义。现在有一个事实，对知识元的描述中，存在两种概念：①实例为事物对象的概念；②实例为属性值的概念。如陈雪龙等在文献[11]中基于知识元体系对泥石流火害抽取出知识元建筑物，描述为：建筑物{地点，状态，功能，人数，抗冲击力，形状系数，冲击力}，根据文献中的实例化后的情况可知，对象知识元建筑物的实例包括建筑物 1、建筑物 2，属性地点的实例包括(120,40)、(120,40,1)，属性状态的实例包括正常、损毁、受损，属性抗冲击力的实例包括 1 000N/m²、1 200N/m² 等，不再列举其他例子。另外定义一个抗冲击力小于 1 200N/m² 的建筑物概念(对象知识元概念)，这一概念的所有实例的抗冲击力属性都是小于 1 200N/m² 的，并且抗冲击力小于 1 200N/m² 的是属性抗冲击力论域中的一个概念(属性知识元概念)。另外，如瓦斯事故具有伤亡人数这一属性，瓦斯事故知识元与伤亡人数属性知识元的关系可表示为存在关系，反过来伤亡数据属性知识元与瓦斯事故知识元的关系表示为被存在关系，而被存在关系与存在关系互为反关系。为了能够描述知识元，对 ALC 进行了扩展，其中概念由一类概念扩展分为两类概念，关系扩展分成三类关系，并添加反关系构造器，提出描述逻辑 KEDL，下面对 KEDL 的语法和语义进行定义，并对相关性质进行阐述。

3.2 KEDL 的形式化公理体系

3.2.1 描述逻辑 KEDL 的语法

KEDL 中用到的符号表示如下。

对象知识元概念集 Φ：$\Phi=\{C_0,\ C_1,\ C_2,\ \cdots\}$。

属性知识元概念集 Ω：$\Omega=\{A_0,\ A_1,\ A_2,\ \cdots\}$。

对象知识元与属性知识元间关系集 R：$R=\{r_0,\ r_1,\ r_2,\ \cdots\}$。

对象知识元间关系集 P：$P=\{p_0,\ p_1,\ p_2,\ \cdots\}$。

属性知识元间关系集 Q：$Q=\{q_0,\ q_1,\ q_2,\ \cdots\}$。

对象知识元实例个体集 cs：$cs=\{c_0,\ c_1,\ c_2,\ \cdots\}$。

属性知识元实例个体集 as：$as=\{a_0,\ a_1,\ a_2,\ \cdots\}$。

连接词：↔(iff)，→(蕴含)。

概念构造器：¬(补)、⊔(并)、⊓(交)、⊤(全概念)、⊥(空概念)、∀(全称量词)、∃(存在量词)。

关系构造器：-(反关系)。

括号："("、")"。

合式公式：φ、ψ。

在以后的讨论中，如果没有作特别说明，$\forall$ 代表任意一个元素，$\exists$ 代表存在一个元素，$\cup$ 代表并，$\cap$ 代表交，$\varnothing$ 代表空集，$|$ 代表条件是。

定义 3.1 $\exists p.C = \neg \forall p.\neg C$，即 $\exists p.C$ 的意思是某一领域中，与对象知识元概念 C 中的实例个体间有关系 p 的实例个体集。同样定义 $\exists q.A = \neg \forall q.\neg A$，$\exists r.A = \neg \forall r.\neg A$，$\exists r\text{-}.C = \neg \forall r\text{-}.\neg C$。

利用 $\neg\neg C = C$，$\neg\neg A = A$ 得：$\exists p.\neg C = \neg \forall p.C$ 和 $\forall p.\neg C = \neg \exists p.C$，$\exists q.\neg A = \neg \forall q.A$ 和 $\forall q.\neg A = \neg \exists q.A$，$\exists r.\neg A = \neg \forall r.A$ 和 $\forall r.\neg A = \neg \exists r.A$，$\exists r\text{-}.\neg C = \neg \forall r\text{-}.C$ 和 $\forall r\text{-}.\neg C = \neg \exists r\text{-}.C$。

在以上规定基础上，下面给出描述逻辑 KEDL 的语言 $\mathcal{L}$ 的定义。

在 KEDL 中，设 R 为对象知识元与属性知识元间的关系集，P 表示对象知识元间关系集，Q 表示属性知识元间关系集，$\varPhi$ 表示对象知识元概念集，$\varOmega$ 表示属性知识元概念集。我们定义对象知识元与属性知识元间关系、对象知识元间关系、属性知识元间关系、对象知识元概念、属性知识元概念为满足定义 3.2 的最小集合。下面定义 KEDL 的语法。

定义 3.2（语法） KEDL 的语法如下。

(1) 若 C，$D \in \varPhi$，则 $\top$，$\bot$，$\neg C$，$C \sqcap D$，$C \sqcup D \in \varPhi$。

(2) 若 $p \in P$，$C \in \varPhi$，则 $\forall p.C$，$\exists p.C \in \varPhi$。

(3) 若 $r \in R$，$A \in \varOmega$，则 $\forall r.A$，$\exists r.A \in \varPhi$。

(4) 若 A，$B \in \varOmega$，则 $\neg A$，$A \sqcap B$，$A \sqcup B \in \varOmega$。

(5) 若 $q \in Q$，$A \in \varOmega$，则 $\forall q.A$，$\exists q.A \in \varOmega$。

(6) 若 $r \in R$，$C \in \varPhi$，则 $\forall r\text{-}.C$，$\exists r\text{-}.C \in \varOmega$。

(7) 若 $r \in R$，则 $r\text{-} \in R$。

(8) 若 C，$D \in \varPhi$，则 $C \rightarrow D$，$C \leftrightarrow D \in \varPhi$。

(9) 若 A，$B \in \varOmega$，则 $A \rightarrow B$，$A \leftrightarrow B \in \varOmega$。

定义 3.3（KEDL 的语言 $\mathcal{L}$ 中的合式公式） KEDL 中的概念称为 KEDL 的合式公式，简称公式，记为 ϕ。满足下面两条的也是公式：①如果 C、D 是公式，则 $\neg C$、$C \sqcap D$、$C \sqcup D$、$\forall p.C$、$\exists p.C$、$\forall r.C$、$\exists r.C$、$C \rightarrow D$ 也是公式；②如果 A、B 是公式，则 $\neg A$、$A \sqcap B$、$A \sqcup B$、$\forall q.A$、$\exists q.A$、$\forall r.A$、$\exists r.A$、$A \rightarrow B$ 也是公式。

定义 $\neg\neg C = C$，$C \sqcap D = \neg(\neg C \sqcup \neg D)$，$C \rightarrow D = \neg C \sqcup D$，$C \leftrightarrow D = C \rightarrow D$ 且

$D \to C$，$\neg \neg A = A$，$A \sqcap B = \neg(\neg A \sqcup \neg B)$，$A \to B = \neg A \sqcup B$，$A \leftrightarrow B = A \to B$ 且 $B \to A$。

3.2.2　描述逻辑 KEDL 的语义

下面给出 KEDL 的语义的相关定义。

定义 3.4（模型）　KEDL 的模型（记为 M）为（$\triangle^I$，$\sum^I$，$\bullet^I$），$\triangle^I$、$\sum^I$ 为非空论域，$\bullet^I$ 为解释函数；$\bullet^I$ 把对象知识元实例 c 映射为 c^I 且 $c^I \in \triangle^I$，把对象知识元概念 C 映射为 C^I 且 $C^I \subseteq \triangle^I$，把对象知识元间的关系 p 映射为 p^I 且 $p^I \in \triangle^I \times \triangle^I$，把属性知识元实例 a 映射为 a^I 且 $a^I \in \sum^I$，把属性知识元概念 A 映射为 A^I 且 $A^I \subseteq \sum^I$，把属性知识元间的关系 q 映射为 q^I 且 $q^I \in \sum^I \times \sum^I$，把关系 r 映射为 r^I 且 $r^I \in \triangle^I \times \sum^I$，并且满足条件：对任意关系 r 和任意 $x \in \triangle^I$，$\{y: (x, y) \in r^I\}$ 只含一个元素。

定义 3.5（对象知识元概念可满足）　在描述逻辑 KEDL 的模型 M 中，如果解释 $\bullet^I$ 使得对象知识元概念 C 具有 $C^I \neq \varnothing$，那么称 C 可满足，记为 $M \models C$。

定义 3.6（属性知识元概念可满足）　在描述逻辑 KEDL 的模型 M 中，如果解释 $\bullet^I$ 使得属性知识元概念 A 具有 $A^I \neq \varnothing$，那么称 A 可满足，记为 $M \models A$。

定义 3.7（对象知识元概念为真）　在描述逻辑 KEDL 的模型 M 中，如果任意解释 $\bullet^I$ 使得对象知识元概念 C 具有 $C^I \neq \varnothing$，那么称 C 为真，记为 $\models C$。

定义 3.8（属性知识元概念为真）　在描述逻辑 KEDL 的模型 M 中，如果任意解释 $\bullet^I$ 使得属性知识元概念 A 具有 $A^I \neq \varnothing$，那么 A 为真，记为 $\models A$。

定义 3.9（公式可满足）　KEDL 的 M 下，若 $\bullet^I$ 使 ϕ（ϕ 代表公式）存在 $\phi^I \neq \varnothing$，那么称 ϕ 可满足，记为 $M \models \phi$。

定义 3.10（有效式）　KEDL 的 M 下，若所有 $\bullet^I$ 使 ϕ（ϕ 为公式）存在 $\phi^I \neq \varnothing$，那么称 ϕ 为有效式，记为 $\models \phi$。

定义 3.11（集合差）　设 C^I 和 D^I 为概念 C 和 D 在领域集 $\triangle^I$ 下所对应的两个实例集，由所有属于 C^I 而不属于 D^I 的实例组成的集合称为 C^I 和 D^I 的差，记为 $C^I \backslash D^I$，即 $C^I \backslash D^I = \{x \mid x \in C^I$ 且 $x \notin D^I\}$。或者 A^I 和 B^I 为概念 A 和 B 在领域集 $\sum^I$ 下所对应的两个实例集，由所有属于 A^I 而不属于 B^I 的实例组成的集合称为 A^I 和 B^I 的差，记为 $A^I \backslash B^I$，即 $A^I \backslash B^I = \{u \mid u \in A^I$ 且 $u \notin B^I\}$。

在定义描述逻辑 KEDL 模型后，下面给出 KEDL 的语义解释。

定义 3.12（语义）　描述逻辑 KEDL 的语义如下。

(1) $\top^I = \triangle^I = \{x \mid x \in (C \sqcup \neg C)^I\} = \{x \mid x \in C^I \cup (\neg C)^I\} = \{x \mid x \in C^I$ 或者

$x \notin C^I\}$。

(2) $\perp^I = \varnothing = \{x \mid x \in (C \sqcap \neg C)^I\} = \{x \mid x \in C^I \cap (\neg C)^I\} = \{x \mid x \in C^I \text{ 且 } x \notin C^I\}$。

(3) $M \models C(c)$, iff $c^I \in C^I$。

(4) $(\neg C)^I = \triangle^I \setminus C^I = \{x \mid x \in \triangle^I \text{ 且 } x \notin C^I\}$。

(5) $(C \sqcup D)^I = C^I \cup D^I = \{x \in \triangle^I \mid x \in C^I \text{ 或者 } x \in D^I\}$。

(6) $(C \sqcap D)^I = C^I \cap D^I = \{x \in \triangle^I \mid x \in C^I \text{ 且 } x \in D^I\}$。

(7) $(\forall p.C)^I = \{x \in \triangle^I \mid \forall y \in \triangle^I ((x, y) \in p^I \Rightarrow y \in C^I)\} = \{x \in \triangle^I \mid \forall y \text{ 使得 } (x, y) \in p^I \text{ 则 } y \in C^I\}$。

(8) $(\exists p.C)^I = \{x \in \triangle^I \mid \exists y \in \triangle^I ((x, y) \in p^I \text{ \& } y \in C^I)\} = \{x \in \triangle^I \mid \exists y \text{ 使得 } (x, y) \in p^I \text{ 且 } y \in C^I\}$。

(9) $(\neg A)^I = \triangle^I \setminus A^I = \{u \mid u \in \sum^I \text{ 且 } u \notin A^I\}$。

(10) $(A \sqcap B)^I = A^I \cap B^I = \{u \in \sum^I \mid u \in A^I \text{ 且 } u \in B^I\}$。

(11) $(A \sqcup B)^I = A^I \cup B^I = \{u \in \sum^I \mid u \in A^I \text{ 或者 } u \in B^I\}$。

(12) $(\forall q.A)^I = \{u \in \sum^I \mid \forall v \in \sum^I ((u, v) \in q^I \Rightarrow v \in A^I)\} = \{u \in \sum^I \mid \forall v \text{ 使得 } (u, v) \in q^I \text{ 则 } v \in A^I\}$。

(13) $(\exists q.A)^I = \{u \in \sum^I \mid \exists v \in \sum^I ((u, v) \in q^I \text{ \& } v \in A^I)\} = \{u \in \sum^I \mid \exists v \text{ 使得 } (u, v) \in q^I \text{ 且 } v \in A^I\}$。

(14) $(\exists r.A)^I = \{x \in \triangle^I \mid \exists u \in \sum^I ((x, u) \in r^I \text{ \& } u \in A^I)\} = \{x \in \triangle^I \mid \exists u \in \sum^I \text{ 使得 } (x, u) \in r^I \text{ 且 } u \in A^I\}$。

(15) $(r\text{-})^I = \{(u, x) \mid (x, u) \in r^I\}$。

(16) $(\forall r.A)^I = \{x \in \triangle^I \mid \forall u \in \sum^I ((x, u) \in r^I \Rightarrow u \in A^I)\} = \{x \in \triangle^I \mid \forall u \in \sum^I \text{ 使得 } (x, u) \in r^I \text{ 则 } u \in A^I\}$。

(17) $(\exists r\text{-}.C)^I = \{u \in \sum^I \mid \exists x \in \triangle^I ((u, x) \in (r\text{-})^I \text{ \& } x \in C^I)\} = \{u \in \sum^I \mid \exists x \in \triangle^I \text{ 使得 } (u, x) \in (r\text{-})^I \text{ 且 } x \in C^I\}$。

(18) $(\forall r\text{-}.C)^I = \{u \in \sum^I \mid \forall x \in \triangle^I ((u, x) \in (r\text{-})^I \Rightarrow x \in C^I)\} = \{u \in \sum^I \mid \exists x \in \triangle^I \text{ 使得 } (u, x) \in (r\text{-})^I \text{ 则 } x \in C^I\}$。

(19) $M \models r(c, d)$, iff $(c^I, d^I) \in r^I$。

(20) $M \models A(a)$, iff $a^I \in A^I$。

(21) $M \models p(c, d)$, iff $(c^I, d^I) \in p^I$。

(22) $M \models q(c, d)$, iff $(c^I, d^I) \in q^I$。

(23) $M \models C \rightarrow D$ iff $\exists x \in \triangle^I$, 若 $x \in C^I$ 那么 $x \in D^I$。

(24) $M \models C \leftrightarrow D$ iff $\exists x \in \triangle^I$，若 $x \in C^I$ 那么 $x \in D^I$，且若 $x \in D^I$ 那么 $x \in C^I$。

(25) $M \models A \rightarrow B$ iff $\exists u \in \sum^I$，若 $u \in A^I$ 那么 $u \in A^I$。

(26) $M \models A \leftrightarrow B$ iff $\exists u \in \sum^I$，若 $x \in A^I$ 那么 $u \in B^I$，且若 $u \in B^I$ 那么 $u \in A^I$。

3.2.3 描述逻辑 KEDL 的公理、公理解释说明

为了进一步探讨 KEDL 的特性，将从公理的角度对 KEDL 进行研究。首先给出描述逻辑 KEDL 的逻辑公理体系，并对公理进行阐述，解释其合理性。接下来对一系列命题进行证明，以说明 KEDL 的一些性质。3.4 节将对 KEDL 形式化公理体系的无矛盾性、可靠性、完全性等性质进行讨论、证明。

KEDL 公式集是通过下面的公理来扩充的。

1. KEDL 的公理

KEDL 的公理如下。

公理 1：$\vdash \neg \varphi \sqcup (\neg \psi \sqcup \varphi)$

等价表示为 $\vdash \varphi \rightarrow (\psi \rightarrow \varphi)$

公理 2：$\vdash \neg (\neg \varphi \sqcup (\neg \psi \sqcup \gamma)) \sqcup (\neg (\neg \varphi \sqcup \psi) \sqcup (\neg \varphi \sqcup \gamma))$

等价表示为 $\vdash (\varphi \rightarrow (\psi \rightarrow \gamma)) \rightarrow ((\varphi \rightarrow \psi) \rightarrow (\varphi \rightarrow \gamma))$

公理 3：$\vdash \neg (\varphi \sqcup \neg \psi) \sqcup (\neg \psi \sqcup \varphi)$

等价表示为 $\vdash (\neg \varphi \rightarrow \neg \psi) \rightarrow (\psi \rightarrow \varphi)$

公理 4：$\vdash \neg (\exists p.C \sqcup \exists p.D) \sqcup \exists p.(C \sqcup D)$

等价表示为 $\vdash \exists p.C \sqcup \exists p.D \rightarrow \exists p.(C \sqcup D)$

公理 5：$\vdash \neg \exists p.(\neg C \sqcup \neg D) \sqcup \neg (\neg \exists p.C \sqcup \neg p.D)$

等价表示为 $\vdash \exists p.(C \sqcap D) \rightarrow \exists p.C \sqcup \exists p.D$

公理 6：$\vdash (\neg \exists p.C \sqcup \exists p.\neg D) \sqcup \exists p.\neg (\neg C \sqcup \neg D)$

等价表示为 $\vdash (\exists p.C \sqcap \forall p.D) \rightarrow \exists p.(C \sqcap D)$

公理 7：$\vdash \neg (\exists q.A \sqcup \exists q.B) \sqcup \exists q.(A \sqcup B)$

等价表示为 $\vdash \exists q.A \sqcup \exists q.B \rightarrow \exists q.(A \sqcup B)$

公理 8：$\vdash \exists q.(\neg A \sqcup \neg B) \sqcup \neg (\neg \exists q.A \sqcup \neg \exists q.B)$

等价表示为 $\vdash \exists q.(A \sqcap B) \rightarrow \exists q.A \sqcap \exists q.B$

公理 9：$\vdash (\neg \exists q.A \sqcup \exists q.\neg B) \sqcup \exists q.\neg (\neg A \sqcup \neg B)$

等价表示为　$\vdash(\exists\,q.A\sqcap\forall\,q.B)\rightarrow\exists\,q.(A\sqcap B)$

公理 10：$\vdash\neg(\exists\,r.A\sqcup\exists\,r.B)\sqcup\exists\,r.(A\sqcup B)$

等价表示为　$\vdash\exists\,r.A\sqcup\exists\,r.B\rightarrow\exists\,r.(A\sqcup B)$

公理 11：$\vdash\exists\,r.(\neg A\sqcup\neg B)\sqcup\neg(\neg\exists\,r.A\sqcup\neg\exists\,r.B)$

等价表示为　$\vdash\exists\,r.(A\sqcap B)\rightarrow\exists\,r.A\sqcap\exists\,r.B$

公理 12：$\vdash(\neg\exists\,r.A\sqcup\exists\,r.\neg B)\sqcup\exists\,r.\neg(\neg A\sqcup\neg B)$

等价表示为　$\vdash(\exists\,r.A\sqcap\forall\,r.B)\rightarrow\exists\,r.(A\sqcap B)$

公理 13：$\vdash\neg(\exists\,r\text{-}.C\sqcup\exists\,r\text{-}.D)\sqcup\exists\,r\text{-}.(C\sqcup D)$

等价表示为　$\vdash\exists\,r\text{-}.C\sqcup\exists\,r\text{-}.D\rightarrow\exists\,r\text{-}.(C\sqcup D)$

公理 14：$\vdash\exists\,r\text{-}.(\neg C\sqcup\neg D)\sqcup\neg(\neg\exists\,r\text{-}.C\sqcup\exists\,r\text{-}.D)$

等价表示为　$\vdash\exists\,r\text{-}.(C\sqcap D)\rightarrow\exists\,r\text{-}.C\sqcap\exists\,r\text{-}.D$

公理 15：$\vdash(\neg\exists\,r\text{-}.C\sqcup\exists\,r\text{-}.\neg D)\sqcup\exists\,r\text{-}.\neg(\neg C\sqcup\neg D)$

等价表示为　$\vdash(\exists\,r\text{-}.C\sqcap\forall\,r\text{-}.D)\rightarrow\exists\,r\text{-}.(C\sqcap D)$

公理 16：$\vdash\neg\exists\,r\text{-}.\forall\,r.A\sqcup A$

等价表示为　$\vdash\exists\,r\text{-}.\forall\,r.A\rightarrow A$

公理 17：$\vdash\neg\exists\,r.\forall\,r\text{-}.C\sqcup C$

等价表示为　$\vdash\exists\,r.\forall\,r\text{-}.C\rightarrow C$

公理 18：若$\vdash\varphi(c)$，且$\vdash\varphi\rightarrow\psi$，那么$\vdash\psi(c)$。

公理 19：若$\vdash\varphi\rightarrow\psi$，且$\vdash\psi\rightarrow\varphi$，那么$\vdash\varphi\leftrightarrow\psi$。

公理 20：若$\vdash\varphi\rightarrow\psi$，且$\vdash\psi\rightarrow\gamma$，那么$\vdash\varphi\rightarrow\gamma$。

公理 21：$\vdash\varphi\rightarrow\psi\sqcap\gamma$　iff　$\vdash\varphi\rightarrow\psi$且$\vdash\varphi\rightarrow\gamma$。

其中 φ、ψ、γ 同为对象知识元概念或者同为属性知识元概念；C、D 为对象知识元概念；A、B 为属性知识元概念；p 为对象知识元间关系；q 为属性知识元间关系；r 为对象知识元和属性知识元间关系。

2. KEDL 的公理的解释

对 KEDL 的公理的具体解释如下。

其中 公理 1～公理 3 条为命题逻辑中的公理。

公理 4　$\exists\,p.C\sqcup\exists\,p.D\rightarrow\exists\,p.(C\sqcup D)$ 表示在论域 $\triangle^I$ 中，若有对象知识元概念其实例个体与对象知识元概念 C 的实例个体有关系 p 成立，或有对象知识元概念其实例个体与对象知识元概念 D 的实例个体有关系 p 成立，则有对象知识元概念其实例个体与对象知识元概念 C 或 D 的实例个体有关系 p 成立。

公理5 $\exists p.(C \sqcap D) \rightarrow \exists p.C \exists p.D$ 表示在论域 $\triangle^I$ 中，若有对象知识元概念其实例个体与对象知识元概念 C 和 D 的相同实例个体有关系 p 成立，则有对象知识元概念，其实例个体与 C 的实例个体有关系 p 成立，并且有对象知识元概念其实例个体与 D 的实例个体有关系 p 成立。

公理6 $(\exists p.C \forall p.D) \rightarrow \exists p.(C \sqcap D)$ 表示在论域 $\triangle^I$ 中，若有对象知识元概念其实例个体与对象知识元概念 C 的实例个体有关系 p 成立，且有对象知识元概念其实例个体与一些实例个体(这些实例个体都属于对象知识元概念 D)有关系 p 成立，则有对象知识元概念其实例个体与对象知识元概念 C 和 D 的相同实例个体有关系 p 成立。

公理7 $\exists q.A \exists q.B \rightarrow \exists q.(A \sqcup B)$ 表示在论域 $\sum^I$ 中，若有属性知识元概念其实例个体与属性知识元概念 A 的实例个体有关系 q 成立，或有属性知识元概念其实例个体与属性知识元概念 B 的实例个体有关系 q 成立，则有属性知识元概念其实例个体与属性知识元概念 A 或 B 中的实例个体有 q 关系成立。

公理8 $\exists q.(A \sqcap B) \rightarrow \exists q.A \exists q.B$ 表示在论域 $\sum^I$ 中，若有属性知识元概念其实例个体与属性知识元概念 A 和 B 的相同实例个体有关系 q 成立，那么有属性知识元概念其实例个体与属性知识元概念 A 的实例个体有关系 q 成立，且有属性知识元概念其实例个体与属性知识元概念 B 的实例个体有关系 q 成立。

公理9 $(\exists q.A \forall q.B) \rightarrow \exists q.(A \sqcap B)$ 表示在论域 $\sum^I$ 中，若有属性知识元概念其实例个体与属性知识元概念 A 的实例个体有关系 q 成立，且有属性知识元概念其实例个体与一些实例个体(这些实例个体都属于属性知识元概念 B)有关系 q 成立，那么有属性知识元概念其实例个体与属性知识元概念 A 和 B 的相同实例个体有关系 q 成立。

公理10 $\exists r.A \exists r.B \rightarrow \exists r.(A \sqcup B)$ 表示在论域 $\triangle^I$、$\sum^I$ 间，若有对象知识元概念其实例个体与属性知识元概念 A 的实例个体有关系 r 成立，或者有对象知识元概念其实例个体与属性知识元概念 B 的个体有关系 r 成立，那么有对象知识元概念其实例个体与属性知识元概念 A 或者属性知识元概念 B 中的实例个体有关系 r 成立。

公理11 $\exists r.(A \sqcap B) \rightarrow \exists r.A \exists r.B$ 表示在论域 $\triangle^I$、$\sum^I$ 间，若有对象知识元概念其实例个体与属性知识元概念 A 和 B 的相同实例个体有关系 r 成立，那么有对象知识元概念其实例个体与属性知识元概念 A 的实例个体有关系 r

成立，且有对象知识元概念其实例个体与属性知识元概念 B 中的实例个体有关系 r 成立。

公理 12　$(\exists r.A \sqcap \forall r.B) \to \exists r.(A \sqcap B)$ 表示在论域 $\triangle^I$、$\sum^I$ 间，若有对象知识元概念其实例个体与属性知识元概念 A 的实例个体有关系 r 成立，且有对象知识元概念其实例个体与一些实例个体(这些实例个体都属于知识元概念 B 的实例个体)有关系 r 成立，那么有对象知识元概念其个体实例与属性知识元概念 A 和 B 的相同实例个体有关系 r 成立。

公理 13　$\exists r\text{-}.C \sqcup \exists r\text{-}.D \to \exists r\text{-}.(C \sqcup D)$ 表示在论域 $\triangle^I$、$\sum^I$ 间，若有属性知识元概念其实例个体与对象知识元概念 C 的实例个体有关系 r-成立，或有属性知识元概念其实例个体与对象知识元概念 D 的实例个体有关系 r-成立，那么有属性知识元概念其实例个体与对象知识元概念 C 或 D 的实例个体有关系 r-成立。

公理 14　$\exists r\text{-}.(C \sqcap D) \to \exists r\text{-}.C \sqcap \exists r\text{-}.D$ 表示在论域 $\triangle^I$、$\sum^I$ 间，若有属性知识元概念其实例个体与对象知识元概念 C 和 D 的相同实例个体有关系 r-成立，那么有属性知识元概念其实例个体与对象知识元概念 C 的实例个体有关系 r-成立，且有属性知识元概念其实例个体与对象知识元概念 D 的实例个体有关系 r-也成立。

公理 15　$(\exists r\text{-}.C \sqcap \forall r\text{-}.D) \to \exists r\text{-}.(C \sqcap D)$ 表示在论域 $\triangle^I$、$\sum^I$ 间，若有属性知识元概念其实例个体与对象知识元概念 C 的实例个体有关系 r-成立，且有属性知识元概念其实例个体与一些实例个体(这些实例个体都属于对象知识元概念 D)有关系 r-成立，那么有属性知识元概念其实例个体与对象知识元概念 C 和 D 的相同实例个体有关系 r-成立。

公理 16　$\exists r\text{-}.\forall r.A \to A$ 表示在论域 $\triangle^I$、$\sum^I$ 间，跟一实例个体集(该实例个体集的实例个体与一些实例个体，并且这些实例个体属于属性知识元概念 A，有关系 r)的实例个体有关系 r-的实例个体集对应的概念可满足，那么该属性知识元概念 A 也可满足。

公理 17　$\exists r.\forall r\text{-}.C \to C$ 表示在论域 $\triangle^I$、$\sum^I$ 间，跟一实例个体集(该实例个体集的实例个体与一些实例个体，并且这些实例个体属于对象知识元概念 C，有关系 r-)的实例个体有关系 r 的实例个体集对应的概念可满足，那么该对象知识元概念 C 也可满足。

公理 18　若 $\vdash \varphi(c)$，且 $\vdash \varphi \to \psi$，那么 $\vdash \psi(c)$ 表示在论域 $\triangle^I$ 中，一个实例

个体 c 属于对象知识元概念 φ，且对象知识元概念 φ 蕴含对象知识元概念 ψ，那么该实例个体 c 也属于 ψ；或在论域 $\sum^I$ 中，一个实例个体 c 属于属性知识元概念 φ，且属性知识元概念 φ 蕴含属性知识元概念 ψ，那么该实例个体 c 也属于属性知识元概念 ψ。

公理 19 若 $\vdash\varphi\rightarrow\psi$，且 $\vdash\psi\rightarrow\varphi$，那么 $\vdash\varphi\leftrightarrow\psi$ 表示在论域 $\triangle^I$ 中，对象知识元概念 φ 蕴含对象知识元概念 ψ，且对象知识元概念 ψ 又蕴含对象知识元概念 φ，那么对象知识元概念 φ 与对象知识元概念 ψ 等价。或在论域 $\sum^I$ 中解释也类似。

公理 20 若 $\vdash\varphi\rightarrow\psi$，且 $\vdash\psi\rightarrow\gamma$，那么 $\vdash\varphi\rightarrow\gamma$ 表示在论域 $\triangle^I$ 中，对象知识元概念 φ 蕴含对象知识元概念 ψ，且对象知识元概念 ψ 蕴含对象知识元概念 γ，那么对象知识元概念 φ 蕴含对象知识元概念 γ。或在论域 $\sum^I$ 中解释也类似。

公理 21 $\vdash\varphi\rightarrow\psi\sqcap\gamma$ iff $\vdash\varphi\rightarrow\psi$ 且 $\vdash\varphi\rightarrow\gamma$ 表示在论域 $\triangle^I$ 中，对象知识元概念 φ 蕴含对象知识元概念 ψ 和 γ 的交，当且仅当对象知识元概念 φ 蕴含对象知识元概念 ψ 且对象知识元概念 φ 蕴含对象知识元概念 γ。或在论域 $\sum^I$ 中解释也类似。

下面给出 KEDL 中的语法证明定义、语法推论定义和语义推论定义。

定义 3.13（语法的"证明"） 设 $\Gamma\subseteq\mathcal{L}$，$\varphi\in\mathcal{L}$。当我们说"$\varphi$ 是从 Γ 可证的"，是指存在 $\mathcal{L}$ 的元素的有限序列 φ_1，φ_2，$\cdots$，φ_n，其中 $\varphi_n=\varphi$，且 $\varphi_k(k=1$，2，$\cdots$，$n)$ 满足：$\varphi_k\in\Gamma$，或 φ_k 是公理，或存在 i，$j<k$，使 $\varphi_j=\varphi_i\rightarrow\varphi_k$。

具有上述性质的有限序列 φ_1，φ_2，$\cdots$，φ_n 称为 φ 从 Γ 的"证明"。

定义 3.14（语法推论） 设 $\Gamma\subseteq\mathcal{L}$，$\varphi\in\mathcal{L}$，然后有以下规定。

（1）若 φ 是从 Γ 可证的，则将其记为 $\Gamma\vdash\varphi$，此 Γ 里的公式称为"假设"，φ 称为 Γ 的语法推论。

（2）若 $\varnothing\vdash\varphi$，则称 φ 是 KEDL 中的"定理"，记为 $\vdash\varphi$。φ 是在 KEDL 中从 $\varnothing$ 的证明，简称在 KEDL 中的证明。

（3）在一个证明中，若 $\varphi_j=\varphi_i\rightarrow\varphi_k(i,\ j<k)$，则 φ_k 为 φ_i，$\varphi_i\rightarrow\varphi_k$ 采用假言推理得到，或说由 MP 证得。

定义 3.15（有效实例个体） 设 $\Gamma\subseteq\mathcal{L}$，$\varphi\in\mathcal{L}$，$o\in$ cs 或者 $o\in$ as。给定一个解释 $\bullet^I$，如果 $\varphi\in I(o)$，那么称 o 是 φ 的有效实例个体。

定义 3.16(语义推论) 令 $\Gamma \subseteq \mathcal{L}$, $\varphi \in \mathcal{L}$。若 Γ 中全部公式的任意共有有效实例个体都为 φ 的有效实例个体,则称 φ 为 Γ 的语义推论,记为 $\Gamma \vdash \varphi$。

3.3 描述逻辑 KEDL 的基本性质

定理 3.1(演绎定理) $\Gamma \cup \{\varphi\} \vdash \psi$ iff $\Gamma \vdash \varphi \rightarrow \psi$。

证明:($\Leftarrow$)令 $\Gamma \vdash \varphi \rightarrow \psi$。根据定义,$\varphi \rightarrow \psi$ 存在一个由 Γ 得来的证明 φ_1,φ_2,$\cdots$,φ_n,且 $\varphi_n = \varphi \rightarrow \psi$。因此,$\varphi_1$,$\varphi_2$,$\cdots$,$\varphi_n$,$\varphi$,$\psi$ 便是 ψ 从 $\Gamma \cup \{\varphi\}$ 的证明。

($\Rightarrow$)令 $\Gamma \cup \{\varphi\} \vdash \psi$,且再令 ψ_1,ψ_2,$\cdots$,$\psi_n(=\psi)$ 是 ψ 一个从 $\Gamma \cup \{\varphi\}$ 的证明。采用归纳法基于长度 n 来对 $\Gamma \vdash \varphi \rightarrow \psi$ 证明。

(1)当 $n=1$ 时,有 3 种可能:$\psi = \varphi$,$\psi \in \Gamma$ 或 ψ 为公理。不论出现哪种情形,均有 $\Gamma \vdash \varphi \rightarrow \psi$。其实,当 $\psi = \varphi$ 时,序列 ψ,$\psi \rightarrow (\psi \rightarrow \psi)$,$\psi \rightarrow \psi$,即 ψ,$\psi \rightarrow (\varphi \rightarrow \psi)$,$\varphi \rightarrow \psi$ 就为 $\varphi \rightarrow \psi$ 从 Γ 的证明;当 $\psi \in \Gamma$ 或 ψ 为公理时,序列 ψ,$\psi \rightarrow (\varphi \rightarrow \psi)$,$\varphi \rightarrow \psi$ 就为 $\varphi \rightarrow \psi$ 从 Γ 的证明。

(2)当 $n>1$ 时,有 4 种可能:$\psi = \varphi$,$\psi \in \Gamma$,或 ψ 为公理,或 ψ 为通过 MP 得到的。前 3 种可能与(1)中的 3 种可能一样处理。只需说明 ψ 通过 ψ_i 和 $\psi_j = \psi_i \rightarrow \psi$ 通过 MP 而得的情况。由于 i, $j < n$,由归纳假设知:

若 $\Gamma \cup \{\varphi\} \vdash \psi_i$,那么 $\Gamma \vdash \varphi \rightarrow \psi_i$;

若 $\Gamma \cup \{\varphi\} \vdash \psi_j$,那么 $\Gamma \vdash \varphi \rightarrow \psi_j$,即 $\Gamma \vdash \varphi \rightarrow (\psi_i \rightarrow \psi)$。

因而有 $\varphi \rightarrow \psi$ 从 Γ 的证明

(1) $\cdots$

　　$\cdots$ $\left.\right\}$ $\varphi \rightarrow \psi_i$ 从 Γ 的证明

(k) $\varphi \rightarrow \psi_i$

(k+1) $\cdots$

　　$\cdots$ $\left.\right\}$ $\varphi \rightarrow (\psi_i \rightarrow \psi)$ 从 Γ 的证明

(l) $\varphi \rightarrow (\psi_i \rightarrow \psi)$

(l+1) $\varphi \rightarrow (\psi_i \rightarrow \psi) \rightarrow ((\varphi \rightarrow \psi_i) \rightarrow (\varphi \rightarrow \psi))$ 公理 2

(l+2) $(\varphi \rightarrow \psi_i) \rightarrow (\varphi \rightarrow \psi)$ (l),(l+1),MP

(l+3) $\varphi \rightarrow \psi$ (k),(l+2),MP

以上是归纳过程。证毕。

由 3.2 节公理可推出下面的结果。

命题 3.1 $\vdash \varphi \to \varphi$

证明 $\varphi \to \varphi$ 的一种证明如下：

(1) $\varphi \to ((\varphi \to \varphi) \to \varphi)$ 公理 1

(2) $(\varphi \to ((\varphi \to \varphi) \to \varphi)) \to ((\varphi \to (\varphi \to \varphi)) \to (\varphi \to \varphi))$ 公理 2

(3) $(\varphi \to (\varphi \to \varphi)) \to (\varphi \to \varphi)$ (1)，(2)，MP

(4) $\varphi \to (\varphi \to \varphi)$ 公理 1

(5) $(\varphi \to \varphi)$ (3)，(4)，MP
证毕。

命题 3.2 $\vdash \neg \varphi \to (\varphi \to \psi)$

证明   所需证明如下：

(1) $(\neg \psi \to \neg \varphi) \to (\varphi \to \psi)$ 公理 3

(2) $((\neg \psi \to \neg \varphi) \to (\varphi \to \psi)) \to (\neg \varphi \to ((\neg \psi \to \neg \varphi) \to (\varphi \to \psi)))$ 公理 1

(3) $\neg \varphi \to ((\neg \psi \to \neg \varphi) \to (\varphi \to \psi))$ (1)，(2)，MP

(4) $(\neg \varphi \to ((\neg \psi \to \neg \varphi) \to (\varphi \to \psi))) \to ((\neg \varphi \to (\neg \psi \to \neg \varphi)) \to (\neg \varphi \to (\varphi \to \psi)))$ 公理 2

(5) $(\neg \varphi \to (\neg \psi \to \neg \varphi)) \to (\neg \varphi \to (\varphi \to \psi))$ (3)，(4)，MP

(6) $\neg \varphi \to (\neg \psi \to \neg \varphi)$ 公理 1

(7) $\neg \varphi \to (\varphi \to \psi)$ (5)，(6)，MP
证毕。

命题 3.3 $\vdash (\neg \varphi \to \varphi) \to \varphi$

证明   通过演绎定理可知，证明 $\{\neg \varphi \to \varphi\} \vdash \varphi$ 就可以。

φ 从 $\{\neg \varphi \to \varphi\}$ 的一种证明过程

(1) $\neg \varphi \to (\varphi \to \neg (\neg \varphi \to \varphi))$ 命题 3.2

(2) $(\neg \varphi \to (\varphi \to \neg (\neg \varphi \to \varphi))) \to ((\neg \varphi \to \varphi) \to (\neg \varphi \to \neg (\neg \varphi \to \varphi)))$ 公理 2

(3) $(\neg \varphi \to \varphi) \to (\neg \varphi \to \neg (\neg \varphi \to \varphi))$ (1)，(2)，MP

(4) $\neg \varphi \to \varphi$ 假定

(5) $\neg \varphi \to \neg (\neg \varphi \to \varphi)$ (3)，(4)，MP

(6) $(\neg \varphi \to \neg (\neg \varphi \to \varphi)) \to ((\neg \varphi \to \varphi) \to \varphi)$ 公理 3

(7) $(\neg \varphi \to \varphi) \to \varphi$ (5)，(6)，MP

(8) φ (4)，(7)，MP

                    证毕。

命题 3.4 (换位律) $(\varphi\rightarrow\psi)\rightarrow(\neg\psi\rightarrow\neg\varphi)$

证明 通过演绎定理可知，证明 $\{\varphi\rightarrow\psi\}\vdash\neg\psi\rightarrow\neg\varphi$ 即可，$\neg\psi\rightarrow\neg\varphi$ 从 $\varphi\rightarrow$ ψ 的证明如下：

(1) $\neg\neg\varphi\rightarrow\varphi$ 双重否定律

(2) $\varphi\rightarrow\psi$ 假设

(3) $\neg\neg\varphi\rightarrow\psi$ (1)，(2)，公理 20

(4) $\psi\rightarrow\neg\neg\psi$ 双重否定律

(5) $\neg\neg\varphi\rightarrow\neg\neg\psi$ (3)，(4)，公理 20

(6) $(\neg\neg\varphi\rightarrow\neg\neg\psi)\rightarrow(\neg\psi\rightarrow\neg\varphi)$ 公理 3

(7) $\neg\psi\rightarrow\neg\varphi$ (5)，(6)，MP

                    证毕。

命题 3.5 $\neg(\varphi\rightarrow\psi)\rightarrow(\psi\rightarrow\varphi)$

证明 通过演绎定理可知，证明 $\{\neg(\varphi\rightarrow\psi)，\psi\}\vdash\varphi$ 即可。

(1) $\neg(\varphi\rightarrow\psi)\rightarrow((\varphi\rightarrow\psi)\rightarrow\varphi)$ 命题 3.2

(2) $\neg(\varphi\rightarrow\psi)$ 假设

(3) $(\varphi\rightarrow\psi)\rightarrow\varphi$ (1)，(2)，MP

(4) $\neg\varphi\rightarrow(\varphi\rightarrow\psi)$ 命题 3.2

(5) $\neg\varphi\rightarrow\varphi$ (3)，(4)，公理 20

(6) $(\neg\varphi\rightarrow\varphi)\rightarrow\varphi$ 命题 3.3

(7) φ (5)，(6)，MP

                    证毕。

定理 3.2 (反证律)

$$\left.\begin{array}{l}\Gamma\cup\{\neg\varphi\}\vdash\psi \\ \\ \Gamma\cup\{\neg\varphi\}\vdash\neg\psi\end{array}\right\}\Gamma\vdash\varphi$$

证明 由已知（ψ、$\neg\psi$ 均有从 $\Gamma\cup\{\neg\varphi\}$ 的证明），先列出 ψ 从 $\Gamma\cup\{\neg\varphi\}$ 的证明，再列出 $\neg\psi$ 从 $\Gamma\cup\{\neg\varphi\}$ 的证明如下：

$$\left.\begin{array}{l}(1) \cdots \\ \quad\cdots \\ (k) \quad\ \psi\end{array}\right\}\psi \text{从} \Gamma\cup\{\neg\varphi\} \text{的证明}$$

$(k+1)\cdots$

$\left.\begin{array}{l}\cdots\\(l)\quad\neg\psi\end{array}\right\}$ $\neg\psi$ 从 $\Gamma\cup\{\neg\varphi\}$ 的证明

$(l+1)\neg\psi\rightarrow(\psi\rightarrow\varphi)$ 命题 3.2

$(l+2)\psi\rightarrow\varphi$ (l)，$(l+1)$，MP

$(l+3)\varphi$ (k)，$(l+2)$，MP

到此已证明 $\Gamma\cup\{\neg\varphi\}\vdash\varphi$。再根据演绎定理，有 $\Gamma\vdash\varphi\rightarrow\varphi$。于是可将 φ 从 Γ 的证明构造如下：

$(1)\cdots$

$\left.\begin{array}{l}\cdots\\(m)\neg\varphi\rightarrow\varphi\end{array}\right\}$ $\neg\varphi\rightarrow\varphi$ 从 $\Gamma\cup\{\neg\phi\}$ 的证明

$(m+1)(\neg\varphi\rightarrow\varphi)\rightarrow\varphi$ 命题 3.3

$(m+2)\varphi$ (m)，$(m+1)$，MP

因而 $\Gamma\vdash\varphi$ 成立。 证毕。

定理 3.3（归谬律）

$\left.\begin{array}{l}\Gamma\cup\{\varphi\}\vdash\psi\\[2em]\Gamma\cup\{\varphi\}\vdash\neg\psi\end{array}\right\}$ $\Gamma\vdash\neg\varphi$

证明 由 $\Gamma\cup\{\varphi\}\vdash\psi$ 可知，存在 ψ 从 $\Gamma\cup\{\varphi\}$ 的证明，在证明过程中，把 $\neg\neg\varphi$ 和 $\neg\neg\varphi\rightarrow\varphi$ 插入假定 φ 出现的每个地方之前，那么该证明转化为 ψ 从 $\Gamma\cup\{\neg\neg\varphi\}$ 的证明，因此得

(1) $\Gamma\cup\{\neg\neg\varphi\}\vdash\psi$

同理，根据已知 $\Gamma\cup\{\varphi\}\vdash\neg\psi$ 可得

(2) $\Gamma\cup\{\neg\neg\varphi\}\vdash\neg\psi$

由 (1)、(2) 通过反证律可得 $\Gamma\vdash\neg\varphi$。 证毕。

命题 3.6 $\neg(\varphi\rightarrow\psi)\rightarrow\neg\psi$

证明 通过演绎定理可知，证明 $\{\neg(\varphi\rightarrow\psi)\}\vdash\neg\psi$ 即可，把 ψ 作为一个假设有

(1) $\{\neg(\varphi\rightarrow\psi)，\psi\}\vdash\varphi\rightarrow\psi$

(2) $\{\neg(\varphi\rightarrow\psi)，\psi\}\vdash\neg(\varphi\rightarrow\psi)$

由 (1)、(2) 通过归谬律得 $\{\neg(\varphi\rightarrow\psi)\}\vdash\neg\psi$。

$\{\neg(\varphi\rightarrow\psi),\ \psi\}\vdash\varphi\rightarrow\psi$ 的证明如下：

(1) $\psi\rightarrow(\varphi\rightarrow\psi)$ 　　　　　　　　　　　　　　　　公理 1

(2) ψ 　　　　　　　　　　　　　　　　　　　　　　假设

(3) $\varphi\rightarrow\psi$ 　　　　　　　　　　　　　　(1)，(2)，MP

　　　　　　　　　　　　　　　　　　　　　　证毕。

命题 3.7 $\neg(\varphi\rightarrow\psi)\rightarrow\varphi$

证明　通过演绎定理可知，证明 $\{\neg(\varphi\rightarrow\psi)\}\vdash\varphi$ 即可，把 $\neg\varphi$ 当作一个假设有

(1) $\{\neg(\varphi\rightarrow\psi),\ \neg\varphi\}\vdash\varphi\rightarrow\psi$

(2) $\{\neg(\varphi\rightarrow\psi),\ \neg\varphi\}\vdash\neg(\varphi\rightarrow\psi)$

由 (1)、(2) 通过反证律可得 $\{\neg(\varphi\rightarrow\psi)\}\vdash\varphi$。

$\{\neg(\phi\rightarrow\psi),\ \neg\varphi\}\vdash\varphi\rightarrow\psi$ 的证明如下：

(1) $\neg\varphi$ 　　　　　　　　　　　　　　　　　　　假设

(2) $\neg\varphi\rightarrow(\varphi\rightarrow\psi)$ 　　　　　　　　　　　　命题 3.2

(3) $\varphi\rightarrow\psi$ 　　　　　　　　　　　　　　(1)，(2)，MP

　　　　　　　　　　　　　　　　　　　　　　证毕。

KEDL 还有如下性质。

性质 3.1　1) $\varphi\sqcap\varphi\leftrightarrow\varphi$ 　　　　　　　2) $\varphi\sqcup\varphi\leftrightarrow\varphi$ 　　　　幂等律

性质 3.2　1) $\varphi\sqcap\psi\leftrightarrow\psi\sqcap\varphi$ 　　　　　2) $\varphi\sqcup\psi\leftrightarrow\psi\sqcup\varphi$ 　　　交换律

性质 3.3　1) $(\varphi\sqcap\psi)\sqcap\gamma\leftrightarrow\varphi\sqcap(\psi\sqcap\gamma)$

　　　　　　2) $(\varphi\sqcup\psi)\sqcup\gamma\leftrightarrow\varphi\sqcup(\psi\sqcup\gamma)$ 　　　　　　　　结合律

性质 3.4　1) $\varphi\sqcup(\psi\sqcap\gamma)\leftrightarrow(\varphi\sqcup\psi)\sqcap(\varphi\sqcup\gamma)$

　　　　　　2) $\varphi\sqcap(\psi\sqcup\gamma)\leftrightarrow(\varphi\sqcap\psi)\sqcup(\varphi\sqcap\gamma)$ 　　分配律

性质 3.5　1) $\varphi\sqcup\bot\leftrightarrow\varphi$ 　　　　　　　2) $\varphi\sqcap\top\leftrightarrow\varphi$ 　　　　同一律

性质 3.6　1) $\varphi\sqcup\top\leftrightarrow\top$ 　　　　　　　2) $\varphi\sqcap\bot\leftrightarrow\bot$

性质 3.7　$\neg\varphi\sqcup\varphi\leftrightarrow\top$ 　　　　　　　　　　　　　排中律

性质 3.8　$\varphi\sqcap\neg\varphi\leftrightarrow\bot$ 　　　　　　　　　　　　　矛盾律

性质 3.9　1) $\varphi\sqcup(\varphi\sqcap\psi)\leftrightarrow\varphi$ 　　　　　2) $\varphi\sqcap(\varphi\sqcup\psi)\leftrightarrow\varphi$ 　　吸收律

性质 3.10　1) $\neg(\varphi\sqcap\psi)\leftrightarrow\neg\varphi\sqcup\neg\psi$

　　　　　　　2) $\neg(\varphi\sqcup\psi)\leftrightarrow\neg\varphi\sqcap\neg\psi$ 　　　　De.Morgan 律

性质 3.11　1) $\bot\leftrightarrow\top$ 　　　　　　2) $\neg\top\leftrightarrow\bot$ 　　　　余补律

性质 3.12　$\neg\neg\varphi\leftrightarrow\varphi$ 　　　　　　　　　　　　　　　双重否定律

下面分别对 KEDL 的上述性质进行证明。

证明　要证 $\neg\neg\varphi\leftrightarrow\varphi$，只需证明 $\neg\neg\varphi\rightarrow\varphi$ 和 $\varphi\rightarrow\neg\neg\varphi$ 即可。

首先证明 $\neg\neg\varphi\rightarrow\varphi$。通过演绎定理可知，证明 $\{\neg\neg\varphi\}\vdash\varphi$ 即可，把 $\neg\varphi$ 作为假设有

(1) $\{\neg\neg\varphi,\neg\varphi\}\vdash\neg\varphi$

(2) $\{\neg\neg\varphi,\neg\varphi\}\vdash\neg(\neg\varphi)$

由 (1)、(2) 通过反证律可得 $\{\neg\neg\varphi\}\vdash\varphi$。

再证明 $\varphi\rightarrow\neg\neg\varphi$。通过演绎定理可知，证明 $\{\varphi\}\vdash\neg\neg\varphi$ 即可。把 $\neg\varphi$ 作为假设有

(1) $\{\varphi,\neg\varphi\}\vdash\varphi$

(2) $\{\varphi,\neg\varphi\}\vdash\neg\varphi$

由 (1)、(2) 用归谬律可得 $\{\varphi\}\vdash\neg\neg\varphi$。　　　　　　　　　　　证毕。

性质 3.1　1) $\varphi\sqcap\varphi\leftrightarrow\varphi$ 　　　　　　　　　　2) $\varphi\sqcup\varphi\leftrightarrow\varphi$

证明　1) $\varphi\sqcap\varphi\leftrightarrow\varphi$

要证 $\varphi\sqcap\varphi\leftrightarrow\varphi$，只需证明 $\varphi\sqcap\varphi\rightarrow\varphi$ 和 $\varphi\rightarrow\varphi\sqcap\varphi$ 即可。

首先证明 $\varphi\sqcap\varphi\rightarrow\varphi$。要证 $\varphi\sqcap\varphi\rightarrow\varphi$，证 $\neg(\varphi\rightarrow\neg\varphi)\rightarrow\varphi$ 即可，证明过程如下：

(1) $\neg\varphi\rightarrow(\varphi\rightarrow\neg\varphi)$ 　　　　　　　　　　　　　　　　　公理 1

(2) $(\neg\varphi\rightarrow(\varphi\rightarrow\neg\varphi))\rightarrow(\neg(\varphi\rightarrow\neg\varphi)\rightarrow\neg\neg\varphi)$ 　　公理 3

(3) $\neg(\varphi\rightarrow\neg\varphi)\rightarrow\neg\neg\varphi$ 　　　　　　　　　(1)，(2)，MP

(4) $\neg\neg\varphi\rightarrow\varphi$ 　　　　　　　　　　　　　　　　　　双重否定律

(5) $\neg(\varphi\rightarrow\neg\varphi)\rightarrow\varphi$ 　　　　　　　　　(3)，(4)，公理 20

再证明 $\varphi\rightarrow\varphi\sqcap\varphi$。要证 $\varphi\rightarrow\varphi\sqcap\varphi$，证 $\varphi\rightarrow\neg(\varphi\rightarrow\neg\varphi)$ 即可，证明过程如下。

通过演绎定理可知，证明 $\{\varphi\}\vdash\neg(\varphi\rightarrow\neg\varphi)$ 即可，把 $\varphi\rightarrow\neg\varphi$ 作为假定，便有

(1) $\{\varphi,\varphi\rightarrow\neg\varphi\}\vdash\varphi$

(2) $\{\varphi,\varphi\rightarrow\neg\varphi\}\vdash\neg\varphi$

由 (1)、(2) 通过归谬律得 $\{\varphi\}\vdash\neg(\varphi\rightarrow\neg\varphi)$。

2) $\varphi\sqcup\varphi\leftrightarrow\varphi$

要证 $\varphi\sqcup\varphi\leftrightarrow\varphi$，只需证明 $\varphi\sqcup\varphi\rightarrow\varphi$ 和 $\varphi\rightarrow\varphi\sqcup\varphi$ 即可。

首先证明 $\varphi\sqcup\varphi\rightarrow\varphi$。要证 $\varphi\sqcup\varphi\rightarrow\varphi$，即需证 $(\neg\varphi\rightarrow\varphi)\rightarrow\varphi$，这为命题 3.3。

再证明 $\varphi\rightarrow\varphi\sqcup\varphi$。要证 $\varphi\rightarrow\varphi\sqcup\varphi$，即需证 $\varphi\rightarrow(\neg\varphi\rightarrow\varphi)$，这为公理 1。证毕。

性质 3.2 1) $\varphi \sqcap \psi \leftrightarrow \psi \sqcap \varphi$ 2) $\varphi \sqcup \psi \leftrightarrow \psi \sqcup \varphi$

证明 1) $\varphi \sqcap \psi \leftrightarrow \psi \sqcap \varphi$

要证 $\varphi \sqcap \psi \leftrightarrow \psi \sqcap \varphi$，即需证 $\varphi \sqcap \psi \rightarrow \psi \sqcap \varphi$ 和 $\psi \sqcap \varphi \rightarrow \varphi \sqcap \psi$。

首先证明 $\varphi \sqcap \psi \rightarrow \psi \sqcap \varphi$。要证 $\varphi \sqcap \psi \rightarrow \psi \sqcap \varphi$，证 $\neg(\varphi \rightarrow \neg \psi) \rightarrow \neg(\psi \rightarrow \neg \varphi)$ 即可，证明如下。

通过演绎定理可知，证明 $\{\neg(\varphi \rightarrow \neg \psi)\} \vdash \neg(\psi \rightarrow \neg \varphi)$ 即可。

把 $\psi \rightarrow \neg \varphi$ 作为假设，便有

(1) $\{\neg(\varphi \rightarrow \neg \psi), \ \psi \rightarrow \neg \varphi\} \vdash \varphi \rightarrow \neg \psi$

(2) $\{\neg(\varphi \rightarrow \neg \psi), \ \psi \rightarrow \neg \varphi\} \vdash \neg(\varphi \rightarrow \neg \psi)$

由(1)、(2)通过归谬律得 $\{\neg(\varphi \rightarrow \neg \psi)\} \vdash \neg(\psi \rightarrow \neg \varphi)$。

下面证明 $\{\neg(\varphi \rightarrow \neg \psi), \ \psi \rightarrow \neg \varphi\} \vdash \varphi \rightarrow \neg \psi$：

(1) $\psi \rightarrow \neg \varphi$ 假设

(2) $(\psi \rightarrow \neg \varphi) \rightarrow (\neg \neg \varphi \rightarrow \neg \psi)$ 换位律

(3) $\neg \neg \varphi \rightarrow \neg \psi$ (1)，(2)，MP

(4) $\varphi \rightarrow \neg \neg \varphi$ 双重否定律

(5) $\varphi \rightarrow \neg \psi$ (3)，(4)，公理 20

再证明 $\psi \sqcap \varphi \rightarrow \varphi \sqcap \psi$，要证 $\psi \sqcap \varphi \rightarrow \varphi \sqcap \psi$，证 $\neg(\psi \rightarrow \neg \varphi) \rightarrow \neg(\varphi \rightarrow \neg \psi)$ 即可，证明如下。

通过演绎定理可知，证明 $\{\neg(\psi \rightarrow \neg \varphi)\} \vdash \neg(\varphi \rightarrow \neg \psi)$ 即可。

把 $\varphi \rightarrow \neg \psi$ 作为假设，便有

(1) $\{\neg(\psi \rightarrow \neg \varphi), \varphi \rightarrow \neg \psi\} \vdash \psi \rightarrow \neg \varphi$

(2) $\{\neg(\psi \rightarrow \neg \varphi), \varphi \rightarrow \neg \psi\} \vdash \neg(\psi \rightarrow \neg \varphi)$

由(1)、(2)通过归谬律得 $\{\neg(\psi \rightarrow \neg \varphi)\} \vdash \neg(\varphi \rightarrow \neg \psi)$。

下面证明 $\{\neg(\psi \rightarrow \neg \varphi), \varphi \rightarrow \neg \psi\} \vdash \psi \rightarrow \neg \varphi$：

(1) $\varphi \rightarrow \neg \psi$ 假设

(2) $(\varphi \rightarrow \neg \psi) \rightarrow (\neg \neg \psi \rightarrow \neg \varphi)$ 换位律

(3) $\neg \neg \psi \rightarrow \neg \varphi$ (1)，(2)，MP

(4) $\psi \rightarrow \neg \neg \psi$ 双重否定律

(5) $\psi \rightarrow \neg \varphi$ (3)，(4)，公理 20

2) $\varphi \sqcup \psi \leftrightarrow \psi \sqcup \varphi$

要证 $\varphi \sqcup \psi \leftrightarrow \psi \sqcup \varphi$，即需证 $\varphi \sqcup \psi \rightarrow \psi \sqcup \varphi$ 和 $\psi \sqcup \varphi \rightarrow \varphi \sqcup \psi$。

首先证明 $\varphi \sqcup \psi \rightarrow \psi \sqcup \varphi$。要证 $\varphi \sqcup \psi \rightarrow \psi \sqcup \varphi$，证 $(\neg\varphi \rightarrow \psi) \rightarrow (\neg\psi \rightarrow \varphi)$ 即可，证明如下。

通过演绎定理可知，证明 $\{\neg\varphi \rightarrow \psi,\ \neg\psi\} \vdash \varphi$ 即可。

把 $\neg\varphi$ 作为假设，便有

(1) $\{\neg\varphi \rightarrow \psi,\ \neg\psi,\ \neg\varphi\} \vdash \psi$

(2) $\{\neg\varphi \rightarrow \psi,\ \neg\psi,\ \neg\varphi\} \vdash \neg\psi$

由(1)、(2)通过反证律可得 $\{\neg\varphi \rightarrow \psi,\ \neg\psi\} \vdash \varphi$。

再证 $\psi \sqcup \varphi \rightarrow \varphi \sqcup \psi$。要证 $\psi \sqcup \varphi \rightarrow \varphi \sqcup \psi$，证 $(\neg\psi \rightarrow \varphi) \rightarrow (\neg\varphi \rightarrow \psi)$ 即可，证明如下。

通过演绎定理可知，证明 $\{\neg\psi \rightarrow \varphi,\ \neg\varphi\} \vdash \psi$ 即可。

把 $\neg\psi$ 作为假设，便有

(1) $\{\neg\psi \rightarrow \varphi,\ \neg\varphi,\ \neg\psi\} \vdash \varphi$

(2) $\{\neg\psi \rightarrow \varphi,\ \neg\varphi,\ \neg\psi\} \vdash \neg\varphi$

由(1)、(2)通过反证律可得 $\{\neg\psi \rightarrow \varphi,\ \neg\varphi\} \vdash \psi$。   证毕。

性质 3.3 1) $(\varphi \sqcap \psi) \sqcap \gamma \leftrightarrow \varphi \sqcap (\psi \sqcap \gamma)$ 2) $(\varphi \sqcup \psi) \sqcup \gamma \leftrightarrow \varphi \sqcup (\psi \sqcup \gamma)$

证明 1)要证 $(\varphi \sqcap \psi) \sqcap \gamma \leftrightarrow \varphi \sqcap (\psi \sqcap \gamma)$，只需证明 $\neg(\neg(\varphi \rightarrow \neg\psi) \rightarrow \neg\gamma) \leftrightarrow \neg(\varphi \rightarrow \neg\neg(\psi \rightarrow \neg\gamma))$ 即可。

首先证明 $\neg(\neg(\varphi \rightarrow \neg\psi) \rightarrow \neg\gamma) \rightarrow \neg(\varphi \rightarrow \neg\neg(\psi \rightarrow \neg\gamma))$，证明如下。

先证明 $(\varphi \rightarrow \neg\neg(\psi \rightarrow \neg\gamma)) \rightarrow (\gamma \rightarrow (\varphi \rightarrow \neg\psi))$，下面是 $(\varphi \rightarrow \neg\neg(\psi \rightarrow \neg\gamma)) \rightarrow (\gamma \rightarrow (\varphi \rightarrow \neg\psi))$ 的证明，由演绎定理可知，证明 $\{\varphi \rightarrow \neg\neg(\psi \rightarrow \neg\gamma)\} \vdash \gamma \rightarrow (\varphi \rightarrow \neg\psi)$ 即可，再通过两次演绎定理，只需证明 $\{\varphi \rightarrow \neg\neg(\psi \rightarrow \neg\gamma),\ \gamma,\ \varphi\} \vdash \neg\psi$，下面是 $\neg\psi$ 从 $\{\varphi \rightarrow \neg\neg(\psi \rightarrow \neg\gamma),\ \gamma,\ \varphi\}$ 的证明。

把 ψ 作为假设，便有

(1) $\{\varphi \rightarrow \neg\neg(\psi \rightarrow \neg\gamma),\ \gamma,\ \varphi,\ \psi\} \vdash \gamma$

(2) $\{\varphi \rightarrow \neg\neg(\psi \rightarrow \neg\gamma),\ \gamma,\ \varphi,\ \psi\} \vdash \neg\gamma$

由(1)、(2)通过反证律可得 $\{\varphi \rightarrow \neg\neg(\psi \rightarrow \neg\gamma),\ \gamma,\ \varphi\} \vdash \neg\psi$。

下面证明 $\{\varphi \rightarrow \neg\neg(\psi \rightarrow \neg\gamma),\ \gamma,\ \varphi,\ \psi\} \vdash \gamma$：

(1) $\varphi \rightarrow \neg\neg(\psi \rightarrow \neg\gamma)$ 假设

(2) $\neg\neg(\psi \rightarrow \neg\gamma) \rightarrow (\psi \rightarrow \neg\gamma)$ 双重否定律

(3) $\varphi \rightarrow (\psi \rightarrow \neg\gamma)$ (1)，(2)，公理20

(4) φ 假设

(5) $\psi\rightarrow\neg\gamma$ (3)，(4)，MP

(6) ψ 假设

(7) $\neg\gamma$ (5)，(6)，MP

便有

(1) $(\varphi\rightarrow\neg\neg(\psi\rightarrow\neg\gamma))\rightarrow(\gamma\rightarrow(\varphi\rightarrow\neg\psi))$ 已证

(2) $(\gamma\rightarrow(\varphi\rightarrow\neg\psi))\rightarrow(\neg(\varphi\rightarrow\neg\psi)\rightarrow\neg\gamma)$ 换位律

(3) $(\varphi\rightarrow\neg\neg(\psi\rightarrow\neg\gamma))\rightarrow(\neg(\varphi\rightarrow\neg\psi)\rightarrow\neg\gamma)$ (1)，(2)，MP

(4) $((\varphi\rightarrow\neg\neg(\psi\rightarrow\neg\gamma))\rightarrow(\neg(\varphi\rightarrow\neg\psi)\rightarrow\neg\gamma))\rightarrow(\neg(\neg(\varphi\rightarrow\neg\psi)\rightarrow$
$\neg\gamma)\rightarrow\neg(\varphi\rightarrow\neg\neg(\psi\rightarrow\neg\gamma)))$ 换位律

(5) $\neg(\neg(\varphi\rightarrow\neg\psi)\rightarrow\neg\gamma)\rightarrow\neg(\varphi\rightarrow\neg\neg(\psi\rightarrow\neg\gamma))$ (3)，(4)，MP

再证明$\neg(\varphi\rightarrow\neg\neg(\psi\rightarrow\neg\gamma))\rightarrow\neg(\neg(\varphi\rightarrow\neg\psi)\rightarrow\neg\gamma)$，证明如下。

先证明$(\neg(\varphi\rightarrow\neg\psi)\rightarrow\neg\gamma)\rightarrow(\varphi\rightarrow\neg\neg(\psi\rightarrow\neg\gamma))$，下面对其进行证明。

由演绎定理可知，只用证$\{\neg(\varphi\rightarrow\neg\psi)\rightarrow\neg\gamma\}\vdash\varphi\rightarrow\neg\neg(\psi\rightarrow\neg\gamma)$，由双重否定律可知$\neg\neg(\psi\rightarrow\neg\gamma)\leftrightarrow\psi\rightarrow\neg\gamma$，因而只需证明$\{\neg(\varphi\rightarrow\neg\psi)\rightarrow\neg\gamma\}\vdash\varphi\rightarrow(\psi\rightarrow\neg\gamma)$；再通过两次演绎定理可得，只需证$\{\neg(\varphi\rightarrow\neg\psi)\rightarrow\neg\gamma$，$\varphi$，$\psi\}\vdash\neg\gamma$，把$\gamma$当成假设，便有

(1) $\{\neg(\varphi\rightarrow\neg\psi)\rightarrow\neg\gamma$，$\varphi$，$\psi$，$\gamma\}\vdash\psi$

(2) $\{\neg(\varphi\rightarrow\neg\psi)\rightarrow\neg\gamma$，$\varphi$，$\psi$，$\gamma\}\vdash\neg\psi$

由(1)、(2)通过反证律可得$\{\neg(\varphi\rightarrow\neg\psi)\rightarrow\neg\gamma$，$\varphi$，$\psi\}\vdash\neg\gamma$。

下面证明$\{\neg(\varphi\rightarrow\neg\psi)\rightarrow\neg\gamma$，$\varphi$，$\psi$，$\gamma\}\vdash\neg\psi$。

(1) $\neg(\varphi\rightarrow\neg\psi)\rightarrow\neg\gamma$ 假设

(2) $(\neg(\varphi\rightarrow\neg\psi)\rightarrow\neg\gamma)\rightarrow(\gamma\rightarrow(\varphi\rightarrow\neg\psi))$ 公理 3

(3) $\gamma\rightarrow(\varphi\rightarrow\neg\psi)$ (1)，(2)，MP

(4) γ 假设

(5) $\varphi\rightarrow\neg\psi$ (3)，(4)，MP

(6) φ 假设

(7) $\neg\psi$ (5)，(6)，MP

便有

(1) $(\neg(\varphi\rightarrow\neg\psi)\rightarrow\neg\gamma)\rightarrow(\varphi\rightarrow\neg\neg(\psi\rightarrow\neg\gamma))$ 已证

(2) $((\neg(\varphi\rightarrow\neg\psi)\rightarrow\neg\gamma)\rightarrow(\varphi\rightarrow\neg\neg(\psi\rightarrow\neg\gamma)))\rightarrow(\neg(\varphi\rightarrow\neg\neg(\psi\rightarrow\neg\gamma))$
$\rightarrow\neg(\neg(\varphi\rightarrow\neg\psi)\rightarrow\neg\gamma))$ 换位律

(3) $\neg(\varphi\rightarrow\neg\neg(\psi\rightarrow\neg\gamma))\rightarrow\neg(\neg(\varphi\rightarrow\neg\psi)\rightarrow\neg\gamma)$　　　　　(1)，(2)，MP

于是 $\neg(\neg(\varphi\rightarrow\neg\psi)\rightarrow\neg\gamma)\rightarrow\neg(\varphi\rightarrow\neg\neg(\psi\rightarrow\gamma))$ 和 $\neg(\varphi\rightarrow\neg\neg(\psi\rightarrow\gamma))\rightarrow\neg(\neg(\varphi\rightarrow\neg\psi)\rightarrow\neg\gamma)$ 通过公理 19 得 $\neg(\neg(\varphi\rightarrow\neg\psi)\rightarrow\neg\gamma)\leftrightarrow\neg(\varphi\rightarrow\neg\neg(\psi\rightarrow\gamma))$。

2) $(\varphi\sqcup\psi)\sqcup\gamma\leftrightarrow\varphi\sqcup(\psi\sqcup\gamma)$

要证 $(\varphi\sqcup\psi)\sqcup\gamma\leftrightarrow\varphi\sqcup(\psi\sqcup\gamma)$，即需证 $(\neg(\neg\varphi\rightarrow\psi)\rightarrow\gamma)\leftrightarrow(\neg\varphi\rightarrow(\neg\psi\rightarrow\gamma))$。

首先证明 $(\neg(\neg\varphi\rightarrow\psi)\rightarrow\gamma)\rightarrow(\neg\varphi\rightarrow(\neg\psi\rightarrow\gamma))$，下面对其进行证明。

由演绎定理可知，只需证明 $\{\neg(\neg\varphi\rightarrow\psi)\rightarrow\gamma\}\vdash\varphi\rightarrow(\neg\psi\rightarrow\gamma)$，再通过两次演绎定理得，只需证明 $\{\neg(\neg\varphi\rightarrow\psi)\rightarrow\gamma,\neg\varphi,\neg\psi\}\vdash\gamma$。

把 $\neg\gamma$ 当成假设，便有

(1) $\{\neg(\neg\varphi\rightarrow\psi)\rightarrow\gamma,\neg\varphi,\neg\psi,\neg\gamma\}\vdash\psi$

(2) $\{\neg(\neg\varphi\rightarrow\psi)\rightarrow\gamma,\neg\varphi,\neg\psi,\neg\gamma\}\vdash\neg\psi$

由(1)、(2)通过反证律可得 $\{\neg(\neg\varphi\rightarrow\psi)\rightarrow\gamma,\neg\varphi,\neg\psi\}\vdash\gamma$。

下面证明 $\{\neg(\neg\varphi\rightarrow\psi)\rightarrow\gamma,\neg\varphi,\neg\psi,\neg\gamma\}\vdash\psi$：

(1) $\neg(\neg\varphi\rightarrow\psi)\rightarrow\gamma$　　　　　　　　　　假设

(2) $\gamma\rightarrow\neg\neg\gamma$　　　　　　　　　　　双重否定律

(3) $\neg(\neg\varphi\rightarrow\psi)\rightarrow\neg\neg\gamma$　　　　　　(1)，(2)，公理 20

(4) $(\neg(\neg\varphi\rightarrow\psi)\rightarrow\neg\neg\gamma)\rightarrow(\neg\gamma\rightarrow(\neg\phi\rightarrow\psi))$　　　公理 3

(5) $\neg\gamma\rightarrow(\neg\varphi\rightarrow\psi)$　　　　　　　　(3)，(4)，MP

(6) $\neg\gamma$　　　　　　　　　　　　　　　假设

(7) $\neg\varphi\rightarrow\psi$　　　　　　　　　　　(5)，(6)，MP

(8) $\neg\varphi$　　　　　　　　　　　　　　　假设

(9) ψ　　　　　　　　　　　　　　(7)，(8)，MP

再证明 $(\neg\varphi\rightarrow(\neg\psi\rightarrow\gamma))\rightarrow(\neg(\neg\varphi\rightarrow\psi)\rightarrow\gamma)$，证明如下。

由演绎定理可知，只需证明 $\{\neg\varphi\rightarrow(\neg\psi\rightarrow\gamma)\}\vdash(\neg\varphi\rightarrow\psi)\rightarrow\gamma$ ①，由换位律得 $(\neg(\neg\varphi\rightarrow\psi)\rightarrow\gamma)\rightarrow(\neg\gamma\rightarrow\neg\neg(\neg\varphi\rightarrow\psi))$②，由①、②通过公理 20 可知，只需证明 $\{\neg\varphi\rightarrow(\neg\psi\rightarrow\gamma)\}\vdash\gamma\rightarrow\neg\neg(\neg\varphi\rightarrow\psi)$③，而通过双重否定律得 $\neg\neg(\neg\varphi\rightarrow\psi)\rightarrow(\neg\varphi\rightarrow\psi)$④，之后③、④通过公理 20 可知，证明 $\{\neg\varphi\rightarrow(\neg\psi\rightarrow\gamma)\}\vdash\gamma\rightarrow(\neg\varphi\rightarrow\psi)$ 即可，再通过两次演绎定理得，证 $\{\neg\varphi\rightarrow(\neg\psi\rightarrow\gamma),\neg\gamma,\neg\varphi\}\vdash\psi$ 即可，下面为 $\{\neg\varphi\rightarrow(\neg\psi\rightarrow\gamma),\neg\gamma,\neg\varphi\}\vdash\psi$ 的证明。

把 $\neg\psi$ 作为假设,便有

(1) $\{\neg\varphi\rightarrow(\neg\psi\rightarrow\gamma),\ \neg\gamma,\ \neg\varphi,\ \neg\psi\}\vdash\gamma$

(2) $\{\neg\varphi\rightarrow(\neg\psi\rightarrow\gamma),\ \neg\gamma,\ \neg\varphi,\ \neg\psi\}\vdash\neg\gamma$

由(1)、(2)通过反证律可得 $\{\neg\varphi\rightarrow(\neg\psi\rightarrow\gamma),\ \neg\gamma,\ \neg\varphi\}\vdash\psi$。

下面证明 $\{\neg\varphi\rightarrow(\neg\psi\rightarrow\gamma),\ \neg\gamma,\ \neg\varphi,\ \neg\psi\}\vdash\gamma$:

(1) $\neg\varphi$ 假设

(2) $\neg\varphi\rightarrow(\neg\psi\rightarrow\gamma)$ 假设

(3) $\neg\psi\rightarrow\gamma$ (1),(2),MP

(4) $\neg\psi$ 假设

(5) γ (3),(4),MP

因而,$(\neg(\neg\varphi\rightarrow\psi)\rightarrow\gamma)\rightarrow(\neg\varphi\rightarrow(\neg\psi\rightarrow\gamma))$ 和 $(\neg\varphi\rightarrow(\neg\psi\rightarrow\gamma))\rightarrow(\neg(\neg\varphi\rightarrow\psi)\rightarrow\gamma)$ 通过公理 19 得 $(\neg(\neg\varphi\rightarrow\psi)\rightarrow\gamma)\leftrightarrow(\neg\varphi\rightarrow(\neg\psi\rightarrow\gamma))$。   证毕。

性质 3.4 1) $\varphi\sqcup(\psi\sqcap\gamma)\leftrightarrow(\varphi\sqcup\psi)\sqcap(\varphi\sqcup\gamma)$

2) $\varphi\sqcap(\psi\sqcup\gamma)\leftrightarrow(\varphi\sqcap\psi)\sqcup(\varphi\sqcap\gamma)$

证明 1) $\varphi\sqcup(\psi\sqcap\gamma)\leftrightarrow(\varphi\sqcup\psi)\sqcap(\varphi\sqcup\gamma)$

要证明上述结论,证 $(\neg\varphi\rightarrow\neg(\psi\rightarrow\neg\gamma))\leftrightarrow\neg((\neg\varphi\rightarrow\psi)\rightarrow\neg(\neg\varphi\rightarrow\gamma))$ 即可。

首先证明 $(\neg\varphi\rightarrow\neg(\psi\rightarrow\neg\gamma))\rightarrow\neg((\neg\varphi\rightarrow\psi)\rightarrow\neg(\neg\varphi\rightarrow\gamma))$,证明如下。

由演绎定理可得,只需证 $\{\neg\varphi\rightarrow\neg(\psi\rightarrow\neg\gamma)\}\vdash\neg((\neg\varphi\rightarrow\psi)\rightarrow\neg(\neg\varphi\rightarrow\gamma))$①,由命题 3.5 可得 $(\neg((\neg\varphi\rightarrow\psi)\rightarrow\neg(\neg\varphi\rightarrow\gamma)))\rightarrow(\neg(\neg\varphi\rightarrow\gamma)\rightarrow\neg(\neg\varphi\rightarrow\psi))$②,由①、②通过公理 20 可知,只需证明 $\{\neg\varphi\rightarrow\neg(\psi\rightarrow\neg\gamma)\}\vdash\neg(\neg\varphi\rightarrow\gamma)\rightarrow(\neg\varphi\rightarrow\psi)$;再通过换位律得 $(\neg(\neg\varphi\rightarrow\gamma)\rightarrow(\neg\varphi\rightarrow\psi))\rightarrow(\neg(\neg\varphi\rightarrow\psi)\rightarrow\neg\neg(\neg\varphi\rightarrow\gamma))$,由公理 20 可知,只需证明 $\{\neg\varphi\rightarrow\neg(\psi\rightarrow\neg\gamma)\}\vdash\neg(\neg\varphi\rightarrow\psi)\rightarrow\neg\neg(\neg\varphi\rightarrow\gamma)$,再通过演绎定理可知,只需证明 $\{\neg\varphi\rightarrow\neg(\psi\rightarrow\neg\gamma),\ \neg(\neg\varphi\rightarrow\psi)\}\vdash\neg\neg(\neg\varphi\rightarrow\gamma)$,由双重否定律得 $\neg\neg(\neg\varphi\rightarrow\gamma)\rightarrow(\neg\varphi\rightarrow\gamma)$,于是只需证明 $\{\neg\varphi\rightarrow\neg(\psi\rightarrow\neg\gamma),\ \neg(\neg\varphi\rightarrow\psi)\}\vdash\neg\varphi\rightarrow\gamma$;再通过演绎定理得,只需证明 $\{\neg\varphi\rightarrow\neg(\psi\rightarrow\neg\gamma),\ \neg(\neg\varphi\rightarrow\psi),\ \neg\varphi\}\vdash\gamma$。下面为 $\{\neg\varphi\rightarrow\neg(\psi\rightarrow\neg\gamma),\ \neg(\neg\varphi\rightarrow\psi),\ \neg\varphi\}\vdash\gamma$ 的证明。

把 $\neg\gamma$ 作为假设,便有

(1) $\{\neg\varphi\rightarrow\neg(\psi\rightarrow\neg\gamma),\ \neg(\neg\varphi\rightarrow\psi),\ \neg\varphi,\ \neg\gamma\}\vdash\psi$

(2) $\{\neg\varphi\rightarrow\neg(\psi\rightarrow\neg\gamma)$，$\neg(\neg\varphi\rightarrow\psi)$，$\neg\varphi$，$\neg\gamma\}\vdash\psi$

由(1)、(2)通过反证律可得 $\{\neg\varphi\rightarrow\neg(\psi\rightarrow\neg\gamma)$，$\neg(\neg\varphi\rightarrow\psi)$，$\neg\varphi\}\vdash\gamma$。

下面证明 $\{\neg\varphi\rightarrow\neg(\psi\rightarrow\neg\gamma)$，$\neg(\neg\varphi\rightarrow\psi)$，$\neg\varphi$，$\neg\gamma\}\vdash\psi$：

(1) $\neg\varphi\rightarrow\neg(\psi\rightarrow\neg\gamma)$	假设
(2) $\neg(\psi\rightarrow\neg\gamma)\rightarrow(\neg\gamma\rightarrow\psi)$	命题 3.5
(3) $\neg\varphi\rightarrow(\neg\gamma\rightarrow\psi)$	(1)，(2)，公理 20
(4) $\neg\varphi$	假设
(5) $\neg\gamma\rightarrow\psi$	(3)，(4)，MP
(6) $\neg\gamma$	假设
(7) ψ	(5)，(6)，MP

下面证明 $\{\neg\varphi\rightarrow\neg(\psi\rightarrow\neg\gamma)$，$\neg(\neg\varphi\rightarrow\psi)$，$\neg\varphi$，$\neg\gamma\}\vdash\psi$：

(1) $\neg(\neg\varphi\rightarrow\psi)$	假设
(2) $\neg(\neg\varphi\rightarrow\psi)\rightarrow\neg\psi$	命题 3.6
(3) $\neg\psi$	(1)，(2)，MP

再证明 $\neg((\neg\varphi\rightarrow\psi)\rightarrow\neg(\neg\varphi\rightarrow\gamma))\rightarrow(\neg\varphi\rightarrow\neg(\psi\rightarrow\neg\gamma))$，证明如下。

由演绎定理得，只需证 $\{\neg((\neg\varphi\rightarrow\psi)\rightarrow\neg(\neg\varphi\rightarrow\gamma))\}\vdash\varphi\rightarrow\neg(\psi\rightarrow\neg\gamma)$，再通过演绎定理得，只需证 $\{\neg((\neg\varphi\rightarrow\psi)\rightarrow\neg(\neg\varphi\rightarrow\gamma))$，$\neg\varphi\}\vdash\neg(\psi\rightarrow\neg\gamma)$，由命题 3.5 得 $\neg(\psi\rightarrow\neg\gamma)\rightarrow(\neg\gamma\rightarrow\psi)$，由公理 20 得，只需证明 $\{\neg((\neg\varphi\rightarrow\psi)\rightarrow\neg(\neg\varphi\rightarrow\gamma))$，$\neg\varphi\}\vdash\gamma\rightarrow\psi$，再通过演绎定理，只需证 $\{\neg((\neg\varphi\rightarrow\psi)\rightarrow\neg(\neg\varphi\rightarrow\gamma))$，$\neg\varphi$，$\neg\gamma\}\vdash\psi$，下面为一种证明过程：

(1) $\neg((\neg\varphi\rightarrow\psi)\rightarrow\neg(\neg\varphi\rightarrow\gamma))$	假设
(2) $\neg((\neg\varphi\rightarrow\psi)\rightarrow\neg(\neg\varphi\rightarrow\gamma))\rightarrow(\neg(\neg\varphi\rightarrow\gamma)\rightarrow(\neg\varphi\rightarrow\psi))$	命题 3.5
(3) $\neg(\neg\varphi\rightarrow\gamma)\rightarrow(\neg\varphi\rightarrow\psi)$	(1)，(2)，MP
(4) $(\neg(\neg\varphi\rightarrow\gamma)\rightarrow(\neg\varphi\rightarrow\psi))\rightarrow(\neg(\neg\varphi\rightarrow\psi)\rightarrow\neg\neg(\neg\varphi\rightarrow\gamma))$	换位律
(5) $\neg(\neg\varphi\rightarrow\psi)\rightarrow\neg\neg(\neg\varphi\rightarrow\gamma)$	(3)，(4)，MP
(6) $\neg\neg(\neg\varphi\rightarrow\gamma)\rightarrow(\neg\varphi\rightarrow\gamma)$	双重否定律
(7) $\neg(\neg\varphi\rightarrow\psi)\rightarrow(\neg\varphi\rightarrow\gamma)$	(5)，(6)，公理 20
(8) $(\neg(\neg\varphi\rightarrow\psi)\rightarrow(\neg\varphi\rightarrow\gamma))\rightarrow((\neg(\neg\varphi\rightarrow\psi)\rightarrow\neg\varphi)\rightarrow(\neg(\neg\varphi\rightarrow\psi)\rightarrow\gamma))$	公理 2
(9) $(\neg(\neg\varphi\rightarrow\psi)\rightarrow\neg\varphi)\rightarrow(\neg(\neg\varphi\rightarrow\psi)\rightarrow\gamma)$	(7)，(8)，MP
(10) $\neg(\neg\varphi\rightarrow\psi)\rightarrow\neg\varphi$	命题 3.7

(11) $\neg(\neg\varphi\to\psi)\to\gamma$ (9)，(10)，MP

(12) $(\neg(\neg\varphi\to\psi)\to\gamma)\to(\neg\gamma\to\neg\neg(\neg\varphi\to\psi))$ 换位律

(13) $\neg\gamma\to\neg\neg(\neg\varphi\to\psi)$ (11)，(12)，MP

(14) $\neg\gamma$ 假设

(15) $\neg\neg(\neg\varphi\to\psi)$ (13)，(14)，MP

(16) $\neg\neg(\neg\varphi\to\psi)\to(\neg\varphi\to\psi)$ 双重否定律

(17) $\neg\varphi\to\psi$ (15)，(16)，MP

(18) $\neg\varphi$ 假设

(19) ψ (17)，(18)，MP

因此，$(\neg\varphi\to\neg(\psi\to\neg\gamma))\to\neg((\neg\varphi\to\psi)\to\neg(\neg\varphi\to\gamma))$ 和 $\neg((\neg\varphi\to\psi)\to\neg(\neg\varphi\to\gamma))\to(\neg\varphi\to\neg(\psi\to\neg\gamma))$ 通过公理 19 得 $(\neg\varphi\to\neg(\psi\to\neg\gamma))\leftrightarrow\neg((\neg\varphi\to\psi)\to\neg(\neg\varphi\to\gamma))$。

2) $\varphi\sqcap(\psi\sqcup\gamma)\leftrightarrow(\varphi\sqcap\psi)\sqcup(\varphi\sqcap\gamma)$

要证 $\varphi\sqcap(\psi\sqcup\gamma)\leftrightarrow(\varphi\sqcap\psi)\sqcup(\varphi\sqcap\gamma)$，即需证 $\neg(\varphi\to\neg(\neg\psi\to\gamma))\leftrightarrow(\neg\neg(\varphi\to\neg\psi)\to\neg(\varphi\to\neg\gamma))$。

首先证明 $\neg(\varphi\to\neg(\neg\psi\to\gamma))\to(\neg\neg(\varphi\to\neg\psi)\to\neg(\varphi\to\neg\gamma))$，证明如下。

先证 $\neg(\neg\neg(\varphi\to\neg\psi)\to\neg(\varphi\to\neg\gamma))\to\neg\neg(\varphi\to\neg(\neg\psi\to\gamma))$，由演绎定理得，只需证明 $\{\neg(\neg\neg(\varphi\to\neg\psi)\to\neg(\varphi\to\neg\gamma))\}\vdash\neg\neg(\varphi\to\neg(\neg\psi\to\gamma))$①，由双重否定律可知 $\neg\neg(\varphi\to\neg(\neg\psi\to\gamma))\to(\varphi\to\neg(\neg\psi\to\gamma))$②，由①、②通过公理 20 得，只需证明 $\{\neg(\neg\neg(\varphi\to\neg\psi)\to\neg(\varphi\to\neg\gamma))\}\vdash\varphi\to\neg(\neg\psi\to\gamma)$；再通过演绎定理可知，只需证明 $\{\neg(\neg\neg(\varphi\to\neg\psi)\to\neg(\varphi\to\neg\gamma)),\varphi\}\vdash\neg(\neg\psi\to\gamma)$，再由命题 3.5 可得，$\neg(\neg\psi\to\gamma)\to(\gamma\to\neg\psi)$，通过公理 20 得，只需证 $\{\neg(\neg\neg(\varphi\to\neg\psi)\to\neg(\varphi\to\neg\gamma)),\varphi\}\vdash\gamma\to\neg\psi$，再通过演绎定理得，只需证 $\{\neg(\neg\neg(\varphi\to\neg\psi)\to\neg(\varphi\to\neg\gamma)),\varphi,\gamma\}\vdash\neg\psi$。

把 ψ 作为假设，于是有

(1) $\{\neg(\neg\neg(\varphi\to\neg\psi)\to\neg(\varphi\to\neg\gamma)),\varphi,\gamma,\psi\}\vdash\gamma$

(2) $\{\neg(\neg\neg(\varphi\to\neg\psi)\to\neg(\varphi\to\neg\gamma)),\varphi,\gamma,\psi\}\vdash\neg\gamma$

由 (1)、(2) 用归谬律可得 $\{\neg(\neg\neg(\varphi\to\neg\psi)\to\neg(\varphi\to\neg\gamma)),\varphi,\gamma\}\vdash\neg\psi$。
下面证明 $\{\neg(\neg\neg(\varphi\to\neg\psi)\to\neg(\varphi\to\neg\gamma)),\varphi,\gamma,\psi\}\vdash\gamma$：

(1) $\neg(\neg\neg(\varphi\to\neg\psi)\to\neg(\varphi\to\neg\gamma))$ 假设

(2) $\neg(\neg\neg(\varphi\to\neg\psi)\to\neg(\varphi\to\neg\gamma))\to(\neg(\varphi\to\neg\gamma)\to\neg\neg(\varphi\to\neg\psi))$ 命题 3.5

(3) $\neg(\varphi\to\neg\gamma)\to\neg\neg(\varphi\to\neg\psi)$ 　　　　　　　(1)，(2)，MP

(4) $\neg\neg(\varphi\to\neg\psi)\to(\varphi\to\neg\psi)$ 　　　　　　　　　双重否定律

(5) $\neg(\varphi\to\neg\gamma)\to(\varphi\to\neg\psi)$ 　　　　　　　　(3)，(4)，公理 20

(6) $(\neg(\varphi\to\neg\gamma)\to(\varphi\to\neg\psi))\to((\neg(\varphi\to\neg\gamma)\to\varphi)\to(\neg(\varphi\to\neg\gamma)\to\neg\psi))$

　　　　　　　　　　　　　　　　　　　　　　　　　公理 2

(7) $(\neg(\varphi\to\neg\gamma)\to\varphi)\to(\neg(\varphi\to\neg\gamma)\to\neg\psi)$ 　　(5)，(6)，MP

(8) $\neg(\varphi\to\neg\gamma)\to\varphi$ 　　　　　　　　　　　　　命题 3.7

(9) $\neg(\varphi\to\neg\gamma)\to\neg\psi$ 　　　　　　　　　　　(7)，(8)，MP

(10) $(\neg(\varphi\to\neg\gamma)\to\neg\psi)\to(\psi\to(\varphi\to\neg\gamma))$ 　　公理 3

(11) $\psi\to(\varphi\to\neg\gamma)$ 　　　　　　　　　　　　(9)，(10)，MP

(12) ψ 　　　　　　　　　　　　　　　　　　　　　假设

(13) $\varphi\to\neg\gamma$ 　　　　　　　　　　　　　　　(11)，(12)，MP

(14) φ 　　　　　　　　　　　　　　　　　　　　假设

(15) $\neg\gamma$ 　　　　　　　　　　　　　　　　　(13)，(14)，MP

便有

(1) $\neg(\neg\neg(\varphi\to\neg\psi)\to\neg(\varphi\to\neg\gamma))\to\neg\neg(\varphi\to\neg(\neg\psi\to\gamma))$ 　　　　已证

(2) $(\neg(\neg\neg(\varphi\to\neg\psi)\to\neg(\varphi\to\neg\gamma))\to\neg\neg(\varphi\to\neg(\neg\psi\to\gamma)))\to$ $(\neg(\varphi\to\neg(\neg\psi\to\gamma))\to(\neg\neg(\varphi\to\neg\psi)\to\neg(\varphi\to\neg\gamma)))$ 　　　　公理 3

(3) $\neg(\varphi\to\neg(\neg\psi\to\gamma))\to(\neg\neg(\varphi\to\neg\psi)\to\neg(\varphi\to\neg\gamma))$ 　　(1)，(2)，MP

再证明 $(\neg\neg(\varphi\to\neg\psi)\to\neg(\varphi\to\neg\gamma))\to\neg(\varphi\to\neg(\neg\psi\to\gamma))$，证明如下。

由演绎定理可知，只需证明 $\{\neg\neg(\varphi\to\neg\psi)\to\neg(\varphi\to\neg\gamma)\}\vdash\neg(\varphi\to\neg(\neg\psi\to\gamma))$，由命题 3.5 得 $\neg(\varphi\to\neg(\neg\psi\to\gamma))\to(\neg(\neg\psi\to\gamma)\to\varphi)$，由公理 20 可知，只需证明 $\{\neg\neg(\varphi\to\neg\psi)\to\neg(\varphi\to\neg\gamma)\}\vdash(\neg\psi\to\gamma)\to\varphi$，再通过演绎定理得，只需证明 $\{\neg\neg(\varphi\to\neg\psi)\to\neg(\varphi\to\neg\gamma)，\neg(\neg\psi\to\gamma)\}\vdash\varphi$。

把 $\neg\varphi$ 作为假设，便有

(1) $\{\neg\neg(\varphi\to\neg\psi)\to\neg(\varphi\to\neg\gamma)，\neg(\neg\psi\to\gamma)，\neg\varphi\}\vdash\gamma$

(2) $\{\neg\neg(\varphi\to\neg\psi)\to\neg(\varphi\to\neg\gamma)，\neg(\neg\psi\to\gamma)，\neg\varphi\}\vdash\neg\gamma$

由(1)、(2)通过反证律得 $\{\neg\neg(\varphi\to\neg\psi)\to\neg(\varphi\to\neg\gamma)，\neg(\neg\psi\to\gamma)\}\vdash\varphi$。

$\{\neg\neg(\varphi\to\neg\psi)\to\neg(\varphi\to\neg\gamma)，\neg(\neg\psi\to\gamma)，\neg\varphi\}\vdash\gamma$ 的证明如下：

(1) $(\varphi\to\neg\psi)\to\neg\neg(\varphi\to\neg\psi)$ 　　　　　　　　双重否定律

(2) $\neg\neg(\varphi\to\neg\psi)\to\neg(\varphi\to\neg\gamma)$ 　　　　　　　　假设

(3) $(\varphi\to\neg\psi)\to\neg(\varphi\to\neg\gamma)$　　　　　　(1)，(2)，公理 20

(4) $\neg\varphi\to(\varphi\to\neg\psi)$　　　　　　　　　　命题 3.2

(5) $\neg\varphi$　　　　　　　　　　　　　　　　　假设

(6) $(\varphi\to\neg\psi)$　　　　　　　　　　　(4)，(5)，MP

(7) $\neg(\varphi\to\neg\gamma)$　　　　　　　　　(3)，(6)，MP

(8) $\neg(\varphi\to\neg\gamma)\to\neg\neg\gamma$　　　　　　命题 3.6

(9) $\neg\neg\gamma$　　　　　　　　　　　　　(7)，(8)，MP

(10) $\neg\neg\gamma\to\gamma$　　　　　　　　　　双重否定律

(11) γ　　　　　　　　　　　　　　　(9)，(10)，MP

下面证明 $\{\neg\neg(\varphi\to\neg\psi)\to\neg(\varphi\to\neg\gamma)，\neg(\neg\psi\to\gamma)，\neg\varphi\}\vdash\neg\gamma$：

(1) $\neg(\neg\psi\to\gamma)$　　　　　　　　　　假设

(2) $\neg(\neg\psi\to\gamma)\to\neg\gamma$　　　　　　命题 3.6

(3) $\neg\gamma$　　　　　　　　　　　　　(1)，(2)，MP

因此，$\neg(\varphi\to\neg(\neg\psi\to\gamma))\to(\neg\neg(\varphi\to\neg\psi)\to\neg(\varphi\to\neg\gamma))$ 和 $(\neg\neg(\varphi\to\neg\psi)\to\neg(\varphi\to\neg\gamma))\to\neg(\varphi\to\neg(\neg\psi\to\gamma))$ 通过公理 19 得 $\neg(\varphi\to\neg(\neg\psi\to\gamma))\leftrightarrow(\neg\neg(\varphi\to\neg\psi)\to\neg(\varphi\to\neg\gamma))$。　　　证毕。

性质 3.5　1) $\varphi\sqcup\bot\leftrightarrow\varphi$　　　　2) $\varphi\sqcap\top\leftrightarrow\varphi$

证明　1) $\varphi\sqcup\bot\leftrightarrow\varphi$

当公式为对象知识元概念时，$\bot$ 为空概念，$\sqcup$ 为对象知识元概念并，因而要证 $\varphi\sqcup\bot\leftrightarrow\varphi$，即要证 $\varphi\leftrightarrow\varphi$，也就是要证 $\varphi\to\varphi$，此为命题 3.1；当公式为属性知识元概念时，$\bot$ 为空概念，$\sqcup$ 为属性知识元概念并，因而要证 $\varphi\sqcup\bot\leftrightarrow\varphi$，即要证 $\varphi\leftrightarrow\varphi$，也就是要证 $\varphi\to\varphi$，此为命题 3.1。

2) $\varphi\sqcap\top\leftrightarrow\varphi$

当公式为对象知识元概念时，$\top$ 为全概念，$\sqcap$ 为对象知识元概念交，因而要证 $\varphi\sqcap\top\leftrightarrow\varphi$，即要证 $\varphi\leftrightarrow\varphi$，也就是要证 $\varphi\to\varphi$，此为命题 3.1；当公式为属性知识元概念时，$\top$ 为全概念，$\sqcap$ 为属性知识元概念交，因而要证 $\varphi\sqcap\top\leftrightarrow\varphi$，即要证 $\varphi\leftrightarrow\varphi$，也就是要证 $\varphi\to\varphi$，此为命题 3.1。　　　证毕。

性质 3.6　1) $\varphi\sqcup\top\leftrightarrow\top$　　　　2) $\varphi\sqcap\bot\leftrightarrow\bot$

证明　1) $\varphi\sqcup\top\leftrightarrow\top$

当公式为对象知识元概念时，$\top$ 为全概念，$\sqcup$ 为对象知识元概念并，因而要证 $\varphi\sqcup\top\leftrightarrow\top$，即要证 $\top\leftrightarrow\top$，也就是要证 $\top\to\top$，此为命题 3.1；当公式为属

性知识元概念时，T为全概念，⊔为属性知识元概念并，因而要证 $\varphi \sqcup T \leftrightarrow T$，即要证T↔T，也就是要证T→T，此为命题3.1。

2) $\varphi \sqcap \bot \leftrightarrow \bot$

当公式为对象知识元概念时，⊥为空概念，⊓为对象知识元交，因而要证 $\varphi \sqcap \bot \leftrightarrow \bot$，即要证⊥↔⊥，也就是要证⊥→⊥，此为命题3.1；当公式为属性知识元概念时，⊥为空概念，⊓为属性知识元概念交，因而要证 $\varphi \sqcap \bot \leftrightarrow \bot$，即要证⊥↔⊥，也就是要证⊥→⊥，此为命题3.1。   证毕。

性质 3.7 $\neg \varphi \sqcup \varphi \leftrightarrow T$

证明 要证$\neg \varphi \sqcup \varphi \leftrightarrow T$，证明 $\vdash \neg \varphi \sqcup \varphi$ 即可。

$\vdash \neg \varphi \sqcup \varphi$，此为$\neg \neg \varphi \to \varphi$。   证毕。

性质 3.8 $\varphi \sqcap \neg \varphi \leftrightarrow \bot$

证明 要证 $\varphi \sqcap \neg \varphi \leftrightarrow \bot$，证明 $\vdash \neg(\varphi \sqcap \neg \varphi)$ 即可。

由定义⊓，要证 $\vdash \neg(\varphi \sqcap \neg \varphi)$，即需证 $\vdash \neg \neg(\varphi \to \neg \neg \varphi)$，$\vdash \neg \neg(\varphi \to \neg \neg \varphi)$ 的证明如下：

(1) $\varphi \to \neg \neg \varphi$ 双重否定律

(2) $(\varphi \to \neg \neg \varphi) \to \neg \neg(\varphi \to \neg \neg \varphi)$ 双重否定律

(3) $\neg \neg(\varphi \to \neg \neg \varphi)$ (1)，(2)，MP

证毕。

性质 3.9 1) $\varphi \sqcup(\varphi \sqcap \psi) \leftrightarrow \varphi$ 2) $\varphi \sqcap(\varphi \sqcup \psi) \leftrightarrow \varphi$

证明 1) $\varphi \sqcup(\varphi \sqcap \psi) \leftrightarrow \varphi$ 的证明

$\varphi \sqcup(\varphi \sqcap \psi) \leftrightarrow(\varphi \sqcap T) \sqcup(\varphi \sqcap \psi)$ 同一律

$\leftrightarrow \varphi \sqcap(T \sqcup \psi)$ 分配律

$\leftrightarrow \varphi \sqcap T$ 性质3.6

$\leftrightarrow \varphi$ 同一律

2) $\varphi \sqcap(\varphi \sqcup \psi) \leftrightarrow \varphi$ 的证明

$\varphi \sqcap(\varphi \sqcup \psi) \leftrightarrow(\varphi \sqcap \varphi) \sqcup(\varphi \sqcap \psi)$ 分配律

$\leftrightarrow \varphi \sqcup(\varphi \sqcap \psi)$ 幂等律

$\leftrightarrow(\varphi \sqcap T) \sqcup(\varphi \sqcap \psi)$ 同一律

$\leftrightarrow \varphi \sqcap(T \sqcup \psi)$ 分配律

$\leftrightarrow \varphi \sqcap T$ 性质3.6

$\leftrightarrow \varphi$ 同一律

证毕。

性质 3.10　1)$\neg(\varphi\sqcap\psi)\leftrightarrow\neg\varphi\sqcup\neg\psi$　　　　2)$\neg(\varphi\sqcup\psi)\leftrightarrow\neg\varphi\sqcap\neg\psi$

证明　1)$\neg(\varphi\sqcap\psi)\leftrightarrow\neg\varphi\sqcup\neg\psi$

要证上述结论，证$\neg\neg(\varphi\rightarrow\neg\psi)\leftrightarrow(\neg\neg\varphi\rightarrow\neg\psi)$即可。

首先证明$\neg\neg(\varphi\rightarrow\neg\psi)\rightarrow(\neg\neg\varphi\rightarrow\neg\psi)$，由演绎定理，证明$\{\neg\neg(\varphi\rightarrow\neg\psi)\}\vdash\neg\neg\varphi\rightarrow\neg\psi$即可，再通过演绎定理得，证明$\{\neg\neg(\varphi\rightarrow\neg\psi),\neg\neg\varphi\}\vdash\neg\psi$即可，下面对其进行证明：

(1)　$\neg\neg\varphi$	假设
(2)　$\neg\neg\varphi\rightarrow\varphi$	双重否定律
(3)　φ	(1)，(2)，MP
(4)　$\neg\neg(\varphi\rightarrow\neg\psi)$	假设
(5)　$\neg\neg(\varphi\rightarrow\neg\psi)\rightarrow(\varphi\rightarrow\neg\psi)$	双重否定律
(6)　$\varphi\rightarrow\neg\psi$	(4)，(5)，MP
(7)　$\neg\psi$	(3)，(6)，MP

再证明$(\neg\neg\varphi\rightarrow\neg\psi)\rightarrow\neg\neg(\varphi\rightarrow\neg\psi)$，通过演绎定理可得，证明$\{\neg\neg\varphi\rightarrow\neg\psi\}\vdash\neg\neg(\varphi\rightarrow\neg\psi)$即可，下面对其进行证明。

(1)　$\varphi\rightarrow\neg\neg\varphi$	双重否定律
(2)　$\neg\neg\varphi\rightarrow\neg\psi$	假设
(3)　$\varphi\rightarrow\neg\psi$	(1)，(2)，公理 20
(4)　$(\varphi\rightarrow\neg\psi)\rightarrow\neg\neg(\varphi\rightarrow\neg\psi)$	双重否定律
(5)　$\neg\neg(\varphi\rightarrow\neg\psi)$	(3)，(4)，MP

因而，$\neg\neg(\varphi\rightarrow\neg\psi)\rightarrow(\neg\neg\varphi\rightarrow\neg\psi)$和$(\neg\neg\varphi\rightarrow\neg\psi)\rightarrow\neg\neg(\varphi\rightarrow\neg\psi)$通过公理 19 得$\neg\neg(\varphi\rightarrow\neg\psi)\leftrightarrow(\neg\neg\varphi\rightarrow\neg\psi)$。

2)$\neg(\varphi\sqcup\psi)\leftrightarrow\neg\varphi\sqcap\neg\psi$

即需证$\neg(\neg\varphi\rightarrow\psi)\leftrightarrow\neg(\neg\varphi\rightarrow\neg\neg\psi)$。

首先证明$\neg(\neg\varphi\rightarrow\psi)\rightarrow\neg(\neg\varphi\rightarrow\neg\neg\psi)$，通过演绎定理可得，证明$\{\neg(\neg\varphi\rightarrow\psi)\}\vdash\neg(\neg\varphi\rightarrow\neg\neg\psi)$即可，把$\neg\varphi\rightarrow\neg\neg\psi$作为假设，有

(1)　$\{\neg(\neg\varphi\rightarrow\psi),\neg\varphi\rightarrow\neg\neg\psi\}\vdash\varphi\rightarrow\psi$

(2)　$\{\neg(\neg\varphi\rightarrow\psi),\neg\varphi\rightarrow\neg\neg\psi\}\vdash\neg(\neg\varphi\rightarrow\psi)$

由(1)、(2)通过归谬律得$\{\neg(\neg\varphi\rightarrow\psi)\}\vdash\neg(\neg\varphi\rightarrow\neg\neg\psi)$

$\{\neg(\neg\varphi\rightarrow\psi),\neg\varphi\rightarrow\neg\neg\psi\}\vdash\varphi\rightarrow\psi$的证明如下：

(1) $\neg\varphi\rightarrow\neg\neg\psi$　　　　　　　　　　　　　　　　　　　假设

(2) $\neg\neg\psi\rightarrow\psi$　　　　　　　　　　　　　　　　　　　双重否定律

(3) $\neg\varphi\rightarrow\psi$　　　　　　　　　　　　　　　　　(1)，(2)，公理20

再证明$\neg(\neg\varphi\rightarrow\neg\neg\psi)\rightarrow\neg(\neg\varphi\rightarrow\psi)$，通过演绎定理可得，证明$\{\neg(\neg\varphi\rightarrow\neg\neg\psi)\}\vdash\neg(\neg\varphi\rightarrow\psi)$即可，把$\neg\varphi\rightarrow\psi$作为假设，有

(1) $\{\neg(\neg\varphi\rightarrow\neg\neg\psi),\neg\varphi\rightarrow\psi\}\vdash\neg\varphi\rightarrow\neg\neg\psi$

(2) $\{\neg(\neg\varphi\rightarrow\neg\neg\psi),\neg\varphi\rightarrow\psi\}\vdash\neg(\neg\varphi\rightarrow\neg\neg\psi)$

由(1)、(2)通过归谬律得$\{\neg(\neg\varphi\rightarrow\neg\neg\psi)\}\vdash\neg(\neg\varphi\rightarrow\psi)$。

$\{\neg(\neg\varphi\rightarrow\neg\neg\psi),\neg\varphi\rightarrow\psi\}\vdash\neg\varphi\rightarrow\neg\neg\psi$的证明如下：

(1) $\neg\varphi\rightarrow\psi$　　　　　　　　　　　　　　　　　　　假设

(2) $\psi\rightarrow\neg\neg\psi$　　　　　　　　　　　　　　　　　　　双重否定律

(3) $\neg\varphi\rightarrow\neg\neg\psi$　　　　　　　　　　　　　　　(1)，(2)，公理20

因而，$\neg\neg(\varphi\rightarrow\neg\psi)\rightarrow(\neg\varphi\rightarrow\neg\neg\psi)$和$\neg(\neg\varphi\rightarrow\neg\neg\psi)\rightarrow\neg(\neg\varphi\rightarrow\psi)$通过公理19得$\neg(\neg\varphi\rightarrow\psi)\leftrightarrow\neg(\neg\varphi\rightarrow\neg\neg\psi)$。　　　　　　　证毕。

性质3.11　1)$\neg\bot\leftrightarrow\top$　　　　　　　　2)$\neg\top\leftrightarrow\bot$

证明　(1)因为$\bot$为空概念，$\top$为全概念，$\neg$为否定，所以$\neg\bot$与$\top$等价。

(2)因为$\top$为全概念，$\bot$为空概念，$\neg$为否定，因而$\neg\top$与$\bot$等价。　　证毕。

命题3.8　$\vdash\forall p.(C\sqcup D)\rightarrow\forall p.C\sqcup\forall p.D$

证明　由演绎定理，证明$\{\forall p.(C\sqcup D)\}\vdash\forall p.C\sqcup\forall p.D$即可：

(1) $\forall p.(C\sqcup D)$　　　　　　　　　　　　　　　　　　　假设

(2) $\neg\exists p.\neg(C\sqcup D)$　　　　　　　　　　　　　　　　　定义3.1

(3) $\neg\exists p.(\neg C\sqcap\neg D)$　　　　　　　　　　　　　　　De.Morgan律

(4) $\neg(\exists p.\neg C\sqcap\exists p.\neg D)$　　　　　　　　　　　　　公理5

(5) $\neg\exists p.\neg C\sqcup\neg\exists p.\neg D$　　　　　　　　　　　　De.Morgan律

(6) $\forall p.C\sqcup\forall p.D$　　　　　　　　　　　　　　　　　定义3.1

　　　　　　　　　　　　　　　　　　　　　　　　　　　　证毕。

命题3.9　$\vdash\forall p.(C\sqcap D)\rightarrow\forall p.C\sqcap\forall p.D$

证明　由演绎定理，证明$\{\forall p.(C\sqcap D)\}\vdash\forall p.C\sqcap\forall p.D$即可：

(1) $\forall p.C\sqcap\forall p.D$　　　　　　　　　　　　　　　　　假设

(2) $\neg\exists p.\neg C\sqcap\neg\exists p.\neg D$　　　　　　　　　　　　　定义3.1

(3) $\neg(\exists p.\neg C \sqcup \exists p.\neg D)$ De.Morgan 律

(4) $\neg \exists p.(\neg C \sqcup \neg D)$ 公理 4

(5) $\forall p.\neg(\neg C \sqcup \neg D)$ 定义 3.1

(6) $\forall p.(C \sqcap D)$ De.Morgan 律

            证毕。

命题 3.10 $\vdash \forall q.(A \sqcup B) \rightarrow \forall q.A \sqcup \forall q.B$

证明   由演绎定理，证明 $\{\forall q.(A \sqcup B)\} \vdash \forall q.A \sqcup \forall q.B$ 即可：

(1) $\forall q.(A \sqcup B)$ 假设

(2) $\neg \exists q.\neg(A \sqcup B)$ 定义 3.1

(3) $\neg \exists q.(\neg A \sqcap \neg B)$ De.Morgan 律

(4) $\neg(\exists q.\neg A \sqcap \exists q.\neg B)$ 公理 8

(5) $\neg \exists q.\neg A \sqcup \neg \exists q.\neg B$ De.Morgan 律

(6) $\forall q.A \sqcup \forall q.B$ 定义 3.1

            证毕。

命题 3.11 $\vdash \forall q.(A \sqcap B) \rightarrow \forall q.A \sqcap \forall q.B$

证明   由演绎定理，证明 $\{\forall q.(A \sqcap B)\} \vdash \forall q.A \sqcap \forall q.B$ 即可：

(1) $\forall q.A \sqcap \forall q.B$ 假设

(2) $\neg \exists q.\neg A \sqcap \neg \exists q.\neg B$ 定义 3.1

(3) $\neg(\exists q.\neg A \sqcup \exists q.\neg B)$ De.Morgan 律

(4) $\neg \exists q.(\neg A \sqcup \neg B)$ 公理 7

(5) $\forall q.\neg(\neg A \sqcup \neg B)$ 定义 3.1

(6) $\forall q.(A \sqcap B)$ De.Morgan 律

            证毕。

命题 3.12 $\vdash \forall r.(A \sqcup B) \rightarrow \forall r.A \sqcup \forall r.B$

证明   由演绎定理，证明 $\{\forall r.(A \sqcup B)\} \vdash \forall r.A \sqcup \forall r.B$ 即可：

(1) $\forall r.(A \sqcup B)$ 假设

(2) $\neg \exists r.\neg(A \sqcup B)$ 定义 3.1

(3) $\neg \exists r.(\neg A \sqcap \neg B)$ De.Morgan 律

(4) $\neg(\exists r.\neg A \sqcap \exists r.\neg B)$ 公理 11

(5) $\neg \exists r.\neg A \sqcup \neg \exists r.\neg B$ De.Morgan 律

(6) $\forall r.A \sqcup \forall r.B$ 　　　　　　　　　　　　　定义 3.1

　　　　　　　　　　　　　　　　　　　　　　　　证毕。

命题 3.13　$\vdash \forall r.(A \sqcap B) \rightarrow \forall r.A \sqcap \forall r.B$

证明　由演绎定理，证明 $\{\forall r.(A \sqcap B)\} \vdash \forall r.A \sqcap \forall r.B$ 即可：

(1) $\forall r.A \sqcap \forall r.B$ 　　　　　　　　　　　　假设

(2) $\neg \exists r.\neg A \sqcap \neg \exists r.\neg B$ 　　　　　　　　定义 3.1

(3) $\neg(\exists r.\neg A \sqcup \exists r.\neg B)$ 　　　　　　　De.Morgan 律

(4) $\neg \exists r.(\neg A \sqcup \neg B)$ 　　　　　　　　　公理 10

(5) $\forall r.\neg(\neg A \sqcup \neg B)$ 　　　　　　　　　定义 3.1

(6) $\forall r.(A \sqcap B)$ 　　　　　　　　　　　　De.Morgan 律

　　　　　　　　　　　　　　　　　　　　　　　　证毕。

命题 3.14　$\vdash \forall r \text{-}.(C \sqcup D) \rightarrow \forall r \text{-}.C \sqcup \forall p.D$

证明　由演绎定理，证明 $\{\forall r \text{-}.(C \sqcup D)\} \vdash \forall r \text{-}.C \sqcup \forall r \text{-}.D$ 即可：

(1) $\forall r \text{-}.(C \sqcup D)$ 　　　　　　　　　　　假设

(2) $\neg \exists r \text{-}.\neg (C \sqcup D)$ 　　　　　　　　　定义 3.1

(3) $\neg \exists r \text{-}.(\neg C \sqcap \neg D)$ 　　　　　　　De.Morgan 律

(4) $\neg(\exists r \text{-}.\neg C \sqcap \exists r \text{-}.\neg D)$ 　　　　　公理 14

(5) $\neg \exists r \text{-}.\neg C \sqcup \neg \exists r \text{-}.\neg D$ 　　　　　De.Morgan 律

(6) $\forall r \text{-}.C \sqcup \forall r \text{-}.D$ 　　　　　　　　　定义 3.1

　　　　　　　　　　　　　　　　　　　　　　　　证毕。

命题 3.15　$\vdash \forall r \text{-}.(C \sqcap D) \rightarrow \forall r \text{-}.C \sqcap \forall r \text{-}.D$

证明　由演绎定理，证明 $\{\forall r \text{-}.(C \sqcap D)\} \vdash \forall r \text{-}.C \sqcap \forall r \text{-}.D$ 即可：

(1) $\forall r \text{-}.C \sqcap \forall r \text{-}.D$ 　　　　　　　　　假设

(2) $\neg \exists r \text{-}.\neg C \sqcap \neg \exists r \text{-}.\neg D$ 　　　　　定义 3.1

(3) $\neg(\exists r \text{-}.\neg C \sqcup \exists r \text{-}.\neg D)$ 　　　　　De.Morgan 律

(4) $\neg \exists r \text{-}.(\neg C \sqcup \neg D)$ 　　　　　　　公理 13

(5) $\forall r \text{-}.\neg(\neg C \sqcup \neg D)$ 　　　　　　　定义 3.1

(6) $\forall r \text{-}.(C \sqcap D)$ 　　　　　　　　　　De.Morgan 律

　　　　　　　　　　　　　　　　　　　　　　　　证毕。

3.4 描述逻辑 KEDL 形式化系统的可靠性和完全性

本节将对描述逻辑 KEDL 形式化系统的语法推论和语义推论的关系进行讨论，在此基础上建立描述逻辑 KEDL 的性质——语法推论和语义推论的一致性：$\Gamma \vdash \varphi \Leftrightarrow \Gamma \vDash \varphi$。

定理 3.4　KEDL 的所有公理都是有效式。

下面对 KEDL 所有公理进行证明。

公理 1　$\varphi \to (\psi \to \varphi)$

证明　要证 $\varphi \to (\psi \to \varphi)$ 是有效式，只用证它的等价式 $\neg \varphi \sqcup (\neg \psi \sqcup \varphi)$ 为有效式即可。

对任意解释 $\bullet^I$ 有以下结论。

（1）当公式为对象知识元概念时，有

$(\neg \varphi \sqcup (\neg \psi \sqcup \varphi))^I$

$= (\neg \varphi)^I \cup (\neg \psi \sqcup \varphi)^I$

$= (\triangle^I \backslash \varphi^I) \cup (\neg \psi)^I \cup \varphi^I$

$= (\triangle^I \backslash \varphi^I) \cup (\triangle^I \backslash \psi^I) \cup \varphi^I$

$= \triangle^I \cup (\triangle^I \backslash \varphi^I)$

$= \triangle^I$

（2）当公式为属性知识元概念时，有

$(\neg \varphi \sqcup (\neg \psi \sqcup \varphi))^I$

$= (\neg \varphi)^I \cup (\neg \psi \sqcup \varphi)^I$

$= (\textstyle\sum^I \backslash \varphi^I) \cup (\neg \varphi)^I \cup \varphi^I$

$= (\textstyle\sum^I \backslash \varphi^I) \cup (\textstyle\sum^I \backslash \psi^I) \cup \varphi^I$

$= \textstyle\sum^I \cup (\textstyle\sum^I \backslash \psi^I)$

$= \textstyle\sum^I$

以上情况，$\neg \varphi \sqcup (\neg \psi \sqcup \varphi)$ 都为有效式。

所以 $\vDash \neg \varphi \sqcup (\neg \psi \sqcup \varphi)$，即 $\vDash \varphi \to (\psi \to \varphi)$。证毕。

公理 2　$(\varphi \to (\psi \to \gamma)) \to ((\varphi \to \psi) \to (\varphi \to \gamma))$

证明　要证 $(\varphi \to (\psi \to \gamma)) \to ((\varphi \to \psi) \to (\varphi \to \gamma))$ 为有效式，只需证它的

等价式 $\neg(\neg\varphi\sqcup(\neg\psi\sqcup\gamma))\sqcup(\neg(\neg\varphi\sqcup\psi)\sqcup(\neg\phi\sqcup\gamma))$ 为有效式即可。

对任意解释 $\bullet^I$ 有以下结论。

(1) 当公式为对象知识元概念时，有

$$(\neg(\neg\varphi\sqcup(\neg\psi\sqcup\gamma))\sqcup(\neg(\neg\varphi\sqcup\psi)\sqcup(\neg\varphi\sqcup\gamma)))^I$$

$$=(\neg(\neg\varphi\sqcup(\neg\psi\sqcup\gamma)))^I\cup(\neg(\neg\varphi\sqcup\psi)\sqcup(\neg\varphi\sqcup\gamma))^I$$

$$=(\Delta^I\backslash(\neg\varphi\sqcup(\neg\psi\sqcup\gamma))^I)\cup(\neg(\neg\varphi\sqcup\psi))^I\cup(\neg\varphi\sqcup\gamma)^I$$

$$=(\Delta^I\backslash((\neg\varphi)^I\cup(\neg\psi\sqcup\gamma)^I))\cup(\Delta^I\backslash(\neg\varphi\sqcup\psi)^I\cup(\neg\varphi)^I\cup\gamma^I$$

$$=(\Delta^I\backslash((\Delta^I\backslash\varphi^I)\cup(\neg\psi)^I\cup\gamma^I))\cup(\Delta^I\backslash((\neg\varphi)^I\cup\psi^I)\cup(\Delta^I\backslash\varphi^I)\cup\gamma^I$$

$$=(\Delta^I\backslash((\Delta^I\backslash\varphi^I)\cup(\Delta^I\backslash\psi^I)\cup\gamma^I))\cup(\Delta^I\backslash((\Delta^I\backslash\varphi^I)\cup\psi^I)$$
$$\cup(\Delta^I\backslash\varphi^I)\cup\gamma^I$$

$$=(\varphi^I\cap\psi^I\cap(\Delta^I\backslash\gamma^I))\cup(\varphi^I\cap(\Delta^I\backslash\psi^I))\cup(\Delta^I\backslash\varphi^I)\cup\gamma^I$$

$$=(\varphi^I\cup((\varphi^I\cap(\Delta^I\backslash\psi^I))\cup(\Delta^I\backslash\varphi^I)\cup\gamma^I))\cap(\psi^I\cup((\varphi^I$$
$$\cap(\Delta^I\backslash\psi^I))\cup(\Delta^I\backslash\varphi^I)\cup\gamma^I))\cap((\Delta^I\backslash\gamma^I)\cup((\varphi^I\cap(\Delta^I\backslash\psi^I))$$
$$\cup(\Delta^I\backslash\varphi^I)\cup\gamma^I))$$

$$=(\varphi^I\cup(\Delta^I\backslash\varphi^I)\cup(\varphi^I\cap(\Delta^I\backslash\psi^I)\cup\gamma^I)\cap((\psi^I\cup\varphi^I\cup(\Delta^I\backslash\varphi^I)$$
$$\cup\gamma^I)\cap(\psi^I\cup(\Delta^I\backslash\psi^I)\cup(\Delta^I\backslash\varphi^I)\cup\gamma^I))\cap(((\Delta^I\backslash\gamma^I)\cup\varphi^I$$
$$\cup(\Delta^I\backslash\varphi^I)\cup\gamma^I)\cap((\Delta^I\backslash\gamma^I)\cup(\Delta^I\backslash\psi^I)\cup(\Delta^I\backslash\varphi^I)\cup\gamma^I))$$

$$=(\Delta^I\cup(\varphi^I\cap(\Delta^I\backslash\psi^I)\cup\gamma^I))\cap((\psi^I\cup\Delta^I\cup\gamma^I)\cap(\Delta^I\cup(\Delta^I\backslash\varphi^I)$$
$$\cup\gamma^I))\cap((\Delta^I\cup\Delta^I)\cap(\Delta^I\cup(\Delta^I\backslash\psi^I)\cup(\Delta^I\backslash\varphi^I)))$$

$$=\Delta^I\cap(\Delta^I\cap\Delta^I)\cap(\Delta^I\cap\Delta^I)$$

$$=\Delta^I\cap\Delta^I\cap\Delta^I$$

$$=\Delta^I$$

(2) 当公式为属性知识元概念时，有

$$(\neg(\neg\varphi\sqcup(\neg\psi\sqcup\gamma))\sqcup(\neg(\neg\varphi\sqcup\psi)\sqcup(\neg\varphi\sqcup\gamma)))^I$$

$$=(\neg(\neg\varphi\sqcup(\neg\psi\sqcup\gamma)))^I\cup(\neg(\neg\varphi\sqcup\psi)\sqcup(\neg\varphi\sqcup\gamma))^I$$

$$=(\textstyle\sum^I\backslash(\neg\varphi\sqcup(\neg\psi\sqcup\gamma))^I)\cup(\neg(\neg\varphi\sqcup\psi))^I\cup(\neg\varphi\sqcup\gamma)^I$$

$$=(\textstyle\sum^I\backslash((\neg\varphi)^I\cup(\neg\psi\sqcup\gamma)^I))\cup(\textstyle\sum^I\backslash(\neg\varphi\sqcup\psi)^I\cup(\neg\varphi)^I\cup\gamma^I$$

$$=(\textstyle\sum^I\backslash((\textstyle\sum^I\backslash\varphi^I)\cup(\neg\psi)^I\cup\gamma^I))\cup(\textstyle\sum^I\backslash((\neg\varphi)^I\cup\psi^I)\cup(\textstyle\sum^I\backslash\varphi^I)\cup\gamma^I$$

$$=(\textstyle\sum^I\backslash((\textstyle\sum^I\backslash\varphi^I)\cup(\textstyle\sum^I\backslash\psi^I)\cup\gamma^I))\cup(\textstyle\sum^I\backslash((\textstyle\sum^I\backslash\varphi^I)\cup\psi^I)$$
$$\cup(\textstyle\sum^I\backslash\varphi^I)\cup\gamma^I$$

$$=(\varphi^I\cap\psi^I\cap(\textstyle\sum^I\backslash\gamma^I))\cup(\varphi^I\cap(\textstyle\sum^I\backslash\psi^I))\cup(\textstyle\sum^I\backslash\varphi^I)\cup\gamma^I$$

$$=(\varphi^I\cup((\varphi^I\cap(\textstyle\sum^I\backslash\psi^I))\cup(\textstyle\sum^I\backslash\varphi^I)\cup\gamma^I))\cap(\psi^I\cup((\varphi^I\cap(\textstyle\sum^I\backslash\psi^I))$$
$$\cup(\textstyle\sum^I\backslash\varphi^I)\cup\gamma^I))\cap((\textstyle\sum^I\backslash\gamma^I)\cup((\varphi^I\cap(\textstyle\sum^I\backslash\psi^I))\cup(\textstyle\sum^I\backslash\varphi^I)\cup\gamma^I))$$

$$=(\varphi^I\cup(\textstyle\sum^I\backslash\varphi^I))\cup(\varphi^I\cap(\textstyle\sum^I\backslash\psi^I)\cup\gamma^I)\cap((\psi^I\cup\varphi^I\cup(\textstyle\sum^I\backslash\varphi^I)\cup\gamma^I)$$
$$\cap(\psi^I\cup(\textstyle\sum^I\backslash\psi^I)\cup(\textstyle\sum^I\backslash\varphi^I)\cup\gamma^I))\cap(((\textstyle\sum^I\backslash\gamma^I)\cup\varphi^I\cup(\textstyle\sum^I\backslash\varphi^I)\cup$$
$$\gamma^I)\cap((\textstyle\sum^I\backslash\gamma^I)\cup(\textstyle\sum^I\backslash\psi^I)\cup(\textstyle\sum^I\backslash\varphi^I)\cup\gamma^I))$$

$$=(\textstyle\sum^I\cup(\varphi^I\cap(\textstyle\sum^I\backslash\psi^I)\cup\gamma^I))\cap((\psi^I\cup\textstyle\sum^I\cup\gamma^I)\cap(\textstyle\sum^I\cup(\textstyle\sum^I\backslash\varphi^I)$$
$$\cup\gamma^I))\cap((\textstyle\sum^I\cup\textstyle\sum^I)\cap(\textstyle\sum^I\cup(\textstyle\sum^I\backslash\psi^I)\cup(\textstyle\sum^I\backslash\varphi^I)))$$

$$=\textstyle\sum^I\cap(\textstyle\sum^I\cap\textstyle\sum^I)\cap(\textstyle\sum^I\cap\textstyle\sum^I)$$

$$=\textstyle\sum^I\cap\textstyle\sum^I\cap\textstyle\sum^I$$

$$=\textstyle\sum^I$$

以上情况，$\neg(\neg\varphi\sqcup(\neg\psi\sqcup\gamma))\sqcup(\neg(\neg\varphi\sqcup\psi)\sqcup(\neg\varphi\sqcup\gamma))$都为有效式。

因此，$\models\neg(\neg\varphi\sqcup(\neg\psi\sqcup\gamma))\sqcup(\neg(\neg\varphi\sqcup\psi)\sqcup(\neg\varphi\sqcup\gamma))$，所以$\models(\varphi\to(\psi\to\gamma))\to((\varphi\to\psi)\to(\varphi\to\gamma))$。证毕。

公理 3 $(\neg\varphi\to\neg\psi)\to(\psi\to\varphi)$

证明 要证$(\neg\varphi\to\neg\psi)\to(\psi\to\varphi)$为有效式，只需证其等价式$\neg(\varphi\sqcup\neg\psi)\sqcup(\neg\psi\sqcup\varphi)$为有效式即可。

对任意解释$\bullet^I$有以下结论。

(1) 当公式为对象知识元概念时，有

$$(\neg(\varphi\sqcup\neg\psi)\sqcup(\neg\psi\sqcup\varphi))^I$$

$$=(\neg(\varphi\sqcup\neg\psi))^I\cup(\neg\psi\sqcup\varphi)^I$$

$$=(\triangle^I\backslash(\varphi\sqcup\neg\psi)^I)\cup(\neg\psi)^I\cup\varphi^I$$

$$=(\triangle^I\backslash(\varphi^I\cup(\triangle^I\backslash\psi^I)))\cup(\triangle^I\backslash\psi^I)\cup\varphi^I$$

$$=((\triangle^I\backslash\varphi^I)\cap(\triangle^I\backslash(\triangle^I\backslash\psi^I)))\cup(\triangle^I\backslash\psi^I)\cup\varphi^I$$

$$=((\triangle^I\backslash\varphi^I)\cup(\triangle^I\backslash\psi^I)\cup\varphi^I)\cap((\triangle^I\backslash(\triangle^I\backslash\psi^I))\cup(\triangle^I\backslash\psi^I)\cup\varphi^I)$$

$$=\triangle^I\cap\triangle^I$$

$$=\triangle^I$$

(2) 当公式为属性知识元概念时，有

$$(\neg(\varphi\sqcup\neg\psi)\sqcup(\neg\psi\sqcup\varphi))^I$$

$$=(\neg(\varphi\sqcup\neg\psi))^I\cup(\neg\psi\sqcup\varphi)^I$$

$$=(\textstyle\sum^{I}\backslash(\varphi\sqcup\neg\psi)^{I})\cup(\neg\psi)^{I}\cup\varphi^{I}$$

$$=(\textstyle\sum^{I}\backslash(\varphi^{I}\cup(\textstyle\sum^{I}\backslash\psi^{I})))\cup(\textstyle\sum^{I}\backslash\psi^{I})\cup\varphi^{I}$$

$$=((\textstyle\sum^{I}\backslash\varphi^{I})\cap(\textstyle\sum^{I}\backslash(\textstyle\sum^{I}\backslash\psi^{I})))\cup(\textstyle\sum^{I}\backslash\psi^{I})\cup\varphi^{I}$$

$$=((\textstyle\sum^{I}\backslash\varphi^{I})\cup(\textstyle\sum^{I}\backslash\psi^{I})\cup\varphi^{I})\cap((\textstyle\sum^{I}\backslash(\textstyle\sum^{I}\backslash\psi^{I}))\cup(\textstyle\sum^{I}\backslash\psi^{I})\cup\varphi^{I})$$

$$=\textstyle\sum^{I}\cap\textstyle\sum^{I}$$

$$=\textstyle\sum^{I}$$

以上情况，$\neg(\varphi\sqcup\neg\psi)\sqcup(\neg\psi\sqcup\phi)$都为有效式。

因而$\vDash\neg(\varphi\sqcup\neg\psi)\sqcup(\neg\psi\sqcup\varphi)$，所以$\vDash(\neg\varphi\rightarrow\neg\psi)\rightarrow(\psi\rightarrow\varphi)$。证毕。

公理4 $\exists p.C\sqcup\exists p.D\rightarrow\exists p.(C\sqcup D)$

证明 对任意解释$\bullet^{I}$有

$(\exists p.C\sqcup\exists p.D)^{I}$

$=(\exists p.C)^{I}\cup(\exists p.D)^{I}$

$=\{x\in\triangle^{I}|\exists y使(x,\ y)\in p^{I}且y\in C^{I}\}\cup\{x\in\triangle^{I}|\exists y使(x,\ y)\in p^{I}且y\in D^{I}\}$

$=\{x\in\triangle^{I}|\exists y使(x,\ y)\in p^{I}且y\in C^{I}，或\exists y使(x,\ y)\in p^{I}且y\in D^{I}\}$

$=\{x\in\triangle^{I}|\exists y使(x,\ y)\in p^{I}且y\in C^{I}或y\in D^{I}\}$

$=\{x\in\triangle^{I}|\exists y使(x,\ y)\in p^{I}且y\in C^{I}\cup D^{I}\}$

$=\{x\in\triangle^{I}|\exists y使(x,\ y)\in p^{I}且y\in(C\sqcup D)^{I}\}$

$=(\exists p.(C\sqcup D))^{I}$

因而$\exists p.C\sqcup\exists p.D\rightarrow\exists p.(C\sqcup D)$，所以$\vDash\exists p.C\sqcup\exists p.D\rightarrow\exists p.(C\sqcup D)$。证毕。

公理5 $\exists p.(C\sqcap D)\rightarrow\exists p.C\sqcap\exists p.D$

证明 对任意解释$\bullet^{I}$有

$(\exists p.(C\sqcap D))^{I}$

$=\{x\in\triangle^{I}|\exists y使(x,\ y)\in p^{I}且y\in(C\sqcap D)^{I}\}$

$=\{x\in\triangle^{I}|\exists y使(x,\ y)\in p^{I}且y\in C^{I}\cap D^{I}\}$

$=\{x\in\triangle^{I}|\exists y使(x,\ y)\in p^{I}且y\in C^{I}且y\in D^{I}\}$

$=\{x\in\triangle^{I}|\exists y使(x,\ y)\in p^{I}且y\in C^{I}，且该y使(x,\ y)\in p^{I}且y\in D^{I}\}$

$\subseteq\{x\in\triangle^{I}|\exists y使(x,\ y)\in p^{I}且y\in C^{I}\}\cap\{x\in\triangle^{I}|\exists y使(x,\ y)\in p^{I}且y\in D^{I}\}$

$=(\exists p.C)^{I}\cap(\exists p.D)^{I}$

$=(\exists p.C\sqcap\exists p.D)^{I}$

所以$\vDash\exists p.(C\sqcap D)\rightarrow\exists p.C\sqcap\exists p.D$。证毕。

公理 6 $(\exists p.C \sqcap \forall p.D) \rightarrow \exists p.(C \sqcap D)$

证明 对任意解释 $\bullet^I$ 有

$(\exists p.C \sqcap \forall p.D)^I$

$=(\exists p.C)^I \cap (\forall p.D)^I$

$=\{x \in \triangle^I | \exists y 使(x, y) \in p^I 且 y \in C^I\} \cap \{x \in \triangle^I | \forall y 使(x, y) \in p^I, 则 y \in D^I\}$

$\subseteq \{x \in \triangle^I | \exists y 使(x, y) \in p^I 且 y \in C^I 同时该 y 又属于 \forall y 使(x, y) \in p^I,$
则 $y \in D^I$ 中之一$\}$

$=\{x \in \triangle^I | \exists y 使(x, y) \in p^I 且 y \in C^I 同时 y \in D^I\}$

$=\{x \in \triangle^I | \exists y 使(x, y) \in p^I 且 y \in C^I \cap D^I\}$

$=\{x \in \triangle^I | \exists y 使(x, y) \in p^I 且 y \in (C \sqcap D)^I\}$

$=(\exists p.(C \sqcap D))^I$

所以 $\models (\exists p.C \sqcap \forall p.D) \rightarrow \exists p.(C \sqcap D)$。证毕。

公理 7 $\exists q.A \sqcup \exists q.B \rightarrow \exists q.(A \sqcup B)$

证明 对任意解释 $\bullet^I$ 有

$(\exists q.A \sqcup \exists q.B)^I$

$=(\exists q.A)^I \cup (\exists q.B)^I$

$=\{u \in \sum^I | \exists v 使(u, v) \in q^I 且 v \in A^I\} \cup \{u \in \sum^I | \exists v 使(u, v) \in q^I 且 v \in B^I\}$

$=\{u \in \sum^I | \exists v 使(u, v) \in q^I 且 v \in A^I, 或 \exists v 使(u, v) \in q^I 且 v \in B^I\}$

$=\{u \in \sum^I | \exists v 使(u, v) \in q^I 且 v \in A^I 或 v \in B^I\}$

$=\{u \in \sum^I | \exists v 使(u, v) \in q^I 且 v \in A^I \cup B^I\}$

$=\{u \in \sum^I | \exists v 使(u, v) \in q^I 且 v \in (A \sqcup B)^I\}$

$=(\exists q.(A \sqcup B))^I$

因而 $\exists q.A \sqcup \exists q.B \rightarrow \exists q.(A \sqcup B)$，所以 $\models \exists q.A \sqcup \exists q.B \rightarrow \exists q.(A \sqcup B)$。证毕。

公理 8 $\exists q.(A \sqcap B) \rightarrow \exists q.A \sqcap \exists q.B$

证明 对任意解释 $\bullet^I$ 有

$(\exists q.(A \sqcap B))^I$

$=\{u \in \sum^I | \exists v 使(u, v) \in q^I 且 v \in (A \sqcap B)^I\}$

$=\{u \in \sum^I | \exists v 使(u, v) \in q^I 且 v \in A^I \cap B^I\}$

$=\{u \in \sum^I | \exists v 使(u, v) \in q^I 且 v \in A^I 且 v \in B^I\}$

$=\{u \in \sum^I | \exists v 使(u, v) \in q^I 且 v \in A^I, 且该 v 使(u, v) \in q^I 且 v \in B^I\}$

$\subseteq \{u \in \sum^I | \exists v \, 使 (u, v) \in q^I \, 且 \, v \in A^I\} \cap \{u \in \sum^I | \exists v \, 使 (u, v) \in q^I \, 且 \, v \in B^I\}$

$= (\exists q.A)^I \cap (\exists q.B)^I$

$= (\exists q.A \sqcap \exists q.B)^I$

所以 $\models \exists q.(A \sqcap B) \rightarrow \exists q.A \sqcap \exists q.B$。证毕。

公理 9　$(\exists q.A \sqcap \forall q.B) \rightarrow \exists q.(A \sqcap B)$

证明　对任意解释 $\bullet^I$ 有

$(\exists q.A \sqcap \forall q.B)^I$

$= (\exists q.A)^I \cap (\forall q.B)^I$

$= \{u \in \sum^I | \exists v \, 使 (u, v) \in q^I \, 且 \, v \in A^I\} \cap \{u \in \sum^I | \forall v \, 使 (u, v) \in q^I , \, 则 \, v \in B^I\}$

$\subseteq \{u \in \sum^I | \exists v \, 使 (u, v) \in q^I \, 且 \, v \in A^I \, 同时该 \, v \, 又属于 \forall v \, 使 (u, v) \in q^I , \, 则$

$v \in B^I \, 中之一\}$

$= \{u \in \sum^I | \exists v \, 使 (u, v) \in q^I \, 且 \, v \in A^I \, 同时 \, v \in B^I\}$

$= \{u \in \sum^I | \exists v \, 使 (u, v) \in q^I \, 且 \, v \in A^I \cap B^I\}$

$= \{u \in \sum^I | \exists v \, 使 (u, v) \in q^I \, 且 \, v \in (A \sqcap B)^I\}$

$= (\exists q.(A \sqcap B))^I$

所以 $\models (\exists q.A \sqcap \forall q.B) \rightarrow \exists q.(A \sqcap B)$。证毕。

公理 10　$\exists r.A \sqcup \exists r.B \rightarrow \exists r.(A \sqcup B)$

证明　对任意解释 $\bullet^I$ 有

$(\exists r.A \sqcup \exists r.B)^I$

$= (\exists r.A)^I \cup (\exists r.B)^I$

$= \{x \in \triangle^I | \exists u \, 使 (x, u) \in r^I \, 且 \, u \in A^I\} \cup \{x \in \triangle^I | \exists u \, 使 (x, u) \in r^I \, 且 \, u \in B^I\}$

$= \{x \in \triangle^I | \exists u \, 使 (x, u) \in r^I \, 且 \, u \in A^I , \, 或 \exists u \, 使 (x, u) \in r^I \, 且 \, u \in B^I\}$

$= \{x \in \triangle^I | \exists u \, 使 (x, u) \in r^I \, 且 \, u \in A^I \, 或 \, u \in B^I\}$

$= \{x \in \triangle^I | \exists u \, 使 (x, u) \in r^I \, 且 \, u \in A^I \cup B^I\}$

$= \{x \in \triangle^I | \exists u \, 使 (x, u) \in r^I \, 且 \, u \in (A \sqcup B)^I\}$

$= (\exists r.(A \sqcup B))^I$

因而 $\exists r.A \sqcup \exists r.B \rightarrow \exists r.(A \sqcup B)$，所以 $\models \exists r.A \sqcup \exists r.B \rightarrow \exists r.(A \sqcup B)$。证毕。

公理 11　$\exists r.(A \sqcap B) \rightarrow \exists r.A \sqcap \exists r.B$

证明　对任意解释 $\bullet^I$ 有

$(\exists r.(A \sqcap B))^I$

$= \{x \in \triangle^I | \exists u \text{ 使}(x, u) \in r^I \text{ 且 } u \in (A \sqcap B)^I\}$

$= \{x \in \triangle^I | \exists u \text{ 使}(x, u) \in r^I \text{ 且 } u \in A^I \cap B^I\}$

$= \{x \in \triangle^I | \exists u \text{ 使}(x, u) \in r^I \text{ 且 } u \in A^I \text{ 且 } u \in B^I\}$

$= \{x \in \triangle^I | \exists u \text{ 使}(x, u) \in r^I \text{ 且 } u \in A^I, \text{ 且该 } u \text{ 使}(x, u) \in r^I \text{ 且 } u \in B^I\}$

$\subseteq \{x \in \triangle^I | \exists u \text{ 使}(x,u) \in r^I \text{ 且 } u \in A^I\} \cap \{x \in \triangle^I | \exists u \text{ 使}(x,u) \in r^I \text{ 且 } u \in B^I\}$

$= (\exists r.A)^I \cap (\exists r.B)^I$

$= (\exists r.A \sqcap \exists r.B)^I$

所以 $\models \exists r.(A \sqcap B) \rightarrow \exists r.A \sqcap \exists r.B$。证毕。

公理 12　$(\exists r.A \sqcap \forall r.B) \rightarrow \exists r.(A \sqcap B)$

证明　对任意解释 $\bullet^I$ 有

$(\exists r.A \sqcap \forall r.B)^I$

$= (\exists r.A)^I \cap (\forall r.B)^I$

$= \{x \in \triangle^I | \exists u \text{ 使}(x, u) \in r^I \text{ 且 } u \in A^I\} \cap \{x \in \triangle^I | \forall u \text{ 使}(x, u) \in r^I, \text{ 则 } u \in B^I\}$

$\subseteq \{x \in \triangle^I | \exists u \text{ 使}(x, u) \in r^I \text{ 且 } u \in A^I \text{ 同时该 } u \text{ 属于} \forall u \text{ 使}(x, u) \in r^I, \text{ 则 } u \in B^I \text{ 中之一}\}$

$= \{x \in \triangle^I | \exists u \text{ 使}(x, u) \in r^I \text{ 且 } u \in A^I \text{ 同时 } u \in B^I\}$

$= \{x \in \triangle^I | \exists u \text{ 使得}(x, u) \in r^I \text{ 且 } u \in A^I \cap B^I\}$

$= \{x \in \triangle^I | \exists u \text{ 使}(x, u) \in r^I \text{ 且 } u \in (A \sqcap B)^I\}$

$= (\exists r.(A \sqcap B))^I$

所以 $\models (\exists r.A \sqcap \forall r.B) \rightarrow \exists r.(A \sqcap B)$。证毕。

公理 13　$\exists r\text{-}.C \sqcup \exists r\text{-}.D \rightarrow \exists r\text{-}.(C \sqcup D)$

证明　对任意解释 $\bullet^I$ 有

$(\exists r\text{-}.C \sqcup \exists r\text{-}.D)^I$

$= (\exists r\text{-}.C)^I \cup (\exists r\text{-}.D)^I$

$= \{u \in \textstyle\sum^I | \exists x \text{ 使}(u, x) \in (r\text{-})^I \text{ 且 } x \in C^I\} \cup \{u \in \textstyle\sum^I | \exists x \text{ 使}(u, x) \in (r\text{-})^I \text{ 且 } x \in D^I\}$

$= \{u \in \textstyle\sum^I | \exists x \text{ 使}(u, x) \in (r\text{-})^I \text{ 且 } x \in C^I, \text{ 或} \exists x \text{ 使}(u, x) \in (r\text{-})^I \text{ 且 } x \in D^I\}$

$= \{u \in \textstyle\sum^I | \exists x \text{ 使}(u, x) \in (r\text{-})^I \text{ 且 } x \in C^I \text{ 或 } x \in D^I\}$

$= \{u \in \textstyle\sum^I | \exists x \text{ 使}(u, x) \in (r\text{-})^I \text{ 且 } x \in C^I \cup D^I\}$

$= \{u \in \textstyle\sum^I | \exists x \text{ 使}(u, x) \in (r\text{-})^I \text{ 且 } x \in (C \sqcup D)^I\}$

$= (\exists r\text{-}.(C \sqcup D))^I$

因而∃ r-.C⊔∃ r-.D→∃ r-.(C⊔D)，所以 ⊨∃ r-.C⊔∃ r-.D→∃ r-.(C⊔D)。证毕。

公理 14　∃ r-.(C⊓D)→∃ r-.C⊓∃ r-.D

证明　对任意解释 $\bullet^I$ 有

$(∃ r\text{-.}(C⊓D))^I$

$=\{u∈\sum^I|∃ x$ 使 $(u,\ x)∈(r\text{-})^I$ 且 $x∈(C⊓D)^I\}$

$=\{u∈\sum^I|∃ x$ 使 $(u,\ x)∈(r\text{-})^I$ 且 $x∈C^I⊓D^I\}$

$=\{u∈\sum^I|∃ x$ 使 $(u,\ x)∈(r\text{-})^I$ 且 $x∈C^I$ 且 $x∈D^I\}$

$=\{u∈\sum^I|∃ x$ 使 $(u,x)∈(r\text{-})^I$ 且 $x∈C^I$，且该 x 使 $(u,x)∈(r\text{-})^I$ 且 $x∈D^I\}$

$⊆\{u∈\sum^I|∃ x$ 使 $(u,x)∈(r\text{-})^I$ 且 $x∈C^I\}⋂\{u∈\sum^I|∃ x$ 使 $(u,x)∈(r\text{-})^I$ 且 $x∈D^I\}$

$=(∃ r\text{-.}C)^I⋂(∃ r\text{-.}D)^I$

$=(∃ r\text{-.}C⊓∃ r\text{-.}D)^I$

所以 ⊨∃ r-.(C⊓D)→∃ r-.C⊓∃ r-.D。证毕。

公理 15　(∃ r-.C⊓∀ r-.D)→∃ r-.(C⊓D)

证明　对任意解释 $\bullet^I$ 有

$(∃ r\text{-.}C⊓∀ r\text{-.}D)^I$

$=(∃ r\text{-.}C)^I⋂(∀ r\text{-.}D)^I$

$=\{u∈\sum^I|∃ x$ 使 $(u,\ x)∈(r\text{-})^I$ 且 $x∈C^I\}⋂\{u∈\sum^I|∀ x$ 使 $(u,\ x)∈(r\text{-})^I$，则 $x∈D^I\}$

$⊆\{u∈\sum^I|∃ x$ 使 $(u,x)∈(r\text{-})^I$ 且 $x∈C^I$ 同时该 x 又属于∀ x 使 $(u,x)∈(r\text{-})^I$，则 $x∈D^I$ 中之一\}$

$=\{u∈\sum^I|∃ x$ 使 $(u,\ x)∈(r\text{-})^I$ 且 $x∈C^I$ 同时 $x∈D^I\}$

$=\{u∈\sum^I|∃ x$ 使 $(u,\ x)∈(r\text{-})^I$ 且 $x∈C^I⋂D^I\}$

$=\{u∈\sum^I|∃ x$ 使 $(u,\ x)∈(r\text{-})^I$ 且 $x∈(C⊓D)^I\}$

$=(∃ r\text{-.}(C⊓D))^I$

所以 ⊨(∃ r-.C⊓∀ r-.D)→∃ r-.(C⊓D)。证毕。

公理 16　∃ r-.∀ $r.A$→A

证明　对任意解释 $\bullet^I$ 有

$(∃ r\text{-.}∀ r.A)^I$

$=\{u∈\sum^I|∃ x$ 使 $(u,\ x)∈(r\text{-})^I$ 且 $x∈(∀ r.A)^I\}$

$=\{u∈\sum^I|∃ x$ 使 $(u,x)∈(r\text{-})^I$ 且 $x∈\{x∈△^I|∀ u$ 使 $(x,u)∈r^I$ 则 $u∈A^I\}\}$

$=\{u\in\sum^{I}|\exists x\ \text{使}(u,\ x)\in(r\text{-})^{I}\ \text{且}\ x\ \text{应满足}\forall x\ \text{使}(x,\ u)\in r^{I}\ \text{则}\ u\in A^{I}\}$

$\subseteq\{u\in\sum^{I}|u\in A^{I}\}$

$=A^{I}$

因而 $\vDash\exists r.\forall r.A\rightarrow A$。证毕。

公理 17 $\exists r.\forall r\text{-}.C\rightarrow C$

证明 对任意解释 $\bullet^{I}$ 有

$(\exists r.\forall r\text{-}.C)^{I}$

$=\{x\in\triangle^{I}|\exists u\ \text{使}(x,\ u)\in r^{I}\ \text{且}\ u\in(\forall r\text{-}.C)^{I}\}$

$=\{x\in\triangle^{I}|\exists u\ \text{使}(x,\ u)\in r^{I}\ \text{且}\ u\in\{u\in\sum^{I}|\forall x\ \text{使}(u,\ x)\in(r\text{-})^{I}\ \text{则}\ x\in C^{I}\}\}$

$=\{x\in\triangle^{I}|\exists u\ \text{使}(x,\ u)\in r^{I}\ \text{且}\ u\ \text{应满足}\forall u\ \text{使}(u,\ x)\in(r\text{-})^{I}\ \text{则}\ x\in C^{I}\}$

$\subseteq\{x\in\triangle^{I}|x\in C^{I}\}$

$=C^{I}$

因而 $\vDash\exists r.\forall r\text{-}.C\rightarrow C$。证毕。

公理 18 若 $\vdash\varphi(c)$，且 $\vdash\varphi\rightarrow\psi$，那么 $\vdash\psi(c)$。

证明 对任意解释 $\bullet^{I}$ 有以下结论。

(1) 当公式为对象知识元概念时，有

$\vDash\varphi(c)$

$\Rightarrow c\in\varphi^{I}$

$\Rightarrow$ 由 $\vDash\varphi\rightarrow\psi$ 得，$\exists c\in\triangle^{I}$，若 $c\in\varphi^{I}$，那么 $c\in\psi^{I}$

$\Rightarrow$ 于是有 $c\in\psi^{I}$

$\Rightarrow\vDash\psi(c)$

(2) 当公式为属性知识元概念时，有

$\vDash\varphi(c)$

$\Rightarrow c\in\varphi^{I}$

$\Rightarrow$ 由 $\vDash\varphi\rightarrow\psi$ 得，$\exists c\in\sum^{I}$，若 $c\in\varphi^{I}$，那么 $c\in\psi^{I}$

$\Rightarrow$ 于是有 $c\in\psi^{I}$

$\Rightarrow\vDash\psi(c)$

以上情况均为有效式。证毕。

公理 19 如果 $\vdash\varphi\rightarrow\psi$，且 $\vdash\psi\rightarrow\varphi$，那么 $\vdash\varphi\leftrightarrow\psi$。

证明 对任意解释 $\bullet^{I}$ 有以下结论。

（1）当公式为对象知识元概念时，有

$\vdash\varphi\rightarrow\psi$

$\Rightarrow$ 得 $\exists c\in\triangle^{I}$，若 $c\in\varphi^{I}$，那么 $c\in\psi^{I}$

$\Rightarrow$ 由 $\vDash\psi\rightarrow\varphi$ 得，$\exists c\in\triangle^{I}$，若 $c\in\psi^{I}$，那么 $c\in\varphi^{I}$

$\Rightarrow$ 于是有 $\exists c\in\triangle^{I}$，若 $c\in\varphi^{I}$，那么 $c\in\psi^{I}$，且若 $c\in\psi^{I}$，那么 $c\in\varphi^{I}$

$\Rightarrow$ $\vDash\varphi\leftrightarrow\psi$

（2）当公式为属性知识元概念时，有

$\vdash\varphi\rightarrow\psi$

$\Rightarrow$ 可得 $\exists c\in\sum^{I}$，若 $c\in\varphi^{I}$，那么 $c\in\psi^{I}$

$\Rightarrow$ 由 $\vDash\psi\rightarrow\varphi$ 得，$\exists c\in\sum^{I}$，若 $c\in\psi^{I}$，那么 $c\in\varphi^{I}$

$\Rightarrow$ 于是有 $\exists c\in\sum^{I}$，若 $c\in\varphi^{I}$，那么 $c\in\psi^{I}$，且若 $c\in\psi^{I}$，那么 $c\in\varphi^{I}$

$\Rightarrow$ $\vDash\varphi\leftrightarrow\psi$

以上情况均为有效式。证毕。

公理 20　若 $\vdash\varphi\rightarrow\psi$，且 $\vdash\psi\rightarrow\gamma$，那么 $\vdash\varphi\rightarrow\gamma$。

证明　对任意解释 $\bullet^{I}$ 有以下结论。

（1）当公式为对象知识元概念时，有

$\vdash\varphi\rightarrow\psi$

$\Rightarrow$ 可得 $\exists c\in\triangle^{I}$，若 $c\in\varphi^{I}$，那么 $c\in\psi^{I}$

$\Rightarrow$ 再由 $\vDash\psi\rightarrow\gamma$ 得，$\exists c\in\triangle^{I}$，若 $c\in\psi^{I}$，那么 $c\in\gamma^{I}$

$\Rightarrow$ 因此有 $\exists c\in\triangle^{I}$，若 $c\in\varphi^{I}$，那么 $c\in\gamma^{I}$

$\Rightarrow$ $\vDash\varphi\rightarrow\gamma$

（2）当公式为属性知识元概念时，有

$\vdash\varphi\rightarrow\psi$

$\Rightarrow$ 可得 $\exists c\in\sum^{I}$，若 $c\in\varphi^{I}$，那么 $c\in\psi^{I}$

$\Rightarrow$ 由 $\vDash\psi\rightarrow\gamma$ 得，$\exists c\in\sum^{I}$，若 $c\in\psi^{I}$，那么 $c\in\gamma^{I}$

$\Rightarrow$ 因此有 $\exists c\in\sum^{I}$，若 $c\in\varphi^{I}$，那么 $c\in\gamma^{I}$

$\Rightarrow$ $\vDash\varphi\rightarrow\gamma$

以上情况均为有效式。证毕。

公理 21　$\vdash\varphi\rightarrow\psi\sqcap\gamma$ iff $\vdash\varphi\rightarrow\psi$ 且 $\vdash\varphi\rightarrow\gamma$。

证明　对任意解释 $\bullet^{I}$ 有以下结论。

（1）当公式为对象知识元概念时，有

（⇒）$\vDash \varphi \to \psi \sqcap \gamma$

⇒ 可得 $\exists c \in \triangle^I$，若 $c \in \varphi^I$，那么 $c \in (\psi \sqcap \gamma)^I$

⇒ 也就是，$\exists c \in \triangle^I$，若 $c \in \varphi^I$，那么 $c \in \psi^I \cap \gamma^I$

⇒ 即 $\exists c \in \triangle^I$，若 $c \in \varphi^I$，那么 $c \in \psi^I$，且 $\exists c \in \triangle^I$，若 $c \in \varphi^I$，那么 $c \in \gamma^I$

⇒ $\vDash \varphi \to \psi$ 且 $\vDash \varphi \to \gamma$

（⇐）$\vDash \varphi \to \psi$

⇒ 可得 $\exists c \in \triangle^I$，若 $c \in \varphi^I$，那么 $c \in \psi^I$

⇒ 由 $\vDash \varphi \to \gamma$ 得，$\exists c \in \triangle^I$，若 $c \in \varphi^I$，那么 $c \in \gamma^I$

⇒ 于是有 $\exists c \in \triangle^I$，若 $c \in \varphi^I$，那么 $c \in \psi^I$ 且 $c \in \gamma^I$

⇒ 也就是，$\exists c \in \triangle^I$，若 $c \in \varphi^I$，那么 $c \in \psi^I \cap \gamma^I$

⇒ 于是，$\exists c \in \triangle^I$，若 $c \in \varphi^I$，那么 $c \in (\psi \sqcap \gamma)^I$

⇒ $\vDash \varphi \to \psi \sqcap \gamma$

（2）当公式为属性知识元概念时，有

（⇒）$\vDash \varphi \to \psi \sqcap \gamma$

⇒ 可得 $\exists c \in \sum^I$，若 $c \in \varphi^I$ 那么 $c \in (\psi \sqcap \gamma)^I$

⇒ 也就是，$\exists c \in \sum^I$，若 $c \in \varphi^I$，那么 $c \in \psi^I \cap \gamma^I$

⇒ 即 $\exists c \in \sum^I$，若 $c \in \varphi^I$，那么 $c \in \psi^I$，且 $\exists c \in \sum^I$，若 $c \in \varphi^I$，那么 $c \in \gamma^I$

⇒ $\vDash \varphi \to \psi$ 且 $\vDash \varphi \to \gamma$

（⇐）$\vDash \varphi \to \psi$

⇒ 可得 $\exists c \in \sum^I$，若 $c \in \varphi^I$，那么 $c \in \psi^I$

⇒ 由 $\vDash \varphi \to \gamma$ 得，$\exists c \in \sum^I$，若 $c \in \varphi^I$，那么 $c \in \gamma^I$

⇒ 于是有 $\exists c \in \sum^I$，若 $c \in \varphi^I$，那么 $c \in \psi^I$ 且 $c \in \gamma^I$

⇒ 也就是，$\exists c \in \sum^I$，若 $c \in \varphi^I$，那么 $c \in \psi^I \cap \gamma^I$

⇒ 于是，$\exists c \in \sum^I$，若 $c \in \varphi^I$，那么 $c \in (\psi \sqcap \gamma)^I$

⇒ $\vDash \varphi \to \psi \sqcap \gamma$

以上情况均为有效式。证毕。

命题 3.16 $\Gamma \vDash \varphi$ 且 $\Gamma \vDash \varphi \to \psi$，则 $\Gamma \vDash \psi$。

证明　$\Gamma \vDash \varphi$，即对任意解释 $\bullet^I$ 都有：① $\varphi^I \subseteq \triangle^I$ 成立，又由 $\Gamma \vDash \varphi \to \psi$ 可得 $\varphi^I \subseteq \psi^I$，于是有 $\psi^I \subseteq \triangle^I$ 成立；② $\varphi^I \subseteq \sum^I$ 成立，又由 $\Gamma \vDash \phi \to \psi$ 可得 $\varphi^I \subseteq$

ψ^I，于是有$\psi^I \subseteq \sum^I$成立。因而$\Gamma \models \psi$。证毕。

定理 3.5（KEDL 的可靠性）　$\Gamma \vdash \varphi \Rightarrow \Gamma \models \varphi$。

证明　令$\Gamma \vdash \varphi$，那么有φ从Γ的证明：φ_1，φ_2，$\cdots$，φ_n，且$\varphi_n = \varphi$。接下来对长度n进行归纳来证明$\Gamma \models \varphi$。

当$n=1$时，$\varphi_1 = \varphi$。此时有两种情形：①φ是 KEDL 的公理，由定理 3.4 可知φ是有效式；② $\varphi \in \Gamma$，由语义推论定义可得$\Gamma \models \varphi$。

当$n > 1$时，有三种情形：①φ是 KEDL 的公理；②$\varphi \in \Gamma$，这两种情形与$n=1$的一样，均有$\Gamma \models \varphi$；③φ是通过假言推理而来的，也就是存在i，$j < n$，使得 $\varphi_j = \varphi_i \rightarrow \varphi$，此时由$\Gamma \vdash \varphi_i$与$\Gamma \vdash \varphi_j$通过归纳假设可有$\Gamma \models \varphi_i$和$\Gamma \models \varphi_j$，后者即为$\Gamma \models \varphi_i \rightarrow \varphi$。再由命题 3.16 便得$\Gamma \models \varphi$。证毕。

定理 3.6（KEDL 的无矛盾性）　不存在公式φ同时使$\Gamma \vdash \varphi$和$\Gamma \vdash \neg \varphi$成立。

证明　假设存在公式φ使得$\Gamma \vdash \varphi$和$\Gamma \vdash \neg \varphi$同时成立。由 KEDL 的可靠性定理（定理 3.5）可得，$\Gamma \models \varphi$和$\Gamma \models \neg \varphi$同时成立。那么对任意$o$，$o$为$\Gamma$的全部公式的共同有效实例个体，有：①$o \in \varphi^I \subseteq \triangle^I$和$o \in (\neg \varphi)^I \subseteq \triangle^I$，即$o \in \varphi^I$且$o \in \triangle^I \backslash \varphi^I$；②$o \in \varphi^I \subseteq \sum^I$和$o \in (\neg \varphi)^I \subseteq \sum^I$，即$o \in \varphi^I$且$o \in \sum^I \backslash \varphi^I$；这两种情形都是不可能存在的，因为这是跟事实相矛盾的。证毕。

引理 3.1　KEDL 的$L(x)$是可数集。

证明　描述逻辑 KEDL 中引入了构造器$\neg$、$\sqcap$、$\sqcup$、$\forall p.C$、$\exists p.C$、$\forall q.A$、$\exists q.A$、$\forall r.A$、$\exists r.A$、$\forall r\text{-}.C$、$\exists r\text{-}.C$，设这些构成的集合为$X' = \{\neg, \sqcap, \sqcup, \forall p.C, \exists p.C, \forall q.A, \exists q.A, \forall r.A, \exists r.A, \forall r\text{-}.C, \exists r\text{-}.C\}$，$X = \{C_1, C_2, \cdots\} \cup \{A_1, A_2, \cdots\} \cup \{p_1, p_2, \cdots\} \cup \{q_1, q_2, \cdots\} \cup \{r_1, r_2, \cdots\}$。现在从$X'$、$X$开始构造$L_0$，$L_1$，$L_2$，$\cdots$，构造方法为

$L_0 = \{C_1, C_2, \cdots\} \cup \{A_1, A_2, \cdots\} \cup \{p_1, p_2, \cdots\} \cup \{q_1, q_2, \cdots\} \cup \{r_1, r_2, \cdots\}$

$L_1 = \{\neg C_1, \neg C_2, \cdots, C_1 \sqcup C_2, C_2 \sqcup C_1, \cdots, C_1 \sqcap C_2, C_2 \sqcap C_1, \cdots, \neg A_1, \neg A_2, \cdots, A_1 \sqcup A_2, A_2 \sqcup A_1, \cdots, A_1 \sqcap A_2, A_2 \sqcap A_1, \cdots, \forall p.C_1, \forall p.C_2, \cdots, \exists p.C_1, \exists p.C_2, \cdots, \forall q.A_1, \forall q. A_2, \cdots, \exists q.A_1, \exists q.A_2, \cdots, \forall r.A_1, \forall r.A_2, \cdots, \exists r.A_1, \exists r.A_2, \cdots, \forall r\text{-}.C_1, \forall r\text{-}.C_2, \cdots, \exists r\text{-}.C_1, \exists r\text{-}.C_2, \cdots\}$，

$L_k = \{\neg C_{k-1}, \cdots, C_1 \sqcup C_{k-1}, \cdots, C_1 \sqcap C_{k-1}, \cdots, \neg A_{k-1}, \cdots, A_1 \sqcup A_{k-1}, \cdots, A_1 \sqcap A_{k-1}, \cdots, \forall p.C_{k-1}, \cdots, \exists p.C_{k-1}, \cdots, \forall q.A_{k-1}, \cdots, \exists q.A_{k-1}, \cdots, \forall r.A_{k-1}, \cdots, \exists r.A_{k-1}, \cdots, \forall r\text{-}.C_{k-1}, \cdots, \exists r\text{-}.C_{k-1}, \cdots\}$（其中$k>0$）

$$L(X)=\bigcup_{k=0}^{\infty}L_k$$

对层次 k 进行归纳，由文献[188]可得，$L(X)$ 是可数集。证毕。

定理 3.7（KEDL 的完全性） $\Gamma\models\varphi\rightarrow\Gamma\vdash\varphi$

证明 假设 $\Gamma\vdash\varphi$ 不成立。设法构造或寻找一个解释 $\bullet^I$，该解释使 Γ 的所有公式都为 $\triangle^I$ 或 $\sum^I$，但 φ 为 $\varnothing$，于是跟 $\Gamma\models\varphi$ 相矛盾。

因为 $L(X)$ 为可数集，将 KEDL 的全部公式排在一起，假设是 φ_1，φ_2，$\cdots$，φ_n，$\cdots$。令 $\Gamma_0=\Gamma\cup\{\neg\phi\}$，则

当 $n>0$ 时，令 $\Gamma_n=\begin{cases}\Gamma_{n-1}, & 若\ \Gamma_{n-1}\vdash\varphi_{n-1} \\ \\ \Gamma_{n-1}\cup\{\neg\varphi_{n-1}\}, & 若\ \Gamma_{n-1}\vdash\varphi_{n-1}\ 不成立\end{cases}$

于是有序列 $\Gamma_n:\Gamma_0\subseteq\Gamma_1\subseteq\Gamma_2\subseteq\cdots$。

（1）对序列 Γ_0，Γ_1，Γ_2，$\cdots$是无矛盾的进行证明。

下面对 n 归纳来证明每个 Γ_n 无矛盾。

当 $k=0$ 时，$\Gamma_0\cup\{\neg\varphi\}$无矛盾，否则由 $\Gamma_0\cup\{\neg\varphi\}\vdash\psi$ 及 $\neg\psi$，通过反证律可得 $\Gamma\vdash\varphi$，而已假设 $\Gamma\vdash\varphi$ 不成立；

假设 $k=n-1$ 时，Γ_{n-1} 无矛盾。

接下来考虑 $k=n$ 时，证明 Γ_n 无矛盾。假设 Γ_n 有矛盾，那么存在 φ，使

① $\Gamma_n\vdash\varphi$，$\neg\varphi$

这时 $\Gamma_n\ne\Gamma_{n-1}$，理由为 Γ_{n-1} 无矛盾而 Γ_n 有矛盾。再根据 Γ_n 定义可知以下结论：

② $\Gamma_{n-1}\vdash\varphi_{n-1}$ 不成立；

③ $\Gamma_n=\Gamma_{n-1}\cup\{\neg\varphi_{n-1}\}$。

由①和③通过反证律得 $\Gamma_{n-1}\vdash\varphi_{n-1}$，这跟②矛盾，因而每个 Γ_n 无矛盾。

（2）构造 $\Gamma^*=\bigcup_{n=0}^{\infty}\Gamma_n$，那么 Γ^* 无矛盾。

假设 Γ^* 有矛盾，那么根据 $\Gamma^*\vdash\psi$，$\neg\psi$ 可有结论：存在某个 n，n 是充分大的，$\Gamma_n\vdash\psi$，$\neg\psi$，这与 Γ_n 无矛盾相矛盾。

（3）Γ^* 是完备的。也就是说，对任意 ψ，$\Gamma^*\vdash\psi$ 与 $\Gamma^*\vdash\neg\psi$ 二者必然有一种存在。

设 $\psi=\varphi_n$，因为 ψ 必在 φ_1，φ_2，$\cdots$中出现。若 $\Gamma^*\vdash\varphi_n$ 不成立，那么 $\Gamma_n\vdash\varphi_n$

不成立，由 Γ_n 定义得 $\Gamma_{n+1}=\Gamma_n\cup\{\neg\varphi_n\}$，于是得 $\Gamma^*\vdash\!\!\!-\varphi_n$。这说明对任意 φ_n，$\Gamma^*\vdash\varphi_n$ 与 $\Gamma^*\vdash\!\!\!-\varphi_n$ 二者必然存在一种。

（4）构造解释 $\bullet^I$。

定义一个映射

$$F(\psi)=\begin{cases}\psi^I=\triangle^I，\text{若}\Gamma^*\vdash\psi\\[2em](\neg\psi)^I=\triangle^I，\text{若}\Gamma^*\vdash\!\!\!-\psi\end{cases}$$

或

$$F(\psi)=\begin{cases}\psi^I=\Sigma^I，\text{若}\Gamma^*\vdash\psi\\[2em](\neg\psi)^I=\Sigma^I，\text{若}\Gamma^*\vdash\!\!\!-\psi\end{cases}$$

因为 Γ^* 是完备且 Γ^* 是无矛盾的，所以此定义合理。

对解释 $\bullet^I$ 来说，$\forall\psi\in\Gamma$，$\psi\in\Gamma\Rightarrow\psi\in\Gamma^*\Rightarrow\Gamma^*\vdash\psi$，于是 $\psi^I=\triangle^I$（或者 Σ^I）。而 $\neg\varphi\in\Gamma_0\subseteq\Gamma^*$，故有 $\Gamma^*\vdash\!\!\!-\varphi$，于是 $(\neg\varphi)^I=\triangle^I$（或者 Σ^I），即 $\triangle^I\backslash\varphi^I=\triangle^I$（或者 $\Sigma^I\backslash\varphi^I=\Sigma^I$），所以 $\varphi^I=\varnothing$。这样，构造解释 $\bullet^I$ 使 Γ 中的公式全部解释成 $\triangle^I$（或者 Σ^I），但 φ^I 解释为 $\varnothing$，也就是 $\Gamma\vDash\varphi$ 不成立。证毕。

3.5　实例说明

下面通过两个实例对描述逻辑 KEDL 描述知识元进行说明。

（1）用 KEDL 来对文献[10]中所给出的知识元进行描述。知识元如下：

瓦斯｛瓦斯组成成分，着火点，温度，瓦斯浓度，瓦斯量｝

火源｛地点，火源类别，火源温度｝

瓦斯爆炸｛时间，地点，瓦斯浓度，火源类别，爆炸冲击力，爆炸能量｝

巷道｛地点，长度，宽度，高度，抗爆炸冲击力，爆炸冲击力｝

上述知识元用 KEDL 描述如下。

对象知识元概念：瓦斯、火源、瓦斯爆炸、巷道。

属性知识元概念：瓦斯组成成分、着火点、温度、瓦斯浓度、瓦斯量、地点、火源类别、火源温度、时间、爆炸冲击力、爆炸能量、长度、宽度、高度、抗爆炸冲击力。

对象知识元与属性知识元间关系: has-composite, has-firespot, has-temperature, has-gasdensity, has-gasamount, has-location, has-firekind, has-firetemperature, has-time, has-blastimpactpower, has-blastenergy, has-length, has-width, has-height, has-disblastimpactpower。

瓦斯=∃ has-composite.瓦斯组成成分⊓has-firespot.着火点⊓has-temperature.温度⊓has-gasdensity.瓦斯浓度⊓has-gasamount.瓦斯量

火源=∃ has-location.地点⊓has-firekind.火源类别⊓has-firetemperature.火源温度

瓦斯爆炸=∃ has-time.时间⊓∃ has-location.地点⊓has-gasdensity.瓦斯浓度⊓hasfirekind.火源类别⊓has-blastimpactpower.爆炸冲击力⊓has-blastenergy.爆炸能量

巷道=∃ has-location.地点⊓has-length.长度⊓has-width.宽度⊓has-height.高度⊓has-disblastimpactpower.抗爆炸冲击力⊓has-blastimpactpower.爆炸冲击力

然后把用 KEDL 描述的知识元用基于 Racepro 1.9(基于描述逻辑的一个推理器)推理的 Protégé 进行编辑推理并用图形插件显示，把知识元描述时为隐性的关系图展示出来，如图 3.1 所示。

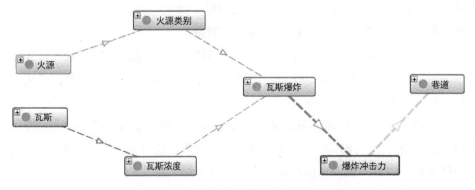

图 3.1　KEDL 对知识元的隐性属性关系显示

另外，在传统描述逻辑 ALC 下不能表达出长度大于 1 200m 的巷道，在描述逻辑 KEDL 下可以将其表示为∃ has-length.(∃ more-than.{1 200m})，其中 has-length 表示巷道有长度属性，{1 200m}是由实例 1 200m 组成的概念。

（2）基于 KEDL 描述煤矿事故领域的相关知识元。

提取如下煤矿事故相关知识元：

煤矿事故{事故名称，事故级别，发生时间，发生地点，事故状态，发生单位，行动方案，死亡人数，受伤人数，失踪人数，直接经济损失，事故简况}

瓦斯事故{事故名称，事故级别，发生时间，发生地点，事故状态，发生单位，行动方案，瓦斯浓度，瓦斯防止情况，通风系统情况，事故简况，死亡人数，受伤人数，失踪人数，直接经济损失}

水害事故{事故名称，事故级别，发生时间，发生地点，事故状态，发生单位，行动方案，地质构造，水文地质条件，含水量，事故简况，死亡人数，受伤人数，失踪人数，直接经济损失}

机电事故{事故名称，事故级别，发生时间，发生地点，事故状态，发生单位，行动方案，机电设备名称，电压情况，违规操作情况，事故简况，死亡人数，受伤人数，失踪人数，直接经济损失}

火灾事故{事故名称，事故级别，发生时间，发生地点，事故状态，发生单位，行动方案，防火系统情况，产生原因，通风情况，事故简况，死亡人数，受伤人数，失踪人数，直接经济损失}

运输事故{事故名称，事故级别，发生时间，发生地点，事故状态，发生单位，行动方案，运输设备名称，损伤情况，违规操作情况，事故简况，死亡人数，受伤人数，失踪人数，直接经济损失}

顶板事故{事故名称，事故级别，发生时间，发生地点，事故状态，发生单位，行动方案，顶板支护方式，压力大小，事故简况，死亡人数，受伤人数，失踪人数，直接经济损失}

放炮事故{事故名称，事故级别，发生时间，发生地点，事故状态，发生单位，行动方案，爆炸材料，爆炸材料储存方式，违规操作情况，死亡人数，受伤人数，失踪人数，直接经济损失，事故简况}

其中瓦斯事故知识元的一个实例描述如下：

2·14 阜新海州瓦斯爆炸事故{事故名称(阜新海州瓦斯爆炸事故)，事故级别(特别重大)，发生时间(2005-2-14)，发生地点(阜新海州立井)，事故状态(已恢复)，发生单位(阜新矿业集团)，行动方案(瓦斯事故应急预案)，瓦斯浓度(超限)，瓦斯防止情况(安装 KJ75 瓦斯监测系统)，通风系统情况(中央并列抽出式),死亡人数(214),受伤人数(30),直接经济损失(4 968.9 万元),事故简况("2005 年 2 月 14 日辽宁省阜新矿业集团海州立井发生一起特别重大瓦斯爆炸事故,造成 214 人死亡,30 人受伤,直接经济损失 4 968.9 万元,经事故调查组认定为一起责任事故")}

用描述逻辑 KEDL 描述上述知识元如下。

对象知识元概念:煤矿事故、瓦斯事故、顶板事故、火灾事故、水害事故、机电事故、放炮事故、运输事故。

属性知识元概念:事故名称、事故级别、发生时间、发生地点、事故状态、发生单位、行动方案、死亡人数、受伤人数、失踪人数、直接经济损失、事故简况、瓦斯浓度、瓦斯防止情况、通风系统情况、地质构造、水文地质条件、含水量、机电设备名称、电压情况、违规操作情况、防火系统情况、产生的原因、事故点通风情况、运输设备名称、损伤情况、顶板支护方式、压力大小、爆炸材料、爆炸材料储存方式。

对象知识元间关系:瓦斯事故与煤矿事故是被包含关系,顶板事故与煤矿事故是被包含关系,火灾事故与煤矿事故是被包含关系,水害事故与煤矿事故是被包含关系,机电事故与煤矿事故是被包含关系,放炮事故与煤矿事故是被包含关系,运输事故与煤矿事故是被包含关系,火灾事故与瓦斯事故是引发关系,瓦斯事故与火灾事故是被引发关系。

对象知识元与属性知识元间关系:has-name、has-class、has-time、has-location、has-state、has-company、has-plan、has-death、has-injured、has-disappear、has-ecoloss、has-profile、has-gascon、has-gasprevent、has-flowsystem、has-geostructure、has-watercondition、has-water、has-electrodevice、has-voltage、has-illegaloperation、has-firsystem、has-case、has-ventilation、has-transportdevice、has-damage、has-roofsupport、has-pressure、has-explosives、has-explosivesstorage。

煤矿事故=∃ has-name.事故名称⊓has-class.事故级别⊓ has-time.发生时间⊓ has-location.发生地点⊓ has-state.事故状态⊓ has-company.发生单位⊓ has-plan.行动方案⊓ has-death.死亡人数⊓ has-injured.受伤人数⊓ has-disappear.失踪人数⊓ has-ecoloss.直接经济损失⊓ has-profile.事故简况

瓦斯事故=∃ has-name.事故名称⊓has-class.事故级别⊓ has-time.发生时间⊓ has-location.发生地点 ⊓ has-state.事故状态 ⊓ has-company.发生单位

⊓∃ has-plan.行动方案⊓∃ has-gascon.瓦斯浓度⊓∃ has-gasprevent.瓦斯防止情况⊓∃ has-flowsystem.通风系统情况⊓∃ has-death.死亡人数⊓∃ has-injured.受伤人数⊓∃ has-disappear.失踪人数⊓∃ has-ecoloss.直接经济损失⊓∃ has-profile.事故简况

　　水害事故=∃ has-name.事故名称⊓has-class.事故级别⊓∃ has-time.发生时间⊓∃ has-location.发生地点⊓∃ has-state.事故状态⊓∃ has-company.发生单位⊓∃ has-plan.行动方案⊓∃ has-geostructure.地质构造⊓∃ has-watercondition.水文地质条件⊓∃ has-water.含水量⊓∃ has-death.死亡人数⊓∃ has-injured.受伤人数⊓∃ has-disapp-ear.失踪人数⊓∃ has-ecoloss.直接经济损失⊓∃ has-profile.事故简况

　　机电事故=∃ has-name.事故名称⊓has-class.事故级别⊓∃ has-time.发生时间⊓∃ has-location.发生地点⊓∃ has-state.事故状态⊓∃ has-company.发生单位⊓∃ has-plan.行动方案⊓∃ has-electrodevice.机电设备名称⊓∃ has-voltage.电压情况⊓∃ has-illegaloperation.违规操作情况⊓∃ has-death.死亡人数⊓∃ has-injured.受伤人数⊓∃ has-disappear.失踪人数⊓∃ has-ecoloss.直接经济损失⊓∃ has-profile.事故简况

　　火灾事故=∃ has-name.事故名称⊓has-claass.事故级别⊓∃ has-time.发生时间⊓∃ has-location.发生地点⊓∃ has-state.事故状态⊓∃ has-company.发生单位⊓∃ has-plan.行动方案⊓∃ has-firsystem.防火系统情况⊓∃ has-case.产生原因⊓∃ has-vent-ilation.通风情况⊓∃ has-death.死亡人数⊓∃ has-injured.受伤人数⊓∃ has-disappear.失踪人数⊓∃ has-ecoloss.直接经济损失⊓∃ has-profile.事故简况

　　运输事故=∃ has-name.事故名称⊓has-class.事故级别⊓∃ has-time.发生时间⊓∃ has-location.发生地点⊓∃ has-state.事故状态⊓∃ has-company.发生单位⊓∃ has-plan.行动方案⊓∃ has-transportdevice. 运输设备名称⊓∃ has-damage. 损伤情况⊓∃ has-illegaloperation.违规操作情况⊓∃ has-death.死亡人数⊓∃ has-injured.受伤人数⊓∃ has-disappear.失踪人数⊓∃ has-ecoloss.直接经济损失⊓∃ has-profile.事故简况

　　顶板事故=∃ has-name.事故名称⊓has-class.事故级别⊓∃ has-time.发生时间⊓∃ has-location.发生地点⊓∃ has-state.事故状态⊓∃ has-company.发生单位⊓∃ has-plan.行动方案⊓∃ has-roofsupport.顶板支护方式⊓∃ has-pressure.压力大小⊓∃ has-death.死亡人数⊓∃ has-injured.受伤人数⊓∃ has-disappear.失踪人数⊓∃ has-ecoloss.直接经济损失⊓∃ has-profile.事故简况

　　放炮事故=∃ has-name.事故名称⊓has-class.事故级别⊓∃ has-time.发生时间

⊓∃ has-location.发生地点⊓∃ has-state.事故状态⊓∃ has-company.发生单位⊓∃ has-plan.行动方案⊓∃ has-explosives.爆炸材料⊓∃ has-explosivesstorage.爆炸材料储存方式⊓∃ has-illegaloperation.违规操作情况⊓∃ has-death.死亡人数⊓∃ has-injured.受伤人数⊓∃ has-disappear.失踪人数⊓∃ has-ecoloss.直接经济损失⊓∃ has-profile.事故简况

瓦斯事故→煤矿事故，顶板事故→煤矿事故，火灾事故→煤矿事故，水害事故→煤矿事故，机电事故→煤矿事故，放炮事故→煤矿事故，运输事故→煤矿事故，火灾事故=∃引发.瓦斯事故，瓦斯事故=∃引发-.火灾事故

瓦斯事故(2.14 阜新海州瓦斯爆炸事故)、事故名称(阜新海州瓦斯爆炸事故)、事故级别(特别重大)、发生时间(2005-2-14)、发生地点(阜新海州立井)、事故状态(已恢复)、发生单位(阜新矿业集团)、行动方案(瓦斯事故应急预案)、瓦斯浓度(超限)、瓦斯防止情况(安装 KJ75 瓦斯监测系统)、通风系统情况(中央并列抽出式)、死亡人数(214)、受伤人数(30)、直接经济损失(4 968.9 万元)、事故简况（"2005 年 2 月 14 日辽宁省阜新矿业集团海州立井发生一起特别重大瓦斯爆炸事故，造成 214 人死亡，30 人受伤，直接经济损失 4 968.9 万元，经事故调查组认定为一起责任事故"）

has-name(2.14 阜新海州瓦斯爆炸事故，阜新海州瓦斯爆炸事故)

has-class(2.14 阜新海州瓦斯爆炸事故，特别重大)

has-time(2.14 阜新海州瓦斯爆炸事故，2005-2-14)

has-location(2.14 阜新海州瓦斯爆炸事故，阜新海州立井)

has-state(2.14 阜新海州瓦斯爆炸事故，已恢复)

has-company(2.14 阜新海州瓦斯爆炸事故，阜新矿业集团)

has-plan(2.14 阜新海州瓦斯爆炸事故，瓦斯事故应急预案)

has-gascon(2.14 阜新海州瓦斯爆炸事故，超限)

has-gasprevent(2.14 阜新海州瓦斯爆炸事故，安装 KJ75 瓦斯监测系统)

has-flowsystem(2.14 阜新海州瓦斯爆炸事故，中央并列抽出式)

has-death(2.14 阜新海州瓦斯爆炸事故，214)

has-injured(2.14 阜新海州瓦斯爆炸事故，30)

has-disappear(2.14 阜新海州瓦斯爆炸事故，0)

has-ecoloss(2.14 阜新海州瓦斯爆炸事故，4 968.9 万元)

has-profile(2.14 阜新海州瓦斯爆炸事故，"2005 年 2 月 14 日辽宁省阜新

矿业集团海州立井发生一起特别重大瓦斯爆炸事故，造成 214 人死亡，30 人受伤，直接经济损失 4 968.9 万元，经事故调查组认定为一起责任事故"）

从上面的实例可以看出，描述逻辑 KEDL 的描述能力比传统描述逻辑 ALC 更强，能把两种知识元描述表达清楚，并能把隐性关系表示出来，为下一步推理提供一定的逻辑基础。

3.6 本章小结

本章为了形式描述知识元并使所描述的知识元具有逻辑基础，在传统描述逻辑 ALC 的基础上把概念由一类概念扩展分为两类概念，即对象知识元概念、属性知识元概念，关系扩展分为三类关系，即对象知识元间关系、属性知识元间关系、对象知识元与属性知识元间关系，并添加反关系构造器对其扩展提出描述逻辑 KEDL，建立了 KEDL 的语法、语义和公理集，通过证明得到了 KEDL 的一些性质，讨论并证明了 KEDL 的语义推论和语法推论的关系，通过证明得语义推论和语法推论相等价，即 KEDL 系统具有完备性。

第4章

煤矿事故领域知识元模型构建研究

本章首先分析煤矿事故，得出煤矿事故涉及煤矿事故本身、周围的客观事物系统环境以及人的应急管理活动，根据系统论把煤矿事故、煤矿客观事物系统、应急管理活动进行细分，分到管理学范畴下不可再分为止，分别提出煤矿事故基元事件、煤矿事故应急活动基元概念，然后抽取其煤矿事故客观事物系统对象、煤矿事故基元事件、煤矿事故应急活动基元的属性要素及其关系，并基于共性知识元模型分别建立煤矿客观事物系统知识元模型、煤矿事故知识元模型、煤矿事故应急活动知识元模型，对三类知识元模型的知识元表达的完备情况进行讨论分析，并对知识元间的关系进行了讨论。

4.1 煤矿事故主要类型及其特征

4.1.1 煤矿事故分类

煤矿事故分类标准不同，可以得到不同的结果，有按诱因分类、按伤害程度分类等方法，下面为按性质和按死亡人数两种常用的事故分类。

（1）煤矿事故按事故性质分为八类[189]，如表4.1所示。

表 4.1　煤矿事故按性质分类

类别	说明
顶板事故	煤矿常见的灾害之一。主要包括冒顶、片帮、地鼓、冲击地压、巷道垮塌等事故及底板事故
瓦斯事故	安全防范的重点。主要包括瓦斯爆炸、煤尘爆炸、瓦斯燃烧、煤尘燃烧、煤(岩)与瓦斯突出、瓦斯窒息、瓦斯中毒等事故
机电事故	主要指煤矿生产用的机电设备或者设施导致的煤矿事故，主要包括煤矿机械事故和煤矿电事故
运输事故	指煤矿运输设备或运输设施在运送煤炭、物质等过程中造成的伤害事故。包括车辆撞人、挤人、轧人、跑车事故，皮带及刮板输送机夹人、伤人等事故
放炮事故	指在放炮作业过程中所造成的各类事故。包括放炮崩人、爆破物质误爆误燃、瞎炮伤人、放明炮等
水害事故	煤矿造成重特大伤亡的事故之一。包括老窑区突水、采空区突水、巷道或工作面积水、地表水或洪水灌入井下、充填溃水、黄泥和流沙溃透等事故
火灾事故	是煤矿造成重特大伤亡的事故之一。包括胶带燃烧、设备及物质燃烧、煤层自燃、留煤遗煤燃烧等，并时常伴随着有害气体溢出，甚至波及地面火灾
其他事故	除以上七类以外的事故。如由于设备缺陷、安全保护措施缺失而导致的坠井、坠仓、落水事故，井下堆积物坍塌造成的伤害，高处重物坠落造成的伤害，以及滑到、摔伤等事故

(2) 煤矿事故按伤亡人数分为六类，如表 4.2 所示。

表 4.2　煤矿事故按伤亡人数分类

类别	标准
轻伤事故	指负伤职工中只有轻伤的事故
重伤事故	指负伤职工中只有重伤(没有死亡)的事故
死亡事故	指一次死亡 1~2 人(多人事故时包括轻伤、重伤)
重大伤亡事故	指一次死亡 3~9 人的事故
特大伤亡事故	指一次死亡 10~49 人的事故
特别重大伤亡事故	指一次死亡 50 人以上或一次造成直接经济损失 1000 万元及以上的事故

4.1.2　煤矿事故的特点

煤矿事故的特点如表 4.3 所示。

表 4.3　煤矿事故的特点

特点	特点描述
偶然性	煤矿事故是一系列不安全因素一起作用的结果，而导致事故的演化结果不能确定，因为事故具有不可重复性，充满了偶然性
突发性	煤矿事故能否发生、时间、地点等都是难以预料和把握的，使人难以预测并作出正确的应对

续表

特点	特点描述
动态性	煤矿企业生产是在井下空间的作业过程，煤层地质、设施设备、事故等的非规律性也时刻伴随着煤矿企业生产活动等不断变化，造成煤矿事故致灾因素的种类和结构也在动态变化
破坏性	煤矿事故的破坏性主要包括以人员伤亡、财产损失为标志，包括直接损失和间接损失，另外破坏性还体现在对社会心理和个人心理造成的破坏性冲击
随机性	表现在大多数煤矿事故的致灾因素及其状态变化没有规律，是随机的
持续性	煤矿事故有一个持续过程，具有潜伏期、爆发期、演化期、衰退期、消亡期组成的生命周期。煤矿事故的持续性表现为蔓延性、传导性
不确定性	表现为发生时间、地点、事故状况、事后结果不确定

4.2 煤矿事故分析

4.2.1 煤矿事故内外环境分析

煤矿事故应急管理面对的客观事物系统(承灾体系统)是一个处于人、机、物、环境、煤矿企业经济文化的开放复杂巨系统。其不仅涉及政府、煤矿企业、救援队、新闻媒体等组织，而且涉及政府、煤矿企业、救援队、新闻媒体这些组织在预防、应对煤矿事故及事故恢复等方面的活动；还涉及相关的危险源与事故以及事故之间的衍生与耦合关系。煤矿事故的内外环境如图 4.1 所示，其中，底层为具体各种煤矿事故涉及的相关专业知识，虚线框内表示煤矿应急管理这一相关论域主题。外环境包括矿山生态环境、煤矿企业文化、煤矿企业经济等，而相关专业知识的底层元素为煤矿事故内环境。每一个煤矿事故形成一个系统，其元素、子系统、相关属性构成煤矿事故内环境[190]。

每个煤矿事故都包含一个演化生命周期过程，该过程包括事故萌芽、事故发生、事故演化、事故衰退、事故消亡，在其过程中该煤矿事故系统一直与外环境进行能量交换、物质交换、信息交换，表现出煤矿事故系统具有较强的动态性[190]，如图 4.2 所示。

4.2.2 煤矿事故主要构成分析

煤矿事故包括顶板事故、瓦斯事故等八类，每一类又可细分为一些小类，煤矿事故层级体系描述见图 4.3。

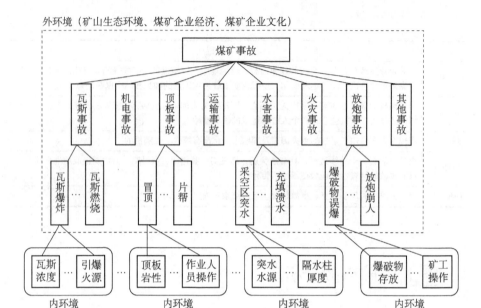

图 4.1　煤矿事故分类及内外环境分析

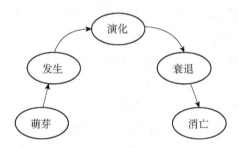

图 4.2　煤矿事故发展过程

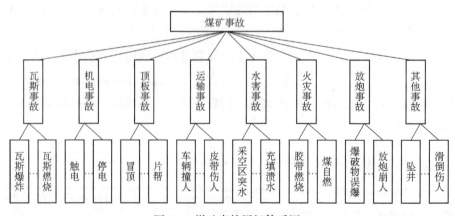

图 4.3　煤矿事故层级体系图

从系统论的角度出发，煤矿事故是一个复杂层级的实体系统，具有一定的结构，结构体现了煤矿事故各要素或子系统的相互作用关系，煤矿事故中的实体不是孤立的，而是存在着广泛的联系。

4.2.3 煤矿事故应急管理分析

煤矿事故指突然在煤矿的生产过程中发生，导致煤矿生产系统暂时或永久终止，造成或有可能造成人员伤亡、各种损失的事件[191]。从其定义可知，煤矿事故的应急管理面对的客观系统是一个处于矿山生态环境、煤矿企业经济、煤矿企业文化等环境下的一个开放的带有复杂性的巨系统，在对其进行煤矿事故应急救援管理时又会涉及政府、煤矿企业、专业救援组织、民间组织和新闻媒体等众多社会组织和社会机构，需要的资源包括人力、资金、救援物资等各种应急保障资源。因此，煤矿事故系统的外部环境包括矿山生态环境、煤矿企业经济、煤矿企业文化等，内部环境包括煤矿事故自身涉及的相关专业知识、机理和规律等。每一个煤矿事故就构建了一个事故系统，每个事故系统都存在一个事故萌芽、事故发生、事故演化、事故衰退、事故消亡的过程，在此过程中，一直与外环境进行着物质交换、能量交换与信息交换[190]。

从系统论的观点看，基于应急管理的煤矿事故领域客观世界的本源属性可以用一个带有复杂性的巨系统来作为抽象对象[192]，其构成如图 4.4 所示。

图 4.4　煤矿事故领域系统(面向应急管理)

上述煤矿事故领域巨系统包含的具体内容如表 4.4 所示，其中煤矿客观事物系统包含人、机、物及由其组成的客观物质实体；在煤矿客观事物系统之上，煤矿事故可看作矿井、设备等组成的煤矿客观事物系统的一种突变过程，该过程使煤矿客观事物系统由一种运动状态转变为另一种运动状，并对煤矿生产造成危害，是由各类事故灾变组成的集合；应急管理活动系统包含相关人员、应急物质资源、救援方案、救援活动等客观对象，是人们干预煤矿事故的活动涉及的人、物、事的集合，煤矿事故应急管理活动可看作煤矿客观事物系统状态的变化过程，其中人对此过程的作用有主导性[192]。

表 4.4　煤矿事故领域知识系统结构

系统名称	包含实体
煤矿事故过程系统	顶板事故
	瓦斯事故
	机电事故
	运输事故
	火灾事故
	水害事故
	放炮事故
	其他事故
煤矿客观事物系统(承灾载体系统)	煤层、矿山
	矿工、矿工团体、管理人员
	煤矿基础设施、生产线
	煤矿生产设施、设备
煤矿事故应急管理活动系统	组织、队伍、专家
	人、财、物、医疗、运输等资源
	制度、活动方案、措施、操作
	执行、指挥、协同、评估

4.3　煤矿客观事物系统知识元模型构建

景国勋等提出煤矿井下人–机–环境系统，并基于此研究矿山运输事故[193]。一些学者和研究人员从人能形成不安全的要素、机带有的不安全要素、物具有的不安全要素、环境存在的不安全要素等方面对煤矿事故本身的原因进行了分析研究[194, 195]。由此可以认为煤矿事故的发生、发展等一般都跟与其相关的人、机、物、环境等要素有密切关系，我们把这些人、机、物、环境要素组成的系统称为煤矿客观事物系统(或者承灾载体系统)。

4.3.1 煤矿客观事物系统的概念及分类

煤矿客观事物系统(承灾载体系统)是指与其相关的人、机、物及其组成的各种环境，把其分为人、物、相关设施设备与系统，人包括个人、人群、团体，物包括矿山、煤层、矿井气体等，相关设施设备与系统包括生产设施及设备等，如图 4.5 所示。

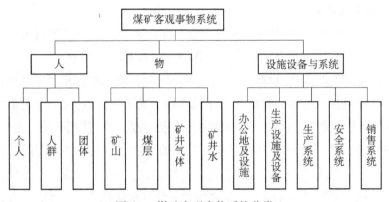

图 4.5 煤矿客观事物系统分类

史培军的观点是把孕灾环境看成产生灾害的背景条件，其会对承灾体、致灾因子有影响作用，把承灾体看成形成灾害的必要条件，可以减缓或加重灾害，把致灾因子看成形成灾害的充分条件[8, 196]。煤矿事故也是一种灾害。苗德俊在文献[191]中指出煤矿位于井下的特殊的生产系统的空间布置决定了煤矿事故产生的危险程度，煤矿事故不仅影响本地区的人员、设施、设备，还可能对相关地区乃至整个系统产生影响。由此可见，煤矿客观事物系统为事故的产生提供了必要的环境，同时会遭受事故产生的破坏，于是其在事故发生、发展及演化过程中扮演着孕灾环境和承灾体的双重角色。例如，矿井含有瓦斯，矿井可以作为瓦斯事故的一个孕灾环境，当发生事故后，矿井会受到破坏，造成损失，矿井又是一个承灾载体。

4.3.2 煤矿客观事物系统知识元模型

煤矿客观事物系统由与煤矿生产相关的各种客观存在的事物及系统组

成，根据哲学思想，可以把煤矿客观事物系统分成若干单元，这若干单元是不可再分的，称为煤矿客观事物系统基本单元（煤矿客观事物系统对象），这与知识元的概念是相一致的，抽取煤矿客观事物系统基本单元的属性要素及关系，基于文献[9]提出的共性知识元模型，对其进行描述形成煤矿客观事物系统知识元，于是从知识刻画角度来看煤矿客观事物系统可视为若干煤矿客观事物系统知识元的集合[171]。基于文献[9]提出的共性知识元模型，我们在文献[171]的基础上对其具体化描述煤矿客观事物系统对象形成煤矿客观事物系统知识元。

1. 对象知识元

用 O 代表煤矿客观事物系统对象集合，那么对 $\forall o \in O$，其知识元可表示为

$$K_O = (N_O, A_O, R_O), \quad N_O \neq \varphi, \ A_O \neq \varphi, \ R_O \neq \varphi \tag{4.1}$$

其中，o 表示煤矿客观事物系统中任一对象；N_O 表示客观事物系统对象 o 的概念名称和属性名称集，如矿井、压风机房、巷道等；A_O 表示客观事物系统对象 o 的属性状态集，例如，巷道的属性有长、宽、高、使用年限、支护材料、防震级别等；R_O 表示客观事物系统对象 o 的属性状态与属性状态的关系集，其中 $N_O = N_O^{\text{Name}} \cup N_O^{\text{BO}} \cup N_O^{\text{RO}} \cup N_O^{\text{PO}} \cup N_O^{\text{DO}}$，$N_O^{\text{Name}}$ 表示客观事物系统对象 o 的概念名称，N_O^{BO} 表示客观事物系统对象 o 的基本属性集，N_O^{RO} 表示客观事物系统对象 o 的抗灾属性集，N_O^{PO} 表示客观事物系统对象 o 的孕灾属性集，N_O^{DO} 表示客观事物系统对象 o 的受损属性集。

2. 属性知识元

由于与煤矿事故发生相关的煤矿客观事物系统环境承担孕灾环境、承灾载体双重角色，因而作如下定义

$$A_O = \text{BO} \cup \text{RO} \cup \text{PO} \cup \text{DO} \tag{4.2}$$

其中，A_O 表示煤矿客观事物系统对象属性状态集合，因为与煤矿事故过程有关的煤矿客观事物系统承担孕灾环境和承灾体的双重角色，于是其属性集可以划分为基本属性集（记为 BO）、抗灾属性集（记为 RO）、孕灾属性集（记为 PO，其中包含致灾属性集，记为 CO）、受损属性集（记为 DO）。

基本属性集（BO）是指对煤矿客观事物系统对象本征表现的属性，其不会随着煤矿事故发展变化过程而变化，也不会随时间往后推移而变化，例如，矿井的基本属性有名称、位置、建井时间等。

抗灾属性集（RO）是指对煤矿客观事物系统对象（承灾载体）的承灾能力展现的属性集合，抗灾属性的取值能够反映煤矿客观事物系统环境作为承灾体对煤矿事故具有的抵抗力大小。一般情况下，如果煤矿客观事物系统对象的抗灾属性值小于煤矿事故的破坏能力，那么煤矿客观事物系统对象就会遭受煤矿事故带来的一定程度的损失，在这种情况下，该煤矿客观事物系统环境可以当作承灾载体，如井上地面建筑物的抗震能力、矿井的抗压能力等。

孕灾属性集（PO）是与形成事故条件有关的属性集，其是时变属性，随着时间变化孕灾属性可能会发生变化。引发煤矿事故的条件是与煤矿事故相关的孕灾属性值达到一定的临界状态。例如，矿井知识元的"瓦斯浓度"属于孕灾属性，它是瓦斯事故产生的一个条件。

致灾属性集（CO）是指煤矿客观事物系统对象属性中的引发煤矿事故发生的条件有关的属性集，它属于孕灾属性，但指异动的孕灾属性，如矿井知识元的"瓦斯浓度"属于孕灾属性，当瓦斯浓度达到爆炸界限时，它就成为致灾属性，它就会成为导致瓦斯事故发生的异动因子。

受损属性集（DO）是指在煤矿事故的破坏作用下，能对煤矿客观事物系统对象的受损程度进行反映的属性集合，受损属性被用来表征煤矿客观事物系统环境受煤矿事故破坏程度，如井上建筑物知识元的"受损情况"、矿井知识元的"被破坏情况"等属性。

对于 $\forall \text{oa} \in A_O$，有

$$K_{\text{oa}} = \left(p_{\text{oa}}, d_{\text{oa}}, f_{\text{oa}} \right) \tag{4.3}$$

式（4.3）描述了煤矿客观事物系统对象 o 每个属性状态所共同具有的知识结构。p_{oa} 表示客观事物系统对象 o 的属性 oa 可测特征描述，oa 要么为"可描述的"，要么为"可测度的"；d_{oa} 表示客观事物系统对象 o 的属性 oa 的测度量纲；f_{oa} 表示客观事物系统对象 o 的属性 oa 的时变函数。

3. 关系知识元

对 $\forall \text{or} \in R_O$，有

$$K_{\text{or}} = \left(p_{\text{or}}, A_{\text{or}}^{\text{I}}, A_{\text{or}}^{\text{O}}, f_{\text{or}} \right) \tag{4.4}$$

式（4.4）描述了每个煤矿客观事物系统对象 o 属性状态关系所具有的共性知识结构。p_{or} 表示客观事物系统对象 o 的映射属性描述；A_{or}^{I} 表示关系 or 的输入属性；A_{or}^{O} 表示关系 or 的输出属性。

采用煤矿客观事物系统知识元模型对煤矿客观事物对象进行具体化描述形成煤矿客观事物系统知识元，而所描述的煤矿客观事物对象是不可再分的基本单元，因而一个煤矿客观事物系统知识元能够表达一个完整的煤矿客观事物对象。该模型继承了共性知识元模型，知识元是对事物的概念、属性的抽象，每一类知识元又可细分为相应的子类知识元，子类知识元继承父类知识元属性，并扩展自己的个性化属性，保证知识元表达是完备的。

4.3.3 煤矿客观事物系统知识元之间的关系

文献[197]中提出基于树型结构建立突发事件领域的知识元体系，并指出知识元之间存在继承关系和输入输出（关联）关系，基于此我们来讨论煤矿客观事物系统知识元间的关系。根据煤矿客观事物系统概念体系(图4.5)，构成一棵概念树，描述煤矿客观事物系统的知识元也形成一个树结构，树结构的上下层知识元间存在继承关系。

若两个煤矿客观事物系统知识元存在 $K_O^i \subseteq K_O^j$，即 $(N_O^{\mathrm{BO}(i)} \subseteq N_O^{\mathrm{BO}(j)}) \wedge (N_O^{\mathrm{RO}(i)} \subseteq N_O^{\mathrm{RO}(j)}) \wedge (N_O^{\mathrm{PO}(i)} \subseteq N_O^{\mathrm{PO}(j)}) \wedge (N_O^{\mathrm{DO}(i)} \subseteq N_O^{\mathrm{DO}(j)})$ 为真，则 K_O^i、K_O^j 之间存在继承关系。

另外客观事物之间存在普遍联系，而煤矿客观事物系统对象之间的联系表现为位置关系、上下级关系等，这些关系可以通过描述煤矿客观事物系统对象的知识元的属性的关联来描述，因而煤矿客观事物系统知识元间还存在关联关系。

若两个煤矿客观事物系统知识元 K_O^i、K_O^j 中，$N^{(i)} \subset N_O^{(i)}$ 为 K_O^i 的属性，$N^{(j)} \subset N_O^{(j)}$ 为 K_O^j 的属性，若 $N^{(i)} \bigcap N^{(j)} \neq \varnothing$，且通过 $N^{(i)}$、$N^{(j)}$ 的交集使 K_O^i、K_O^j 存在某种关系，那么 K_O^i、K_O^j 存在关联关系。例如，知识元巷道和知识元工作面都有位置这一属性，通过位置属性就能确定这两个知识元的位置，所以这两个知识元存在关联关系。

4.4 煤矿事故知识元模型构建

每个煤矿事故均具有生命过程，衍生事件或次生事件都会存在于生命过程的每个阶段，这些事件间要么存在耦合关系，要么存在时序关系，或者存在触发关系等，整个煤矿事故过程是由它们共同构成的。下面引入基元事件这一概念，然后采用共性知识结构对其进行描述，构建其模型，即煤矿事故知识元模型。

4.4.1 基元事件的定义

刘汉辉等在文献[198]中指出每一个事故都能看作由人、机、环境所构成的系统当中的某一个或某些要素产生错误、缺陷的结果。把每个事故细分为许多基元事件，其按顺序以串联方式就构成整个事故过程。

屈世甲等在文献[199]中把基元事件的严重程度引入到事故树分析法中。

定义 4.1 基元事件指构成煤矿事故的基本子过程，是关于煤矿事故的不可再分的最小单元，其包含煤矿事故的基本要素。

4.4.2 煤矿事故知识元模型

煤矿事故基元事件是关于煤矿事故的不能再分的基本子过程，知识元是关于知识的不能再分的最小单元，它们的共性是不可再分，抽取其主要属性要素和关系，用文献[9]中给出的共性知识元模型在文献[171]的基础上对其扩展具体化来描述煤矿事故基元事件，从而形成煤矿事故知识元。将其实例化就能描述对应的基元事件。

1. 对象知识元

假设用 E 表示煤矿事故，其由若干煤矿事故基本子过程组成，即由若干煤矿事故基元事件组成，即 $E = \{e_1, e_2, e_3, \cdots, e_n\}$。

取任意一个煤矿事故基元事件，记为 e，那么描述 e 的共性知识(煤矿事故对象知识元)用一个三元组表示为

$$K_e = (N_e, A_e, R_e), \quad N_e \neq \varphi, \ A_e \neq \varphi, \ R_e \neq \varphi \tag{4.5}$$

其中，N_e 表示煤矿事故基元事件 e 的概念名称和属性名称集，如瓦斯燃烧、片帮、透水事故；A_e 表示煤矿事故基元事件 e 的属性状态集；R_e 表示煤矿事故基元事件 e 的属性状态与属性状态的关系集，R_e 可以是定性描述，也可以用函数进行定量描述，其中 $N_e = N_e^{\text{Name}} \cup N_e^{\text{BE}} \cup N_e^{\text{SE}} \cup N_e^{\text{IE}}$，$N_e^{\text{Name}}$ 表示煤矿事故基元事件 e 的概念名称，N_e^{BE} 表示煤矿事故基元事件 e 的基本属性集，N_e^{SE} 表示煤矿事故基元事件 e 的特有属性集，N_e^{IE} 表示煤矿事故基元事件 e 的影响属性集。

2. 属性知识元

根据煤矿事故基元事件的属性状态特点，我们参照文献[171]进一步定义

$$A_e = BE \cup SE \cup IE \tag{4.6}$$

其中，A_e 表示 e 的属性状态集，该式定义了 e 的属性状态分类；BE 表示基元事件 e 的基本属性，也就是基元事件 e 的最基本的特征信息，它不随时间变化而变化，也不随煤矿事故的发展变化而变化；BE 是基元事件的公共属性，也就是任何一类基元事件都具有这些基本属性信息；SE 表示基元事件 e 的特有属性，这些特有属性是由于其物理演化而显现出来的，从一定程度上来讲，煤矿事故产生的破坏能力由 SE 所表示的属性体现出来，基元事件 e 的类型不同，那么基元事件 e 的 SE 也不同；IE 表示基元事件 e 的影响属性，它体现了煤矿事故造成的后果，在一定程度上影响属性 IE 反映了煤矿事故的发生给承灾载体构成破坏性情况以及损失大小情况。

对于 $\forall ea \in A_e$，有

$$K_{ea} = \left(p_{ea}, d_{ea}, f_{ea} \right) \tag{4.7}$$

式 (4.7) 为煤矿事故基元事件 e 的属性 ea 对应的知识元，描述了煤矿事故基元事件 e 的每个状态属性 ea 具有的共性知识结构。p_{ea} 表示煤矿事故基元事件 e 的属性 ea 可测性描述，p_{ea} 要么为"可描述的"，要么为"可测度的"；d_{ea} 表示煤矿事故基元事件 e 的属性 ea 的测度量纲；f_{ea} 表示煤矿事故基元事件 e 的属性 ea 的时变函数。

3. 关系知识元

在式 (4.6) 的基础上，用 R_e 来表示 e 的属性状态的关系集，R_e 代表的关系有两种，可以用以下函数关系来表示

$$\begin{cases} f_{SS}(SE_i, SE_j) = 0 & (4.8a) \\ f_{SI}(SE, IE) = 0 & (4.8b) \end{cases}$$

式 (4.8) 表示煤矿基元事件 e 的两种主要属性状态关系，式 (4.8a) 表示煤矿事故基元事件 e 的特有属性 SE_i、SE_j 之间的作用关系。式 (4.8b) 表示煤矿事故基元事件 e 的特有属性 SE 与煤矿事故基元事件 e 的影响属性 IE 之间的作用关系，通常情况下 f_{SI} 为定性描述关系，表示的意思是：对于一个煤矿事故，其特有属性 SE 所表现的事件等级越高，破坏力越强，那么其影响属性所表现的影响值越大或影响范围越广。

对于 $\forall er \in R_e$ ，有

$$K_{er} = \left(p_{er}, A_{er}^{I}, A_{er}^{O}, f_{er} \right) \tag{4.9}$$

式 (4.9) 为煤矿事故基元事件 e 的属性关系变化知识元，表示煤矿事故基元事件 e 的属性状态关系 er 所共有的知识结构。p_{er} 表示煤矿事故基元事件 e 的映射属性描述；A_{er}^{I} 表示煤矿事故基元事件 e 的属性关系 er 的输入属性；A_{er}^{O} 示煤矿事故基元事件 e 的属性关系 er 的输出属性，如式 (4.8b) 中，$SE \in A_{er}^{I}$ ，$IE \in A_{er}^{O}$ ；f_{er} 表示具体的函数关系。

采用煤矿事故知识元模型对煤矿事故基元事件进行具体化描述形成煤矿事故知识元，而所描述的煤矿事故基元事件是不可再分的基本子过程，包括煤矿事故的基本体要素，因而一个煤矿事故知识元能够表达一个完整的煤矿事故基元事件。煤矿事故知识元模型继承共性知识元模型思想，知识元是对基元事件的概念、属性抽象，每一类知识元又可细分为相应的子类知识元，子类知识元继承父类知识元的属性，并扩展自己的个性化属性，保证知识元表达是完备的。

4.4.3 煤矿事故知识元之间的关系

文献 [190] 指出突发事件是由其元事件按照各种关系进行组合而构成的，而元事件之间存在时序关系、继承关系、因果关系。煤矿事故是突发事件中的一类典型事故，再根据煤矿事故概念层次和发展、演化过程可得，煤矿事故基元事件间存在时序关系、继承关系、因果关系，且煤矿事故知识元是基于共性知识元模型的煤矿基元事件形式化描述，因而煤矿事故知识元间也存在时序关系、继承关系、因果关系。

(1) 时序关系：表示两个煤矿事故知识元所描述的基元事件发生的先后顺序，包括 before、after、sametime。

①before 表示一个煤矿事故知识元描述的基元事件发生在另一个煤矿事故知识元描述的基元事件之前，如 before(K_e^1, K_e^2) 表示知识元 K_e^1 描述的基元事件发生在知识元 K_e^2 描述的基元事件之前。

②after 表示一个煤矿事故知识元描述的基元事件发生在另一个煤矿事故知识元描述的基元事件之后，如 after(K_e^1, K_e^2) 表示知识元 K_e^1 描述的基元事件发生在知识元 K_e^2 描述的基元事件之后。

③sametime 表示一个煤矿事故知识元描述的基元事件与另一个煤矿事故知识元描述的基元事件同时发生，如 sametime(K_e^1，K_e^2)表示知识元 K_e^1 描述的基元事件与知识元 K_e^2 描述的基元事件同时发生。

（2）继承关系：表示煤矿事故知识元之间的层级关系，如图 4.3 所示的煤矿事故层级体系图，表明其间继承的层次关系，下级知识元继承了上层知识元的所有相关属性，并加入特有属性，也就是说，若两个煤矿事故知识元存在 $K_e^i \subseteq K_e^j$，即（$N_e^{\mathrm{BE}(i)} \subseteq N_e^{\mathrm{BE}(j)}$）$\wedge$（$N_e^{\mathrm{SE}(i)} \subseteq N_e^{\mathrm{SE}(j)}$）$\wedge$（$N_e^{\mathrm{IE}(i)} \subseteq N_e^{\mathrm{IE}(j)}$）为真，则 K_e^i、K_e^j 间有继承关系。

（3）因果关系：是煤矿事故间最为常见的关系，因为煤矿事故基元事件是因果关系形成煤矿事故的发展演进动力，主要表现：一个基元事件引发后一个基元事件，后一个基元事件又会引发后续的基元事件。煤矿事故知识元间的因果关系表示一个煤矿事故知识元描述的基元事件引发另一个煤矿事故知识元描述的基元事件，如 Case(K_e^1，K_e^2)表示 K_e^1 描述的基元事件引发 K_e^2 描述的基元事件。

4.5　煤矿事故应急活动知识元模型构建

本节讨论煤矿事故应急活动基元的概念及其要素，在此基础上构建其基元模型，基于共性知识元模型构建其知识元模型，然后研究其间关系。

4.5.1　煤矿事故应急活动基元概念

煤矿事故应急活动具有不同的粒度，对一个粗粒度且比较抽象的煤矿事故应急活动可以进行细分，细分到在管理范畴意义下被认为其不可再分，并且是最小的煤矿事故应急活动单元，这种不可再分的最小煤矿事故应急活动称为煤矿事故应急活动基元。

定义 4.2　煤矿事故应急活动基元(basic unit of coal mine accident emergency activity，BUCMAEA)指煤矿事故应急管理过程中执行后能实现一定目标的应急活动单元，该应急活动单元能够改变煤矿客观事物系统的状态，并且在管理范畴下该应急活动单元是不可再分的最小煤矿事故应急活动单元，也是不变的最小煤矿事故应急活动单元，其包含煤矿事故应急活动的基本要素。

煤矿事故应急活动基元相关要素如表 4.5 所示[192, 200]。

表 4.5　煤矿事故应急活动基元相关要素

要素名称	要素相关描述
操作	表示应急活动的内容，是煤矿事故应急活动的核心
活动客体	表示应急活动的对象，即应急活动的受体，可能是人、物资、信息等
活动结果	表示应急活动执行带来的影响，即应急活动执行后煤矿客观事物状态产生的变化
活动主体	表示应急活动执行的主体，即应急活动的执行者、操作的执行者。可以是人，也可以是组织
活动约束	表示应急活动执行时受到的约束集合，包括应急活动受到的外部环境约束以及应急活动规律性约束，如资源约束、时间约束、空间约束等
活动时间	表示应急活动执行的具体时间
活动地点	表示应急活动执行的具体地点
活动状态	表示应急活动执行的状态

4.5.2　煤矿事故应急活动知识元模型

抽取煤矿事故应急活动基元的主要要素如表 4.5 所示，于是其可表示为

$$BUCMAEA = (T,\ V,\ OP,\ SU,\ OB,\ CR,\ CH,\ ST)$$

其中，OP 表示操作，即应急活动内容；SU 表示应急活动主体；OB 表示应急活动客体；T 表示应急活动时间；V 表示应急活动地点；CR 表示应急活动约束集；ST 表示应急活动状态集；CH 表示应急活动结果，即煤矿客观事物系统对象状态变化集。

煤矿事故应急活动基元是在管理范畴下不可再分的最小煤矿事故应急活动单元，其具有煤矿事故应急活动的基本要素，基于文献[9]中共性知识元模型描述煤矿事故应急活动基元构成煤矿事故应急活动知识元。将其实例化就为对应的基元。

1. 对象知识元

假设用 CA 表示煤矿事故应急活动，并且是由若干煤矿事故应急活动基元组成的，即 $CA - \{ca_1, ca_2, ca_3, \cdots, ca_n\}$。

取任意一个煤矿事故应急活动基元，记为 ca，那么 ca 的共性知识(煤矿

事故应急活动对象知识元)可表示为

$$K_{ca} = (N_{ca}, A_{ca}, R_{ca}) \tag{4.10}$$

其中，N_{ca} 表示煤矿事故应急活动基元 ca 的概念及相关属性名称集；A_{ca} 表示煤矿事故应急活动基元 ca 的属性状态集，属性主要包括操作 OP、应急活动主体 SU，应急活动客体 OB、应急活动时间 T、应急活动地点 V、应急活动约束集 CR、应急活动状态集 ST、应急活动结果 CH；R_{ca} 表示 $A_{ca} \times A_{ca}$ 上的映射关系集，要么描述煤矿事故应急活动基元知识元属性状态变化，要么描述煤矿事故应急活动基元知识元属性间的相互作用关系。其中 $N_{ca} = N_{ca}^{Name} \bigcup N_{ca}^{OP}$ $\bigcup N_{ca}^{SU} \bigcup N_{ca}^{OB} \bigcup N_{ca}^{T} \bigcup N_{ca}^{V} \bigcup N_{ca}^{CR} \bigcup N_{ca}^{ST} \bigcup N_{ca}^{CH}$，$N_{ca}^{Name}$ 表示煤矿事故应急活动基元 ca 的概念名称，N_{ca}^{OP} 表示煤矿事故应急活动基元 ca 的操作，N_{ca}^{SU} 表示煤矿事故应急活动基元 ca 的活动主体，N_{ca}^{OB} 表示煤矿事故应急活动基元 ca 的活动客体，N_{ca}^{T} 表示煤矿事故应急活动基元 ca 的执行时间，N_{ca}^{V} 表示煤矿事故应急活动基元 ca 的执行地点，N_{ca}^{CR} 表示煤矿事故应急活动基元 ca 受到的约束，N_{ca}^{ST} 表示煤矿事故应急活动基元 ca 的活动状态，N_{ca}^{CH} 表示煤矿事故应急活动基元 ca 的活动结果。

2. 属性知识元

根据煤矿事故应急活动基元的属性状态特点，我们进一步定义

$$A_{ca} = OP \bigcup SU \bigcup OB \bigcup CR \bigcup T \bigcup V \bigcup ST \bigcup CH \tag{4.11}$$

其中，A_{ca} 表示煤矿事故应急活动基元 ca 的属性状态集合，定义了应急活动基元 ca 的属性状态分类；OP 表示操作，即应急活动内容；SU 表示活动主体；OB 为应急活动客体；T 表示应急活动时间；V 表示应急活动地点；CR 表示应急活动约束集；ST 表示活动状态集；CH 表示活动结果，即客观事物状态变化集。

对于 $\forall caa \in A_{ca}$，有

$$K_{caa} = (p_{caa}, d_{caa}, f_{caa}) \tag{4.12}$$

式(4.12)表示煤矿事故应急活动基元 ca 的属性 caa 对应的知识元，描述了煤矿事故应急活动基元 ca 的每个状态属性 caa 具有的共性知识结构；p_{caa} 表示应急活动基元 ca 的属性可测性描述，p_{caa} 要么为"可描述的"，要么为"可测度的"；d_{caa} 表示煤矿事故应急活动基元的属性 caa 的测度量纲；f_{caa} 表示煤矿事故应急活动基元的属性 caa 的时变函数。

3. 关系知识元

在式(4.11)的基础上，用 R_{ca} 来表示应急活动基元 ca 的属性状态关系集，R_{ca} 表示的关系用函数描述如下

$$f_{SC}(SU, OB, CR, CH) = 0 \qquad (4.13)$$

式(4.13)表示煤矿事故应急活动基元 ca 的属性状态关系，活动主体 SU、活动客体 OB、活动约束集 CR 为 ca 的输入属性，活动结果集 CH 是应急活动引起的煤矿客观事物状态的变化。

对于 $\forall car \in R_{ca}$，有

$$K_{car} = \left(p_{car}, A_{car}^{I}, A_{car}^{O}, f_{car} \right) \qquad (4.14)$$

式(4.14)表示煤矿事故应急活动基元 ca 的属性关系变化知识元，表示每个属性状态关系 car 所共有的知识结构。p_{car} 表示煤矿事故应急活动基元 ca 的映射属性描述；A_{car}^{I} 表示关系 car 的输入属性；A_{car}^{O} 表示关系 car 的输出属性。在式(4.13)中，SU，OB，$CR \in A_{car}^{I}$，$CH \in A_{er}^{O}$，f_{car} 表示具体的函数关系。

采用煤矿事故应急活动知识元模型对煤矿事故应急活动基元进行具体化描述形成煤矿事故应急活动知识元，而所描述的煤矿事故应急活动基元是不可再分的煤矿事故应急活动基本子过程，其包含煤矿事故应急活动的基本要素，于是一个煤矿事故应急活动知识元能够表达一个完整的煤矿事故应急活动基元。煤矿事故应急活动知识元模型继承了共性知识元模型思想，知识元是对活动基元的概念、属性的抽象，每一类知识元又可细分为相应的子类知识元，子类知识元继承父类知识元的属性，并扩展自己的个性化属性，保证知识元表达是完备的。

4.5.3 煤矿事故应急活动知识元之间的关系

文献[192]提出突发事件应急决策活动知识元间存在层级继承关系，并且提出了基于协调论来讨论突发事件应急决策活动基元关系，文献[200]提出基于执行顺应的突发事件应对实施活动基元关系，而煤矿事故是突发事件中的一类，于是将突发事件应急决策活动知识元间的继承关系扩展到煤矿事故中，可以讨论煤矿事故应急活动知识元的继承关系。将基于协调论突发事件应急决策活动基元关系和基于执行顺序的应对实施活动基元关系进行扩展和抽象可以来讨论煤矿事故应急活动知识元关系。

1. 继承关系

继承关系表示煤矿事故应急活动知识元间的层级关系，表明其间继承的层次关系，下级知识元继承了上层知识元的所有相关属性，并加入特有属性。也就是说，若两个煤矿事故应急知识元存在 $K_{ca}^{i} \subseteq K_{ca}^{j}$，即（$N_{ca}^{OP(i)} \subseteq N_{ca}^{OP(j)}$）∧（$N_{ca}^{SU(i)} \subseteq N_{ca}^{SU(j)}$）∧（$N_{ca}^{OB(i)} \subseteq N_{ca}^{OB(j)}$）∧（$N_{ca}^{C(i)} \subseteq N_{ca}^{C(j)}$）∧（$N_{ca}^{T(i)} \subseteq N_{ca}^{T(j)}$）∧（$N_{ca}^{V(i)} \subseteq N_{ca}^{V(j)}$）∧（$N_{ca}^{ST(i)} \subseteq N_{ca}^{ST(j)}$）∧（$N_{ca}^{CH(i)} \subseteq N_{ca}^{CH(j)}$）为真，则 K_{ca}^{i}、K_{ca}^{j} 之间存在继承关系。例如，调集瓦斯治理专家与调集专家之间存在继承关系。

用 K_{ca}^{a}、K_{ca}^{b}、K_{ca}^{c}、K_{ca}^{d} 表示煤矿事故应急活动知识元，下面进行讨论。

2. 基于执行顺序的煤矿事故应急活动知识元关系

我们通过分析煤矿事故应急活动基元的执行顺序，在文献[200]的基础上加以扩展和抽象得到煤矿事故应急活动知识元的关系如下。

1）顺序关系

如果在某一煤矿事故应急活动过程流中，知识元 K_{ca}^{a} 对应的基元执行完后，K_{ca}^{b} 对应的基元才执行，那么称 K_{ca}^{a} 与 K_{ca}^{b} 之间的关系是顺序关系，记为 K_{ca}^{b} after K_{ca}^{a}，如图4.6所示。

图 4.6　顺序关系

2）并行汇聚关系

如果在某一煤矿事故应急活动过程流中，K_{ca}^{a} 对应的基元和 K_{ca}^{b} 对应的基元同步执行，两者都执行完后，K_{ca}^{c} 对应的基元才执行，那么称 K_{ca}^{a} 与 K_{ca}^{b} 之间的关系是并行汇聚关系，记为 K_{ca}^{a} and join K_{ca}^{b}，其中 K_{ca}^{a} 和 K_{ca}^{c} 之间是顺序关系，K_{ca}^{b} 和 K_{ca}^{c} 之间也是顺序关系，如图4.7所示。

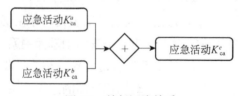

图 4.7　并行汇聚关系

3）并行分支关系

如果在某一煤矿事故应急活动过程流中，K_{ca}^{a} 对应的基元执行完后，同步

执行 K_{ca}^b 对应的基元和 K_{ca}^c 对应的基元，那么称 K_{ca}^b 和 K_{ca}^c 之间的关系是并行分支关系，记为 K_{ca}^b and split K_{ca}^c，其中 K_{ca}^a 和 K_{ca}^b 之间是顺序关系，K_{ca}^a 和 K_{ca}^c 之间也是顺序关系，如图 4.8 所示。

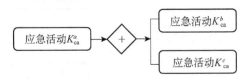

图 4.8　并行分支关系

4) or 汇聚关系

如果在某一煤矿事故应急活动过程流中，K_{ca}^a、K_{ca}^b、K_{ca}^c 对应的基元中一个执行完后或多个执行完后，才可执行 K_{ca}^d 对应的基元，那么称 K_{ca}^a、K_{ca}^b、K_{ca}^c 之间是 or 汇聚关系，记为 K_{ca}^a or join K_{ca}^b or join K_{ca}^c，其中 K_{ca}^a 和 K_{ca}^d 之间为顺序关系，K_{ca}^b 和 K_{ca}^d 之间为顺序关系，K_{ca}^c 和 K_{ca}^d 之间也为顺序关系，如图 4.9 所示。

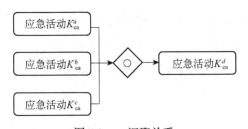

图 4.9　or 汇聚关系

5) or 分支关系

如果在某一煤矿事故应急活动过程流中，K_{ca}^a 对应的基元执行完后，在某种机制基础上，执行 K_{ca}^b、K_{ca}^c、K_{ca}^d 对应的基元中的一个或多个，那么称 K_{ca}^b、K_{ca}^c、K_{ca}^d 之间的关系是 or 分支关系，记为 K_{ca}^b or split K_{ca}^c or split K_{ca}^d，其中 K_{ca}^a 和 K_{ca}^b 之间为顺序关系，K_{ca}^a 和 K_{ca}^c 之间为顺序关系，K_{ca}^a 和 K_{ca}^d 之间也为顺序关系，如图 4.10 所示。

6) 异或汇聚关系

如果在某一煤矿事故应急活动过程流中，K_{ca}^a、K_{ca}^b 对应的基元只能执行一个，即要么执行 K_{ca}^a 对应的基元，要么执行 K_{ca}^b 对应的基元，二者执行完其中一个后 K_{ca}^c 对应的基元接着执行，那么称 K_{ca}^a、K_{ca}^b 之间是异或汇聚关系，

记为 K_{ca}^{a} xor join K_{ca}^{b}，其中 K_{ca}^{a} 和 K_{ca}^{c} 之间为顺序关系，K_{ca}^{b} 和 K_{ca}^{c} 之间也为顺序关系，如图 4.11 所示。

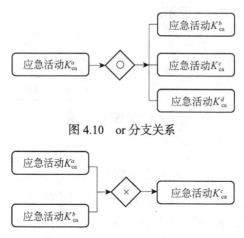

图 4.10　or 分支关系

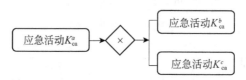

图 4.11　异或汇聚关系

7) 异或分支关系

如果在某一煤矿事故应急活动过程流中，K_{ca}^{a} 对应的基元执行完后，要么执行 K_{ca}^{b} 对应的基元，要么执行 K_{ca}^{c} 对应的基元，K_{ca}^{b}、K_{ca}^{c} 对应的基元只能执行其中一个，那么称 K_{ca}^{b}、K_{ca}^{c} 之间是异或分支关系，记为 K_{ca}^{b} xor split K_{ca}^{c}，其中 K_{ca}^{a} 和 K_{ca}^{b} 之间为顺序关系，K_{ca}^{a} 和 K_{ca}^{c} 之间也为顺序关系，如图 4.12 所示。

应急活动K_{ca}^{a} ×

应急活动K_{ca}^{b}

应急活动K_{ca}^{c}

图 4.12　异或分支关系

3. 基于协调论的煤矿事故应急活动知识元之间的关系

在一定程度上，控制煤矿事故的进程把其损失降为最低是其应急管理的核心，但煤矿事故应急处置涉及多个功能单元或组织，而各功能单元或组织在自己的业务领域或权力范围内具有较多资源（包括物质和非物质的），要减小煤矿事故带来的损失，必须联合这些功能单元或组织，让它们一起应对复杂的事故局面并使目标达成一致，各应急管理活动就是为实现一致的目标而进行的，而应急管理活动之间具有各种各样的依赖关系。协调理论是 Crowston

和 Malone 提出的一门理论，其关键内容为管理活动间的依赖关系，其把消耗资源活动与生产资源活动的关系划分为三种依赖关系[199, 201]。依据对煤矿事故及煤矿事故应急活动本质的理解，把煤矿事故应急活动与煤矿客观事物系统对象属性的关系视为协调理论中的活动和资源的关系，将客观事物系统对象属性受应急活动输出影响而产生的新情景、客观事物系统对象属性在情景中对应急活动的制约分别视为协调理论中的生产资源、消耗资源。于是依据应急活动和情景中对象属性的不同关系，在文献[192]的基础上扩展并抽象将煤矿事故应急活动知识元间的关系分为接驳关系、牵制关系、配合关系三种。

1) 接驳关系

(1) 消费型接驳：如果存在煤矿事故应急活动知识元 K_{ca}^a 和 K_{ca}^b，煤矿客观事物系统知识元表示为 K_o，CH_a 为 K_{ca}^a 的活动结果，CR_b 为 K_{ca}^b 的约束，A 为 K_o 的属性集，$\exists A_i \in A$，满足 $A_i \in \mathrm{CH}_a \wedge A_i \in \mathrm{CR}_b$，那么认为 K_{ca}^a 和 K_{ca}^b 之间存在的关系为消费型接驳，如图 4.13 所示。

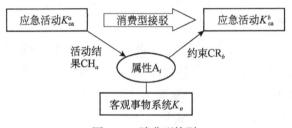

图 4.13　消费型接驳

(2) 传递型接驳：存在煤矿事故应急活动知识元 K_{ca}^a 和 K_{ca}^b，客观事物系统知识元 K_o，CH_a 为 K_{ca}^a 的活动结果，CR_b 为 K_{ca}^b 的约束，A 为 K_o 的属性集，r 为 K_o 的某属性映射关系，A_r^{I} 为 r 的输入属性，A_r^{O} 为 r 的输出属性，$\exists A_i, A_j \in A$，满足 $A_i \in \mathrm{CH}_a \wedge A_i \in A_r^{\mathrm{I}} \wedge A_i \in A_r^{\mathrm{O}} \wedge A_j \in \mathrm{CR}_b$，那么 K_{ca}^a 和 K_{ca}^b 间的关系为传递型接驳，如图 4.14 所示。

2) 牵制关系

若 $n(n \geqslant 2)$ 个煤矿事故应急活动知识元对应的基元在相同管理情景下同时进行，各个煤矿事故应急活动知识元的约束集 $\mathrm{CR}_i\ (i = 1, 2, \cdots, n)$ 之间存在交集，即 $\mathrm{CR}_1 \cap \mathrm{CR}_2 \cap \cdots \cap \mathrm{CR}_n \neq \varnothing$，那么煤矿事故应急活动知识元间的关系为牵制关系，如图 4.15 所示。

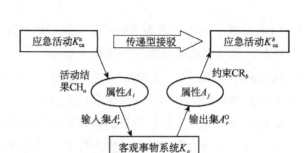

图 4.14 传递型接驳

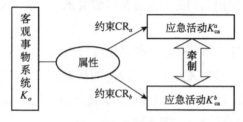

图 4.15 牵制关系

3) 配合关系

(1) 目标相关配合关系：如果存在煤矿事故应急活动知识元 K_{ca}^a、K_{ca}^b，煤矿客观事物系统知识元 K_o，CH_a 为 K_{ca}^a 的活动结果，CH_b 为 K_{ca}^b 的活动结果，A 为 K_o 的属性集，r 为 K_o 上的某属性映射关系，A_r^I 为 r 的输入属性，A_r^O 为 r 的输出属性，$\exists A_i$，A_j，$A_m \in A$，满足 $A_i \in CH_a \wedge A_j \in CH_b \wedge A_i \in A_r^I \wedge A_j \in A_r^I \wedge A_m \in A_r^O$，那么 K_{ca}^a 和 K_{ca}^b 间的关系为目标相关配合关系，如图 4.16 所示。

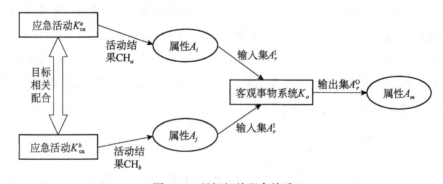

图 4.16 目标相关配合关系

(2) 被动配合关系：如果存在煤矿事故应急活动知识元 K_{ca}^a 和 K_{ca}^b，客观事物系统知识元 K_o，CH_a 为 K_{ca}^a 的活动结果，CH_b 为 K_{ca}^b 的活动结果，r 为 K_o

上的某属性映射关系，A 为 K_o 的属性集，A_r^I 为 r 的输入属性，A_r^O 为 r 的输出属性，$\exists A_i$，A_j，$A_m \in A$，满足 $A_i \in \mathrm{CH}_a \wedge A_j \in \mathrm{CH}_b \wedge A_i \in A_r^I \wedge A_j \in A_r^O$，那么 K_{ca}^a 和 K_{ca}^b 间的关系为被动配合关系，如图 4.17 所示。

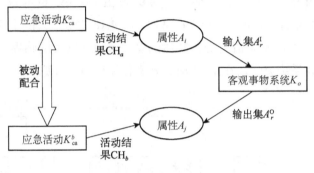

图 4.17　被动配合关系

文献[171]对突发事件领域的客观事物知识元与突发事件知识元相互关系进行了研究，然后对突发事件连锁反应进行建模。根据煤矿事故发生机理和人们对其的应对活动的规律可得煤矿客观事物、煤矿事故、煤矿事故应急活动之间存在关系。接下来借鉴文献[171]探讨客观事物知识元与突发事件知识元的思想来对煤矿事故知识元、煤矿客观事物系统知识元、煤矿事故应急活动知识元间的相互关系进行探讨。

4.6　煤矿事故知识元与煤矿客观事物系统知识元的关系讨论

本节将从知识元的角度来描述煤矿事故与煤矿客观事物系统对象的关系，抽取煤矿事故知识元和煤矿客观事物系统知识元间的关系。

4.6.1　煤矿事故的发生机理

煤矿事故的发生、发展及演化过程都是在一定的煤矿客观事物系统环境中进行的，煤矿客观事物系统环境状态的突变会引发煤矿事故。煤矿事故的发生机理如图 4.18 所示，在煤矿事故层中，用 e_1 表示一个基元事件；在煤矿客观事物系统层中，用 O 表示煤矿客观事物系统，用 O_i 表示一个煤矿客观事物系统对象，并且它们间存在一定的联系；属性层表示每个煤矿客观事物对象具有的属性状态集合。在 $T=T_1$ 时，煤矿客观事物系统处在正常状态下，此时煤矿事故没有发生；在 $T=T_2$ 时，O_1 与 O_3 发生了突变，O_1 与 O_3 共同作用（满足了 e_1 发生的条件）致使煤矿事故 e_1 爆发，图 4.18 也显示，由于煤矿客观事物系统 O 的相关属性状态值突变，并达到煤矿事故 e_1 爆发的临界点，从而引发煤矿客观事物系统突变。在 $T=T_3$ 时，e_1 又作用于 O_4 与 O_5。

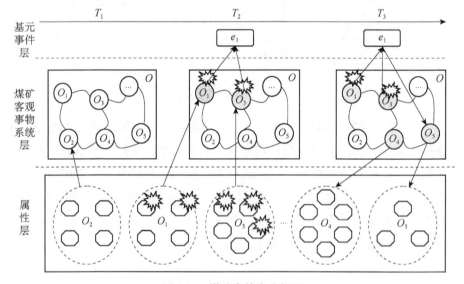

图 4.18　煤矿事故发生机理

4.6.2　煤矿事故基元事件与煤矿客观事物系统对象的关系

　　由于煤矿事故演化变化主要由其与其存在的煤矿客观事物系统的关系来决定，下面我们将描述煤矿事故基元事件与煤矿客观事物系统对象的关系模型；首先，基于知识元从共性知识结构上对基元事件与煤矿客观事物系统对象的关系进行描述，接着用函数的形式基于关系内容对关系进行定义，并用逻辑关联来分析各个函数相关要素。

　　假设用 e 表示一个煤矿事故基元事件，用 O 表示与其相关的煤矿客观事物系统，O 由若干对象组成，其中这些对象不可再分，记为 $O=\{O_1, O_2, O_3, \cdots, O_n\}$，那么 e 与 O_i，$1 \leqslant i \leqslant n$ 可分别用 4.4.2 节和 4.3.2 节中的知识元模型来描述。其属性状态集分别为 $A_e = \mathrm{BE} \cup \mathrm{SE} \cup \mathrm{IE}$，$A_{Oi} = \mathrm{BO}_i \cup \mathrm{RO}_i \cup \mathrm{PO}_i \cup \mathrm{DO}_i$。

假设用 R_{eO} 来表示 e 与 O 之间的关联关系集，基于文献[9]中的知识元模型，对 $\forall eor \in R_{eO}$ 有

$$K_{eor} = (p_{eor}, A_{eor}^{I}, A_{eor}^{O}, f_{eor}) \tag{4.15}$$

式(4.15)表示煤矿事故基元事件 e 与煤矿客观事物对象 o $(o \in O)$ 的属性关系的共有知识结构。p_{eor} 表示关系 eor 的映射属性描述；A_{eor}^{I} 表示关系 eor 的输入属性；A_{eor}^{O} 表示关系 eor 的输出属性；f_{eor} 表示 e 与 o 的关系的具体函数表达。

从基元事件与煤矿客观事物系统对象关系分类上来看，将它们的关系函数 $f_{eor} = 0$ 定义为

$$f_{eor} = \begin{cases} f(e \to o) = 0 & (4.16a) \\ f(o \to e) = 0 & (4.16b) \end{cases}$$

式(4.16a)表示煤矿事故基元事件 e 对煤矿客观事物系统对象 o 的作用函数，式(4.16b)表示煤矿客观事物系统对象 o 对基元事件 e 的反作用函数。下面从基元事件与煤矿客观事物系统对象的属性层对式(4.16)中的函数关系作进一步定义。

煤矿事故基元事件 e 对煤矿客观事物系统对象 o 的作用关系函数 $f(e \to o) = 0$，定义如下

$$f(e \to o) = \begin{cases} f_{SD}(SE, RO, DO) = 0 & (4.17a) \\ f_{SP}(SE, PO) = 0 & (4.17b) \end{cases}$$

煤矿客观事物系统对象 o 对煤矿事故基元事件 e 的反作用函数 $f(o \to e) = 0$，定义为

$$f(o \to e) = \begin{cases} f_{BP}(BO, PO, DO, BE, SE) = 0 & (4.18a) \\ f_{RP}(RO, PO, SE) = 0 & (4.18b) \end{cases}$$

上述函数关系详细描述如下。

这里借鉴文献[171]和文献[202]中的方法对要素关系用谓词逻辑进行定性表示，其中用 $V(x, Value(x))$ 表示 x 的取值为 $Value(x)$，x 要么为属性，要么为属性集。

(1) 式(4.17a)表示煤矿事故基元事件 e 对煤矿客观事物系统对象 o 的破坏作用函数

$$f_{SD}(SE, RO, DO) = 0 \tag{4.19}$$

即煤矿事故基元事件 e 特有属性(煤矿事故演化表现出来的特有属性)对煤矿

客观事物系统对象(承灾载体)的破坏作用关系,其表现为在基元事件 e 的特有属性 SE 作用下,煤矿客观事物系统对象 o 的抗灾属性 RO 与受损属性 DO 所产生的变化,在 f_{SD} 中,SE、RO 为输入属性,DO 为输出属性,即 $SE \in A_{eor}^{I}$,$RO \in A_{eor}^{I}$,$DO \in A_{eor}^{O}$,对应的逻辑表达为

$$(V(SE, Value(SE)) \wedge V(RO, Value(RO))) \rightarrow V(DO, Value(DO))$$

其中,$V(RO, Value(RO))$ 表示煤矿客观事物系统对象相应的单个抗灾属性要素及取值,即

$$V(RO, Value(RO)) = V(RO_i, Value(RO_i))$$

$V(DO, Value(DO))$ 表示煤矿客观事物系统对象相应的单个损失属性要素及取值,即

$$V(DO, Value(DO)) = V(DO_i, Value(DO_i))$$

$V(SE, Value(SE))$ 表示煤矿事故基元事件的特有属性及其取值的复合,$V(SE_i, Value(SE_i))$ 表示煤矿事故基元事件的单个特有属性要素及其取值,即

$$V(SE, Value(SE)) = \begin{cases} \bigwedge_{i=1}^{n} V(SE_i, Value(SE_i)) & (4.20a) \\ \bigvee_{i=1}^{n} V(SE_i, Value(SE_i)) & (4.20b) \\ \bigwedge_{j=1}^{m} V(SE_j, Value(SE_j))(\wedge | \vee) \bigvee_{i=m+1}^{n} V(SE_i, Value(SE_i)) & (4.20c) \end{cases}$$

当 $n>1$ 时,式(4.20a)表示煤矿事故基元事件 e 的多个特有属性 SE_1,SE_2,…,SE_n 共同作用于煤矿客观事物系统对象(承灾载体)而使其产生破坏作用,式(4.20b)表示煤矿事故基元事件 e 中的某个特有属性 SE_i 就可以对煤矿客观事物系统对象(承灾载体)产生破坏作用,式(4.20c)表示前两种情况的多个组合情况。

(2) 式(4.17b)表示煤矿事故基元事件对煤矿客观事物系统对象孕灾属性的作用函数

$$f_{SP}(SE, PO) = 0 \qquad (4.21)$$

即煤矿事故基元事件 e 特有属性 SE 对煤矿客观事物系统对象 o 的孕灾属性作用关系,主要表现为在煤矿事故基元事件 e 的特有属性 SE 作用下,煤矿客观事物对象的孕灾属性 PO 所产生的变化,在 f_{SP} 中,SE 为输入属性,PO 为输出属性,即 $SE \in A_{eor}^{I}$,$PO \in A_{eor}^{O}$,对应的逻辑表达为

$$V(\text{SE}, \text{Value}(\text{SE})) \rightarrow V(\text{PO}, \text{Value}(\text{PO}))$$

其中，$V(\text{PO}, \text{Value}(\text{PO}))$ 表示煤矿客观事物系统对象的单个孕灾属性要素及其取值，即

$$V(\text{PO}, \text{Value}(\text{PO})) = V(\text{PO}_i, \text{Value}(\text{PO}_i))$$

$V(\text{SE}, \text{Value}(\text{SE}))$ 表示煤矿事故基元事件的特有属性及其取值的复合，其中，$V(\text{SE}_i, \text{Value}(\text{SE}_i))$ 表示煤矿事故基元事件的单个特有属性要素及其取值，其描述如式 (4.20) 所示。

(3) 式 (4.18a) 表示煤矿客观事物系统对象 o 对煤矿事故基元事件 e 的触发函数

$$f_{\text{BP}}(\text{BO}, \text{PO}, \text{DO}, \text{BE}, \text{SE}) = 0 \tag{4.22}$$

表示煤矿客观事物系统对象 o 的基本属性 BO、孕灾属性 PO 和损失属性 DO 作为煤矿事故基元事件 e 的诱因，这三个属性影响基元事件 e 的基本属性 BE 和特有属性 SE 的变化，在 f_{BP} 中，BO、PO、DO 为输入属性，BE、SE 为输出属性，即 $\text{BO}, \text{PO}, \text{DO} \in A_{\text{eor}}^{\text{I}}$，$\text{BE}, \text{SE} \in A_{\text{eor}}^{\text{O}}$，对应的逻辑表达为

$(V(\text{BO}, \text{Value}(\text{BO})) \wedge V(\text{PO}, \text{Value}(\text{PO})) \wedge V(\text{DO}, \text{Value}(\text{DO}))) \rightarrow ((V(\text{BE}, \text{Value}(\text{BE})) \wedge V(\text{SE}, \text{Value}(\text{SE})))$

$(V(\text{BO}, \text{Value}(\text{BO})) \vee V(\text{PO}, \text{Value}(\text{PO})) \vee V(\text{DO}, \text{Value}(\text{DO}))) \rightarrow ((V(\text{BE}, \text{Value}(\text{BE})) \wedge V(\text{SE}, \text{Value}(\text{SE})))$

其中，$V(\text{BE}, \text{Value}(\text{BE}))$ 是煤矿事故基元事件的单个基本属性要素及其取值，$V(\text{SE}, \text{Value}(\text{SE}))$ 为煤矿事故基元事件的单个特有属性要素及其取值，有

$V(\text{BE}, \text{Value}(\text{BE})) = V(\text{BE}_i, \text{Value}(\text{BE}_i)$

$V(\text{SE}, \text{Value}(\text{SE})) = V(\text{SE}_i, \text{Value}(\text{SE}_i)$

$V(\text{BO}, \text{Value}(\text{BO}))$ 表示煤矿客观事物系统对象 o 的基本属性要素及其取值的复合，即

$$V(\text{BO}, \text{Value}(\text{BO})) = \begin{cases} \bigwedge\limits_{i=1}^{n} V(\text{BO}_i, \text{Value}(\text{BO}_i)) & (4.23\text{a}) \\ \bigvee\limits_{i=1}^{n} V(\text{BO}_i, \text{Value}(\text{BO}_i)) & (4.23\text{b}) \\ \bigwedge\limits_{j-1}^{m} V(\text{BO}_j, \text{Value}(\text{BO}_j))(\wedge \mid \vee) \bigvee\limits_{i=m+1}^{n} V(\text{BO}_i, \text{Value}(\text{BO}_i)) & (4.23\text{c}) \end{cases}$$

$V(\text{BO}, \text{Value}(\text{BO}))$ 表示煤矿客观事物系统对象 o 的基本属性要素集合及

其取值，$V(\mathrm{BO}_i, \mathrm{Value}(\mathrm{BO}_i))$ 表示煤矿客观事物系统对象 o 的一个基本属性要素及其取值，当 $n>1$ 时，式 (4.23a) 表示煤矿客观事物系统对象 o 多个基本属性要素同时使其触发；式 (4.23b) 表示在煤矿客观事物系统对象 o 多个基本属性要素中，某一个基本属性状态的变化就会触发元事件；式 (4.23c) 为上述两种情况的多种组合。

$V(\mathrm{PO}, \mathrm{Value}(\mathrm{PO}))$ 表示煤矿客观事物系统对象 o 的孕灾属性要素及其取值的复合，即有

$$V(\mathrm{PO}, \mathrm{Value}(\mathrm{PO})) = \begin{cases} \bigwedge\limits_{i=1}^{n} V(\mathrm{PO}_i, \mathrm{Value}(\mathrm{PO}_i)) & (4.24a) \\[2mm] \bigvee\limits_{i=1}^{n} V(\mathrm{PO}_i, \mathrm{Value}(\mathrm{PO}_i)) & (4.24b) \\[2mm] \bigwedge\limits_{j=1}^{m} V(\mathrm{PO}_j, \mathrm{Value}(\mathrm{PO}_j))(\wedge | \vee) \bigvee\limits_{i=m+1}^{n} V(\mathrm{PO}_i, \mathrm{Value}(\mathrm{PO}_i)) & (4.24c) \end{cases}$$

$V(\mathrm{PO}, \mathrm{Value}(\mathrm{PO}))$ 表示煤矿客观事物系统对象 o 的孕灾属性要素集合及其取值，$V(\mathrm{PO}_i, \mathrm{Value}(\mathrm{PO}_i))$ 表示煤矿客观事物系统对象 o 的一个孕灾属性要素及其取值，当 $n>1$ 时，式 (4.24a) 表示煤矿客观事物系统对象 o 多个孕灾属性要素同时使其触发；式 (4.24b) 表示在煤矿客观事物系统对象 o 多个孕灾属性要素中，某一个孕灾属性状态的变化就会触发元事件；式 (4.24c) 为上述两种情况的多种组合。

$V(\mathrm{DO}, \mathrm{Value}(\mathrm{DO}))$ 表示煤矿客观事物系统对象 o 的损失属性要素及其取值的复合，其表示形式与 $V(\mathrm{BO}, \mathrm{Value}(\mathrm{BO}))$、$V(\mathrm{PO}, \mathrm{Value}(\mathrm{PO}))$ 一致。

(4) 式 (4.18b) 表示煤矿客观事物系统对象 o 对煤矿事故基元事件 e 的影响函数

$$f_{\mathrm{RP}}(\mathrm{RO}, \mathrm{PO}, \mathrm{SE}) = 0 \qquad (4.25)$$

表示煤矿客观事物系统对象 o 对煤矿事故基元事件 e 的作用关系，具体体现为煤矿客观事物系统对象 o 的孕灾属性 PO 与抗灾属性 RO 对煤矿事故 e 特有属性 SE 的影响。另外，该作用关系可能会对煤矿事故基元事件 e 的发展变化起到一定程度的加剧或弱化作用。在 f_{RP} 中，RO、PO 为输入属性，SE 为输出属性，即 $\mathrm{RO}, \mathrm{PO} \in A_{\mathrm{eor}}^{\mathrm{I}}$，$\mathrm{SE} \in A_{\mathrm{eor}}^{\mathrm{O}}$。对应的逻辑表达为

$$(V(\mathrm{RO}, \mathrm{Value}(\mathrm{RO})) \wedge V(\mathrm{PO}, \mathrm{Value}(\mathrm{PO}))) \rightarrow V(\mathrm{SE}, \mathrm{Value}(\mathrm{SE}))$$

$$(V(\mathrm{RO}, \mathrm{Value}(\mathrm{RO})) \vee V(\mathrm{PO}, \mathrm{Value}(\mathrm{PO}))) \rightarrow V(\mathrm{SE}, \mathrm{Value}(\mathrm{SE}))$$

其中，$V(\mathrm{SE}, \mathrm{Value}(\mathrm{SE}))$ 表示煤矿事故基元事件对应的单个特有属性及其取值，有

$$V(\mathrm{SE}, \mathrm{Value}(\mathrm{SE})) = V(\mathrm{SE}_i, \mathrm{Value}(\mathrm{SE}_i))$$

$V(\mathrm{PO}, \mathrm{Value}(\mathrm{PO}))$ 表示煤矿客观事物系统对象 o 的孕灾属性要素及其取值集合，其逻辑描述如式(4.24)。

$V(\mathrm{RO}, \mathrm{Value}(\mathrm{RO}))$ 表示煤矿客观事物系统对象 o 的抗灾属性要素及其取值集合，即

$$V(\mathrm{RO}, \mathrm{Value}(\mathrm{RO})) = \begin{cases} \bigwedge\limits_{i=1}^{n} V(\mathrm{RO}_i, \mathrm{Value}(\mathrm{RO}_i)) \\ \bigvee\limits_{i=1}^{n} V(\mathrm{RO}_i, \mathrm{Value}(\mathrm{RO}_i)) \\ \bigwedge\limits_{j=1}^{m} V(\mathrm{RO}_j, \mathrm{Value}(\mathrm{RO}_j))(\wedge | \vee) \bigvee\limits_{i=m+1}^{n} V(\mathrm{RO}_i, \mathrm{Value}(\mathrm{RO}_i)) \end{cases} \tag{4.26}$$

其中，$V(\mathrm{RO}_i, \mathrm{Value}(\mathrm{RO}_i))$ 表示煤矿客观事物系统对象 o 的单个抗灾属性要素及其取值。

4.6.3 煤矿事故知识元与煤矿客观事物系统知识元的关系

前面基于知识元的角度来讨论煤矿事故基元事件与煤矿客观事物系统对象之间的关联关系，从中可知煤矿事故基元事件与煤矿客观事物系统对象关系包括：煤矿事故基元事件对煤矿客观事物系统对象的作用关系，作用关系分为破坏作用关系和改变孕灾性作用关系，以及煤矿客观事物系统对象对煤矿事故基元事件的反作用关系，反作用关系分为触发作用和影响作用。下面在此基础上加以抽象得出煤矿事故知识元和煤矿客观事物系统知识元的关系。

前面讨论煤矿事故基元事件和煤矿客观事物系统对象之间的关系时，把煤矿事故基元事件和煤矿客观事物系统对象分别按对应的知识元模型将它们描述成煤矿事故知识元(记为 K_e^e)、煤矿客观事物系统知识元(记为 K_o^o)，于是两者的关系如下。

1) K_e^e 对 K_o^o 的作用关系

若 K_e^e 所描述的基元事件 c 对 K_o^o 所描述的对象 o 有作用关系，那么 K_e^e 对 K_o^o 有作用关系，又可分为以下两种情况。

（1）K_e^e 对 K_o^o 的破坏作用。

K_e^e 对 K_o^o 的破坏作用具体体现为在 K_e^e 所描述的基元事件 e 的特有属性的作用下，K_o^o 所描述的对象 o 的抗灾属性、受损属性产生变化。

（2）K_e^e 对 K_o^o 的孕灾性作用。

K_e^e 对 K_o^o 的孕灾性作用主要表现为在 K_e^e 对应的基元事件 e 的特有属性的作用下，K_o^o 对应的对象 o 的孕灾属性发生变化。

2）K_o^o 对 K_e^e 的反作用关系

若 K_o^o 所描述的对象 o 对 K_e^e 所描述的基元事件 e 有反作用，那么 K_o^o 对 K_e^e 有反作用，又可分为以下两种情况。

（1）K_o^o 对 K_e^e 的触发作用。

K_o^o 对 K_e^e 的触发作用主要表现为 K_o^o 对应的对象 o 的基本属性、孕灾属性、受损属性作为 K_e^e 对应的基元事件 e 的引发原因影响 e 基本属性、特有属性的变化。

（2）K_o^o 对 K_e^e 的影响作用。

K_o^o 对 K_e^e 的影响作用主要表现为 K_o^o 对应的对象 o 的抗灾属性、孕灾属性对 K_e^e 对应的基元事件 e 的特有属性影响。

4.7 煤矿事故应急活动知识元与煤矿客观事物系统知识元的关系讨论

本节将从知识元的角度来描述煤矿客观事物系统对象与应急活动基元之间的关系，抽象出应急活动知识元与煤矿客观事物系统知识元间的关联关系。

4.7.1 煤矿事故应急活动基元与煤矿客观事物系统对象的关系

吴悠在文献[192]中指出应急管理活动是人干预突发事件的活动，是人为地使客观事物系统进行状态改变而开展的干预活动，其还可以视为客观事物系统在主使因素为人的条件下的状态变化过程。从中可以看出，应急管理活动与客观事物系统有关联关系，且煤矿事故属于突发事件，于是煤矿事故应急管理活动与煤矿客观事物系统也存在关系。

　　前面已经指出煤矿事故应急管理活动是由若干煤矿事故应急活动基元组成的，煤矿客观事物系统由若干煤矿客观事物系统对象组成，于是通过研究煤矿事故应急活动基元与煤矿客观事物系统对象的关联关系就能诠释煤矿事故应急管理活动与煤矿客观事物系统间的关系。下面基于知识元从共性知识结构上对煤矿事故应急活动基元与煤矿客观事物系统对象的关系进行描述。

　　假设用 CA 表示一煤矿事故应急活动，用 O 表示与其相关的煤矿客观事物系统，CA 由若干煤矿事故应急活动基元组成，其中这些煤矿事故应急活动基元不能再分，记为 $CA = \{CA_1，CA_2，CA_3，\cdots，CA_n\}$，$O$ 由若干煤矿客观事物系统对象组成，其中这些煤矿客观事物系统对象不能再分，记为 $O = \{O_1，O_2，O_3，\cdots，O_n\}$，那么 CA_i 与 O_i，$1 \leqslant i \leqslant n$ 可分别用 4.5.2 节和 4.3.2 节中的相应知识元模型进行描述。其属性状态集分别为 $A_{CAi} = OP_i \cup SU_i \cup OB_i \cup CR_i \cup T_i \cup V_i \cup ST_i \cup CH_i$，$A_{oi} = BO_i \cup RO_i \cup PO_i \cup DO_i$。

　　用 R_{CAO} 来表示 CA 与 O 之间的关系集，基于文献[9]中的知识元模型，对于 $\forall caor \in R_{CAO}$ 有

$$K_{caor} = (p_{caor}，A_{caor}^I，A_{caor}^O，f_{caor}) \tag{4.27}$$

　　式(4.27)表示煤矿事故应急活动基元 ca 与煤矿客观事物系统对象 o 的属性关系的共有知识结构。p_{caor} 为映射属性描述；A_{caor}^I 为输入属性；A_{caor}^O 为输出属性；f_{caor} 表示 ca 与 o 关系的具体函数表达。

　　从煤矿事故应急活动基元与煤矿客观事物系统对象关系的分类来看，将它们的关系函数 $f_{caor} = 0$ 定义为

$$f_{caor} = \begin{cases} f(ca \rightarrow o) = 0 & \text{(4.28a)} \\ f(o \rightarrow ca) = 0 & \text{(4.28b)} \end{cases}$$

　　式(4.28a)表示煤矿事故应急活动基元 ca 对煤矿客观事物系统对象 o 的作用函数，式(4.28b)表示煤矿客观事物系统对象 o 对煤矿事故应急活动基元 ca 的反作用函数。下面从属性层对式(4.28a)和式(4.28b)进行定义。

　　煤矿事故应急活动基元 ca 对煤矿客观事物系统对象 o 的作用关系函数 $f(ca \rightarrow o) = 0$，定义如下

$$f(ca \rightarrow o) = \begin{cases} f_{CR}(CH, RO) = 0 & \text{(4.29a)} \\ f_{CP}(CH, PO) = 0 & \text{(4.29b)} \\ f_{CD}(CH, DO) = 0 & \text{(4.29c)} \end{cases}$$

　　煤矿客观事物系统对象 o 对煤矿事故应急活动基元 ca 的反作用函数

$f(o \to ca) = 0$，定义为

$$f(o \to ca) = f_{BO}(BO,PO,DO,OP) = 0 \tag{4.30}$$

下面进行详细描述。

这里借鉴文献[171]和文献[202]中的方法对要素关系用谓词逻辑进行定性表示，其中用$V(x,\text{Value}(x))$表示x的取值为$\text{Value}(x)$，x要么为属性，要么为属性集。

(1) 式(4.29a)表示煤矿事故应急活动基元 ca 对煤矿客观事物系统对象o的抗灾属性作用函数

$$f_{CR}(CH,RO) = 0 \tag{4.31}$$

即煤矿事故应急活动基元 ca 的活动结果能使煤矿客观事物的抗灾属性状态产生变化，其表现为在煤矿事故应急活动基元 ca 的作用下，煤矿客观事物系统对象o的抗灾属性 RO 产生变化，在f_{CR}中，CH 为输入属性，RO 为输出属性，即 $CH \in A_{caor}^{I}$，$RO \in A_{caor}^{O}$，对应的逻辑表达为

$$V(CH,\text{Value}(CH)) \to V(RO,\text{Value}(RO))$$

其中，$V(RO,\text{Value}(RO))$表示煤矿客观事物系统对象o（承灾载体）相应的单个抗灾属性要素及取值，即

$$V(RO,\text{Value}(RO)) = V(RO_i,\text{Value}(RO_i))$$

$V(CH,\text{Value}(CH))$表示煤矿事故应急活动基元 ca 的活动结果属性集及其取值，$V(CH_i,\text{Value}(CH_i))$表示煤矿事故应急活动基元 ca 的单个活动结果属性要素及其取值，即

$$V(CH,\text{Value}(CH)) = \begin{cases} \bigwedge_{i=1}^{n} V(CH_i,\text{Value}(CH_i)) & (4.32a) \\[2mm] \bigvee_{i=1}^{n} V(CH_i,\text{Value}(CH_i)) & (4.32b) \\[2mm] \bigwedge_{j=1}^{m} V(CH_j,\text{Value}(CH_j))(\wedge|\vee) \bigvee_{i=m+1}^{n} V(CH_i,\text{Value}(CH_i)) & (4.32c) \end{cases}$$

当$n>1$时，式(4.32a)表示煤矿事故应急活动基元 ca 的多个活动结果属性CH_1，CH_2，…，CH_n一起作用对o产生改变抗灾状态作用；式(4.32b)表示应急活动基元 ca 中的某个活动结果属性CH_i就可以对煤矿客观事物系统对象o产生改变抗灾属性状态作用；式(4.32c)表示前两种情况的多个组合情况。

(2) 式(4.29b)表示煤矿事故应急活动基元对煤矿客观事物系统对象 o 孕灾属性的作用函数

$$f_{CP}(CH, PO) = 0 \qquad (4.33)$$

即煤矿事故应急活动基元 ca 的活动结果属性 CH 对煤矿客观事物系统对象 o 的孕灾属性作用关系，主要表现为在煤矿事故应急活动基元 ca 的活动结果属性 CH 作用下，煤矿客观事物系统对象 o 的孕灾属性 PO 所产生的变化，在 f_{CP} 中，CH 为输入属性，PO 为输出属性，即 $CH \in A_{caor}^I$，$PO \in A_{caor}^O$，对应的逻辑表达为

$$V(CH, Value(CH)) \rightarrow V(PO, Value(PO))$$

其中，$V(PO, Value(PO))$ 表示煤矿客观事物系统对象 o（孕灾环境下）相应的单个孕灾属性和取值，即

$$V(PO, Value(PO)) = V(PO_i, Value(PO_i))$$

$V(Ch, Value(Ch))$ 表示煤矿事故应急活动基元 ca 的活动结果属性集及其取值，$V(Ch_i, Value(Ch_i))$ 表示煤矿事故应急活动基元 ca 的单个活动结果属性要素及其取值，其逻辑描述如式(4.32)所示。

(3) 式(4.29c)表示煤矿事故应急活动基元 ca 对煤矿客观事物系统对象 o 灾害损失的影响函数

$$f_{CD}(CH, DO) = 0 \qquad (4.34)$$

表示煤矿事故应急活动基元 ca 的活动结果属性 CH 与煤矿客观事物系统对象 o 的受损属性 DO 的影响关系，我们可以理解为煤矿事故应急活动基元 ca 对煤矿客观事物系统对象 o 减小的破坏，在 f_{CD} 中，CH 为输入属性，DO 为输出属性，即 $CH \in A_{caor}^I$，$DO \in A_{caor}^O$，对应的逻辑表达为

$$V(CH, Value(CH)) \rightarrow V(DO, Value(DO))$$

其中，$V(DO, Value(DO))$ 表示煤矿客观事物系统对象 o（承灾载体）相应的单个受损属性要素及其取值，即

$$V(DO, Value(DO)) = V(DO_i, Value(DO_i))$$

$V(CH, Value(CH))$ 表示煤矿事故应急活动基元 ca 的活动结果属性集及其取值，$V(CH_i, Value(CH_i))$ 表示煤矿事故应急活动基元 ca 的单个活动结果属性要素及其取值，其逻辑描述如式(4.32)所示。

(4) 式(4.30)表示煤矿客观事物系统对象 o 对煤矿事故应急活动基元 ca

操作的指导函数

$$f_{BO}(BO, PO, DO, OP) = 0$$

表示煤矿客观事物系统对象 o 的基本属性 BO、孕灾属性 PO 和受损属性 DO 作为煤矿事故应急活动基元 ca 操作的指导因素，这三个属性影响煤矿事故应急活动基元 ca 的操作 OP 的选取，在 f_{BO} 中，BO、PO、DO 为输入属性，OP 为输出属性，即 BO，PO，DO $\in A_{caor}^I$，OP $\in A_{caor}^O$，对应的逻辑表达为

$$(V(BO, Value(BO)) \land V(PO, Value(PO)) \land V(DO, Value(DO))) \to V(OP,$$
Value(OP))

$$(V(BO, Value(BO)) \lor V(PO, Value(PO)) \lor V(DO, Value(DO))) \to V(OP,$$
Value(OP))

其中，$V(OP, Value(OP)$ 是煤矿事故应急活动基元 ca 的操作属性要素及其取值，有

$$V(OP, Value(OP) = V(OP_i, Value(OP_i))$$

$V(BO, Value(BO))$ 表示煤矿客观事物系统对象 o 的基本属性要素及其取值的复合，其逻辑描述如式 (4.23) 所示。其中 $V(BO_i, Value(BO_i))$ 表示煤矿客观事物（承灾载体）对象 o 的单个基本属性要素及其取值。此种情况下，当 $n>1$ 时，式 (4.23a) 表示煤矿客观事物（承灾载体）对象多个基本属性共同对煤矿事故应急活动基元事件的选择指导作用；式 (4.23b) 表示在煤矿客观事物（承灾载体）对象的一个基本属性就能对煤矿事故应急活动基元操作选择起指导作用；式 (4.23c) 为上述两种情况的多种组合。

$V(PO, Value(PO))$ 表示煤矿客观事物系统对象的孕灾属性要素及其取值的复合，其逻辑描述如式 (4.24) 所示。

$V(DO, Value(DO))$ 表示煤矿客观事物系统的损失属性要素及其取值的复合，其表示形式与 $V(BO, Value(BO))$、$V(PO, Value(PO))$ 一致。

4.7.2 煤矿事故应急活动知识元与煤矿客观事物系统知识元的关系

前面基于知识元的角度来讨论煤矿事故应急活动基元与煤矿客观事物系统对象之间的关联关系，其包括：煤矿事故应急活动基元对煤矿客观事物系统对象的作用关系，分为改变抗灾性作用、改变孕灾性作用、减小损失作用，煤矿客观事物系统对象对煤矿事故应急活动基元的反作用关系，对操作选择

起指导作用。在此基础上加以抽象得出煤矿事故应急活动知识元跟煤矿客观事物系统知识元的关系。

前面讨论应急管理活动基元和煤矿客观事物系统对象的关系时，把它们分别描述成对应的知识元，于是煤矿事故应急活动知识元(记为 K_{ca}^{ca})与煤矿客观事物系统知识元(记为 K_o^o)的关系如下。

1) K_{ca}^{ca} 对 K_o^o 的作用关系

若 K_{ca}^{ca} 所描述的活动基元 ca 对 K_o^o 所描述的对象 o 有作用，那么 K_{ca}^{ca} 对 K_o^o 有作用关系，又可分为以下三种情况。

(1) K_{ca}^{ca} 对 K_o^o 改变抗灾性作用。

K_{ca}^{ca} 对 K_o^o 改变抗灾性作用主要表现为在 K_{ca}^{ca} 对应的 ca 的活动结果作用下，K_o^o 对应的对象 o 的抗灾属性发生变化。

(2) K_{ca}^{ca} 对 K_o^o 改变孕灾性作用。

K_{ca}^{ca} 对 K_o^o 改变孕灾性作用主要表现为在 K_{ca}^{ca} 对应的 ca 的活动结果的作用下，K_o^o 对应的对象 o 的孕灾属性发生变化。

(3) K_{ca}^{ca} 对 K_o^o 减小损失作用。

K_{ca}^{ca} 对 K_o^o 减小损失作用主要表现为在 K_{ca}^{ca} 对应的 ca 的活动结果作用下，K_o^o 对应的对象 o 的受损属性的影响，起到减小损失的作用。

2) K_o^o 对 K_{ca}^{ca} 的反作用关系

若 K_o^o 所描述的对象 o 对 K_{ca}^{ca} 所描述的活动基元 ca 有作用，那么 K_o^o 对 K_{ca}^{ca} 有反作用关系。

其情况表现为：K_o^o 对 K_{ca}^{ca} 的指导作用主要表现为 K_o^o 对应的对象 o 的基本属性、孕灾属性、受损属性对 K_{ca}^{ca} 对应的活动基元 ca 操作属性选择时起指导作用。

4.8 煤矿事故知识元与煤矿事故应急活动知识元的关系讨论

本节将从知识元的角度来描述煤矿事故与煤矿事故应急活动之间的关系，抽象出应急活动知识元跟事故知识元间的关系。

4.8.1　煤矿事故基元事件与煤矿事故应急活动基元间关系

王涛在文献[190]中认为应急管理是政府和一些机构对突发事件进行的一系列干预活动。它在对突发事件的处置过程中能降低其危害性[203]，于是煤矿事故和煤矿事故应急活动间有关系。

假设 E 表示一煤矿事故，CA 表示对其进行的应急管理活动，E 由若干煤矿事故基元事件组成，其中这些基元事件不可再分，记为 $E=\{E_1, E_2, E_3, \cdots, E_n\}$，CA 由若干煤矿事故应急活动基元组成，其中它们是不可再分的，记为 $CA=\{CA_1, CA_2, CA_3, \cdots, CA_n\}$，那么 E_i 和 CA_i，$1 \leqslant i \leqslant n$ 可分别用 4.4.2 节和 4.5.2 节中的知识元模型来描述。其属性状态集分别为 $A_{Ei} = BE_i \cup SE_i \cup IE_i$，$A_{CAi} = OP_i \cup SU_i \cup OB_i \cup CR_i \cup T_i \cup V_i \cup ST_i \cup CH_i$。

用 R_{ECA} 来表示煤矿事故 E 与对其进行干预的煤矿事故应急管理活动 CA 之间的关联关系集，基于文献[9]中的知识元模型，对于 $\forall ecar \in R_{ECA}$ 有

$$K_{ecar} = (p_{ecar}, A_{ecar}^I, A_{ecar}^O, f_{ecar}) \tag{4.35}$$

式 (4.35) 表示煤矿事故基元事件 e 与煤矿事故应急活动基元 ca 的属性关系的共有知识结构。p_{ecar} 为映射属性描述；A_{ecar}^I 为 car 的输入属性；A_{ecar}^O 为 car 的输出属性，f_{ecar} 表示 e 与 ca 关系的具体函数表达。

从煤矿事故基元与煤矿事故应急活动基元关系的分类看，将其关系函数 $f_{ecar}=0$ 定义为

$$f_{ecar} = \begin{cases} f(e \to ca) = 0 & \text{(4.36a)} \\ f(ca \to e) = 0 & \text{(4.36b)} \end{cases}$$

式 (4.36a) 表示煤矿事故基元事件 e 对应急活动基元 ca 的作用函数，式 (4.36b) 表示煤矿事故应急活动基元 ca 对基元事件 e 的反作用函数。下面从属性层对式 (4.36) 进行定义。

煤矿事故基元事件 e 对煤矿事故应急活动基元 ca 的作用关系函数 $f(e \to ca) = 0$，定义如下

$$f(e \to ca) = \begin{cases} f_{SC}(SE, CR, CH) = 0 & \text{(4.37a)} \\ f_{SO}(SE, OP) = 0 & \text{(4.37b)} \end{cases}$$

煤矿事故应急活动基元 ca 对煤矿事故基元事件 e 的反作用函数 $f(ca \to e) = 0$，定义为

$$f(ca \to e) = \begin{cases} f_{CS}(OB, CH, SE) = 0 & \text{(4.38a)} \\ f_{CI}(OB, CH, IE) = 0 & \text{(4.38b)} \end{cases}$$

下面进行详细描述。

这里借鉴文献[171]和文献[202]中的方法对要素关系用谓词逻辑进行定性表示，其中用 $V(x, \text{Value}(x))$ 表示 x 的取值为 $\text{Value}(x)$，x 要么为属性，要么为属性集。

(1) 式(4.37a)表示煤矿事故基元事件 e 对应急活动基元 ca 的决定性作用函数

$$f_{\text{SC}}(\text{SE, CR, CH}) = 0 \qquad\qquad (4.39)$$

即煤矿事故基元事件 e 特有属性(煤矿事故发展变化表现出来的特有属性)对应急活动的决定性作用关系，其表现为由基元事件 e 的特有属性 SE 决定应急活动基元 ca 的活动约束属性 CR 与活动结果属性 CH。在 f_{SC} 中，SE、CR 为输入属性，CH 为输出属性，即 $\text{SE} \in A_{\text{ecar}}^{\text{I}}$，$\text{CR} \in A_{\text{ecar}}^{\text{I}}$，$\text{CH} \in A_{\text{ecar}}^{\text{O}}$，其对应的逻辑表达为

$$V(\text{SE, Value(SE)}) \wedge V(\text{CR, Vlaue(CR)}) \rightarrow V(\text{CH, Value(CH)})$$

其中，$V(\text{CR,Value(CR)})$ 表示煤矿事故应急活动基元对应的单个活动约束属性要素及取值，即

$$V(\text{CR,Value(CR)}) = V(\text{CR}_i,\text{Value(CR}_i))$$

$V(\text{CH,Value(CH)})$ 表示煤矿事故应急活动基元的单个活动结果属性要素及取值，即

$$V(\text{CH,Value(CH)}) = V(\text{CH}_i,\text{Value(CH}_i))$$

$V(\text{SE,Value(SE)})$ 表示煤矿事故基元事件的特有属性及其取值的复合，$V(\text{SE}_i,\text{Value(SE}_i))$ 表示煤矿事故基元事件的单个特有属性要素及其取值，其逻辑描述如式(4.20)所示。此情况下，当 $n>1$ 时，式(4.20a)表示煤矿事故基元事件 e 的多个特有属性 SE_1，SE_2，…，SE_n 共同对煤矿事故应急活动起决定作用，式(4.20b)表示煤矿事故基元事件 e 中的某个特有属性 SE_i 就可以对应急活动起决定作用，式(4.20c)表示前两种情况的多个组合情况。

(2) 式(4.37b)表示煤矿事故基元事件对煤矿事故应急活动基元影响操作作用函数

$$f_{\text{SO}}(\text{SE, OP}) = 0 \qquad\qquad (4.40)$$

即煤矿事故基元事件 e 的特有属性 SE 对应急活动基元 ca 的操作属性作用关系，主要表现为煤矿事故基元事件 e 的特有属性 SE 对应急活动基元 ca 的操作

属性 OP 影响其选取，在 f_{SO} 中，SE 为输入属性，OP 为输出属性，即 $SE \in A_{ecar}^{I}$，$OP \in A_{ecar}^{O}$，其对应逻辑表达为

$$V(SE, Value(SE)) \rightarrow V(OP, Value(OP))$$

其中，$V(OP, Value(OP))$ 表示煤矿事故应急活动基元对应的操作属性要素及其取值，即

$$V(OP, Value(OP)) = V(OP_i, Value(OP_i))$$

$V(SE, Value(SE))$ 表示煤矿事故基元事件的特有属性及其取值的复合，其中，$V(SE_i, Value(SE_i))$ 表示煤矿事故基元事件的单个特有属性要素及其取值，其逻辑描述如式(4.20)所示。此情况下，当 $n>1$ 时，式(4.20a)表示煤矿事故基元事件 e 的多个特有属性 SE_1，SE_2，$\cdots$，SE_n 共同对煤矿事故应急活动操作选择起作用，式(4.20b)表示煤矿事故基元事件 e 中的某个特有属性 SE_i 就可以对应急活动操作选择起作用，式(4.20c)表示前两种情况的多个组合情况。

（3）式(4.38a)表示煤矿事故应急活动基元 ca 对煤矿事故基元事件 e 加剧或减缓作用函数

$$f_{CS}(OB, CH, SE) = 0 \tag{4.41}$$

表示煤矿事故应急活动基元 ca 的活动对象属性 OB、活动结果(引起的客观事物状态变化)属性 CH 作为煤矿事故基元事件 e 的应对实施因素，这两个属性会影响煤矿事故基元事件 e 的特有属性 SE 的改变，具体表现为煤矿事故应急活动的活动对象、活动引起其他事物的变化集会对煤矿事故基元事件发展变化在一定程度上起到阻碍或促进作用，在 f_{CS} 中，OB、CH 为输入属性，SE 为输出属性，即 $OB, CH \in A_{ecar}^{I}$，$SE \in A_{ecar}^{O}$，其对应的逻辑表达为

$$(V(OB, Value(OB)) \wedge V(CH, Value(CH))) \rightarrow V(SE, Value(SE))$$

$$(V(OB, Value(OB)) \vee V(CH, Value(CH))) \rightarrow V(SE, Value(SE))$$

其中，$V(SE, Value(SE))$ 为煤矿事故基元事件的单个特有属性要素及其取值，有

$$V(SE, Value(SE)) = V(SE_i, Value(SE_i))$$

$V(OB, Value(OB))$ 表示煤矿事故应急活动基元的单个活动对象属性要素及其取值，即

$$V(OB, Value(OB)) = V(OB_i, Value(OB_i))$$

$V(CH, Value(CH))$ 表示煤矿事故应急活动基元产生的活动结果属性要素

及其取值的复合，$V(CH_i, Value(CH_i))$ 表示煤矿事故应急活动基元产生的单个活动结果属性要素及其取值，其逻辑描述如式(4.32)所示。此情况下，当 $n>1$ 时，式(4.32a)表示煤矿事故应急活动基元 ca 的多个活动输出属性 CH_1，CH_2，…，CH_n 共同影响煤矿事故基元事件，使其损失发生变化，式(4.32b)表示应急活动基元 ca 中的至少某个活动结果属性 CH_i 影响煤矿事故基元事件，使其损失发生变化，式(4.32c)表示前两种情况的多个组合情况。

(4) 式(4.38b)表示煤矿事故应急活动基元 ca 对煤矿事故基元事件 e 影响损失作用函数

$$f_{CI}(OB, CH, IE) = 0 \qquad (4.42)$$

表示煤矿事故应急活动基元 ca 对基元事件 e 的影响作用关系，具体体现为煤矿事故应急活动基元 ca 的活动对象属性 OB 与活动结果(引起的客观事物状态变化)属性 CH 对基元事件 e 影响属性 IE 起到的作用。另外，该作用关系可能会对煤矿事故基元事件 e 造成的损失起到一定程度的增强或减弱作用，在 f_{CI} 中，OB、CH 为输入属性，IE 为输出属性，即 $OB, CH \in A_{ecar}^I$，$IE \in A_{ecar}^O$，其对应的逻辑表达为

$$(V(OB, Value(OB)) \wedge V(CH, Value(CH))) \rightarrow V(IE, Value(IE))$$

$$(V(OB, Value(OB)) \vee V(CH, Value(CH))) \rightarrow V(IE, Value(IE))$$

其中，$V(IE, Value(IE))$ 表示煤矿事故基元事件的单个影响属性要素及其取值，有

$$V(IE, Value(IE)) = V(IE_i, Value(IE_i))$$

$V(OB, Value(OB))$ 表示煤矿事故应急活动基元 ca 的单个活动客体(操作对象)属性要素及其取值，有

$$V(OB, Value(OB)) = V(OB_i, Value(OB_i))$$

$V(CH, Value(CH))$ 表示煤矿事故应急活动基元产生的活动结果属性要素及其取值的复合，$V(CH_i, Value(CH_i))$ 表示煤矿事故应急活动基元产生的单个活动结果属性要素及其取值，其逻辑描述如式(4.32)所示。此情况下，当 $n>1$ 时，式(4.32a)表示煤矿事故应急活动基元 ca 的多个活动输出属性 CH_1，CH_2，…，CH_n 共同影响煤矿事故基元事件，式(4.32b)表示应急活动基元 ca 中的至少某个活动结果属性 CH_i 影响煤矿事故基元事件，式(4.32c)表示前两种情况的多个组合情况。

4.8.2　煤矿事故知识元与煤矿事故应急活动知识元的关系

前面基于知识元的角度来讨论煤矿事故基元事件与煤矿事故应急活动基元之间的关联关系，其包括：煤矿事故基元事件对煤矿事故应急活动基元的作用关系，作用关系分为决定作用、影响操作作用，煤矿事故应急活动基元对煤矿事故基元事件的反作用关系，分为加剧或减缓作用、减少损失作用。下面在此基础上加以抽象得出煤矿事故知识元与煤矿事故应急活动知识元的关联关系。

前面讨论煤矿事故基元事件和应急管理活动基元之间的关系时，把它们描述成对应的知识元，于是煤矿事故知识元（记为 K_e^e）与煤矿事故应急活动知识元（记为 K_{ca}^{ca}）的关系如下。

1）K_e^e 对 K_{ca}^{ca} 的作用关系

若 K_e^e 所描述的基元事件 e 对 K_{ca}^{ca} 所描述的活动基元 ca 有作用，那么 K_e^e 对 K_{ca}^{ca} 有作用关系，又可分为以下两种情况。

（1）K_e^e 对 K_{ca}^{ca} 的决定作用。

K_e^e 对 K_{ca}^{ca} 的决定作用主要表现为 K_e^e 对应的基元事件 e 的特有属性对 K_{ca}^{ca} 对应的活动基元 ca 活动结果的影响。

（2）K_e^e 对 K_{ca}^{ca} 的操作影响。

K_e^e 对 K_{ca}^{ca} 的操作影响主要表现为 K_e^e 所描述的基元事件 e 的特有属性对 K_{ca}^{ca} 所描述的活动基元 ca 操作属性的影响。

2）K_{ca}^{ca} 对 K_e^e 的反作用关系

若 K_{ca}^{ca} 对应的活动基元 ca 对 K_e^e 对应的基元事件 e 有反作用，那么 K_{ca}^{ca} 对 K_e^e 有反作用关系，有以下两种情况。

（1）K_{ca}^{ca} 对 K_e^e 的加剧或减缓作用。

K_{ca}^{ca} 对 K_e^e 的加剧或减缓作用主要表现为 K_{ca}^{ca} 对应的活动基元 ca 操作和活动输出对 K_e^e 对应的基元事件 e 的特有属性的影响，即对基元事件 e 起到加剧或减缓作用。

（2）K_{ca}^{ca} 对 K_e^e 的影响损失作用。

K_{ca}^{ca} 对 K_e^e 的影响损失作用主要表现为 K_{ca}^{ca} 对应的活动基元 ca 操作和活动输出对 K_e^e 对应的基元事件 e 的影响属性的作用，即起到增加或减少损失的作用。

4.9 实例验证

本节以 2·14 阜新海州瓦斯爆炸事故为例，以构建的知识元模型来提取煤矿客观事物系统知识、煤矿事故知识元、煤矿事故应急活动知识元和关系进行验证。提取的知识元如表 4.6 所示。

表 4.6 2·14 阜新海州瓦斯爆炸事故知识元相关知识元

知识元名称	知识元元组表达
设施	设施{基本属性：编号，名称，位置，长，宽，高，抗灾属性：材料，抗震等级，孕灾属性：温度，气体浓度，湿度，受灾属性：损毁情况}
巷道	巷道{基本属性：编号，名称，位置，长度，径宽，高度，抗灾属性：结构材料，防震等级，孕灾属性：温度，瓦斯浓度，受灾属性：受损情况}
掘进工作面	掘进工作面{基本属性：编号，名称，位置，长度，径宽，高度，抗灾属性：开采方式，防护措施，孕灾属性：温度，瓦斯浓度，受灾属性：受损情况}
人	人{身份证号，姓名，性别，出生年月，工作年限，职称，籍贯}
矿工	矿工{工号，姓名，性别，出生年月，工作年限，职称，籍贯，是否伤亡}
煤矿事故	煤矿事故{基本属性：事故名称，事故级别，发生时间，发生地点，事故状态，发生单位，行动方案，事故简况，影响属性：死亡人数，受伤人数，失踪人数，直接经济损失}
瓦斯事故	瓦斯事故{基本属性：事故名称，事故级别，发生时间，发生地点，事故状态，发生单位，行动方案，事故简况，特有属性：瓦斯浓度，瓦斯防止情况，通风系统情况，影响属性：死亡人数，受伤人数，失踪人数，直接经济损失}
瓦斯爆炸	瓦斯爆炸{基本属性：事故名称，事故级别，时间，地点，事故状态，发生单位，行动方案，事故简况，特有属性：瓦斯浓度，爆炸火源，通风系统情况，影响属性：死亡人数，受伤人数，失踪人数，直接经济损失}
冲击地压	冲击地压{基本属性：事故名称，事故级别，发生时间，发生地点，事故状态，发生单位，行动方案，事故简况，特有属性：压力大小，瓦斯涌出量，煤岩涌出量，影响属性：死亡人数，受伤人数，失踪人数，直接经济损失}
应急活动	应急活动{活动时间，活动地点，操作，活动主体，活动客体，约束集，活动结果，活动状态}
带电检修保护装置	带电检修保护装置{发生时间，发生地点，带电检修，矿工，保护装置，井下规定，引爆瓦斯，发生}
预测预警	预测预警{发生时间，发生地点，监测报警，相关设备及人，各种预测值，设备及相关条件限制，监测及告警信息，常态}
恢复巷道	恢复巷道{发生时间，发生地点，修筑，相关人员，巷道，损坏程度及修复要求，巷道正常，活动状态}
应急处置	应急处置{发生时间，发生地点，处置，相关人员，煤矿事故，处置约束条件，煤矿事故被处理，处置完毕}
启动预案	启动预案{发生时间，发生地点，启动，相关人员，应急预案，预案的条件因素，事故被采取措施处置，启动完毕}

抽取的知识元间关系描述如表 4.7 所示。

表 4.7　2·14 阜新海州瓦斯爆炸事故相关知识元间关系

关系名称	关系前件	关系后件
继承	人	煤矿事故客观事物
继承	设施	煤矿事故客观事物
继承	矿工	人
继承	巷道	设施
继承	掘进工作面	设施
位置关系	巷道	掘进工作面
继承	瓦斯事故	煤矿事故
继承	瓦斯爆炸	瓦斯事故
时序关系	冲击地压	瓦斯爆炸
继承	预测预警	应急活动
继承	启动应急预案	应急活动
继承	应急处置	应急活动
继承	恢复巷道	应急活动
继承	带电检修保护装置	应急活动
触发关系	带电检修保护装置	瓦斯爆炸
影响作用关系	巷道	瓦斯爆炸
破坏关系	瓦斯爆炸	矿工
破坏关系	瓦斯爆炸	巷道
破坏关系	冲击地压	巷道
增强孕灾性	冲击地压	巷道
减少灾害损失	预测预警	瓦斯爆炸
减少灾害损失	应急处置	瓦斯爆炸
起决定性作用	瓦斯爆炸	启动应急预案
增强抗灾性	恢复巷道	巷道
起参考作用	巷道	应急处置

2·14 阜新海州瓦斯爆炸案例相关知识元及其关系用 Protégé 编辑器进行编辑推理并用图形插件显示如图 4.19 所示。

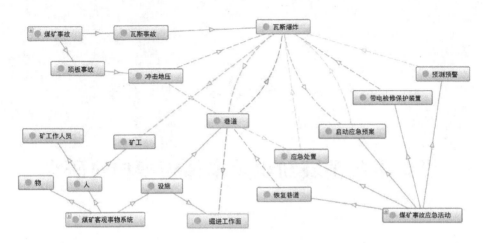

图 4.19　煤矿事故相关知识元及其关系（以阜新海州瓦斯事故为例）

　　以上通过所构建的煤矿事故领域知识元模型来对 2·14 阜新海州瓦斯爆炸事故涉及的事故本身、事故发生的客观事物系统环境、应急活动的相关知识、信息进行描述，能够把相关知识、信息及其关系很好地刻画出来。

4.10　本章小结

　　本章首先讨论了煤矿事故分类及其特征，然后分析了煤矿事故的内外环境和主要构成，煤矿事故涉及煤矿事故本身、周围的客观事物系统环境以及人的应急管理活动，依据系统论思想把煤矿事故、煤矿客观事物系统、煤矿事故应急管理活动进行细分，分到管理学范畴下不可再分为止，分别提出煤矿事故基元事件、煤矿事故应急活动基元概念，然后分别抽取煤矿事故基元事件、煤矿客观事物对象、煤矿应急活动基元对应的属性要素及其关系，基于共性知识元模型分别建立煤矿客观事物系统知识元、煤矿事故知识元、煤矿事故应急活动知识元的模型，讨论了知识元模型知识元表达的完备情况，并对知识元间的关系进行了讨论。

第5章

煤矿事故领域知识元本体模型构建研究

为了实现对知识元的组织和查询检索，本章首先根据煤矿事故领域概念分类体系及构建的相关知识元，基于本体论构建煤矿事故领域知识元本体模型，接着对其包含的煤矿客观事物系统知识元本体、煤矿事故知识元本体、煤矿事故应急活动知识元本体基于树型结构进行构建及语义描述，最后采用本体开发工具对建立的知识元本体进行构建实现及推理研究。

本体概念结构层次清晰，支持逻辑推理，能实现知识共享和复用，研究人员已对本体在知识管理领域的理论及应用进行了深入和广泛的研究，应急领域采用本体构建知识能把隐性知识很好地表达、清除人员间对知识的不同理解而形成的异构，达到信息共享与业务协同的目的[204]。知识元本体就是用本体的方法来对知识元进行组织和表示，以便构建描述粒度为知识元共享单元的知识库[205]。本书针对煤矿事故领域引入本体方法，通过对该领域中的相关知识元所对应的概念、知识元所对应的属性、知识元间所带有的关系等进行规范化描述，构建煤矿事故领域知识元体系，进而实现煤矿事故领域的知识建模。

5.1 煤矿事故领域知识元本体

针对煤矿事故领域，抽取其中的知识元、知识元结构和公理约束，用本体来对其进行描述，形成对应的知识元本体，本书提出的知识元本体模型如图 5.1 所示。

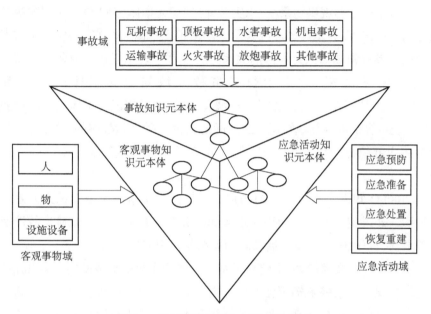

图 5.1　煤矿事故领域知识元本体模型

煤矿事故领域知识元本体(coal emergerncy knowledge element ontology，CEKEO)由客观事物知识元本体(object knowledge element ontology，OKEO)、事故知识元本体(event knowledge element ontology，EKEO)、应急活动知识元本体(activity knowledge element ontology，AKEO)组成。

5.2　煤矿事故领域知识元本体模型

5.2.1　煤矿事故领域知识元本体的形式化

CEKEO 就是煤矿事故相关知识元的本体表示，本体表示既要考虑煤矿事故领域不同知识元对应概念的领域性、相关概念的多样性语义关联，又要考虑不同知识元间的约束关系。本书对煤矿事故领域知识元本体 CEKEO 的定义如下。

定义 5.1　煤矿事故领域知识元本体可以定义为三元组

$$CEKEO = (KEM^{CEKEO}, \ R^{CEKEO}, \ L^{CEKEO}) \tag{5.1}$$

其中，$KEM^{CEKEO} = OKEO \cup EKEO \cup AKEO$ 表示煤矿事故领域知识元本体集，OKEO 表示煤矿客观事物系统 (承灾载体) 知识元本体，EKEO 表示煤矿事故知识元本体，AKEO 表示煤矿事故应急活动知识元本体；$R^{CEKEO} = R_I^{CEKEO} \cup R_O^{CEKEO}$ 表示煤矿事故领域知识元本体的关系集，R_I^{CEKEO} 表示煤矿事故领域知识元本体内部关系，R_O^{CEKEO} 表示煤矿事故领域知识元本体间的关系；$L^{CEKEO} = L_A^{CEKEO} \cup L_I^{CEKEO} \cup L_O^{CEKEO}$ 表示煤矿事故领域知识元本体间的约束集，L_A^{CEKEO} 表示煤矿事故领域知识元属性间的约束，L_I^{CEKEO} 表示煤矿事故领域知识元本体内部概念间的约束，L_O^{CEKEO} 表示煤矿事故领域知识元本体间存在的约束。

CEKEO 知识元本体从不同的角度来描述煤矿事故领域知识元体系对应的知识，通过包含的三种知识元本体间的关系及约束来表示煤矿事故涉及的客观事物、事故本身、应急活动间的关系及作用信息。

王洪伟等在文献[206]中建立了基于本体的元数据扩展模型，本书在此基础上结合煤矿事故领域知识元的构建情况和领域知识构建模型、查询获取的需求，分别建立煤矿客观事物系统知识元本体、事故知识元本体、应急活动知识元本体。

5.2.2 煤矿客观事物系统知识元本体

煤矿客观事物系统知识元本体是利用本体来表达煤矿客观事物系统知识元组成要素及其间关系的模型。基于元数据扩展模型，结合对煤矿客观事物系统知识元组织和查询检索的实际需求进行如下定义。

定义 5.2 煤矿客观事物系统知识元本体可以表示为

$$OKEO = (C^{OKEO}, \ A^{OKEO}, \ R^{OKEO}, \ I^{OKEO}, \ C_D^{OKEO}, \ I_D^{OKEO}, \ S_F^{OKEO}, \ L^{OKEO}) \tag{5.2}$$

其中，C^{OKEO} 表示煤矿客观事物系统知识元对应概念集，由知识元所描述的对象概念名称组成；A^{OKEO} 表示煤矿客观事物系统知识元的属性集合，为其特性，如名称、长度、高、质量等；R^{OKEO} 表示煤矿客观事物系统知识元关系集，包括相关知识元间的关系、相关知识元和其属性间的关系；$R^{OKEO} \subset R_I^{CEKEO}$；$I^{OKEO}$ 表示知识元实例集；C_D^{OKEO} 表示知识元对应概念定义集；I_D^{OKEO} 表示实例声明集；S_F^{OKEO} 表示属性分配集；L^{OKEO} 表示煤矿客观事物系统知识元间的关联约束集，描述其属性值方面的约束或基数方面的约束，$L^{OKEO} \subset L_1^{CEKEO}$。

煤矿客观事物概念组成如图 5.2 所示。

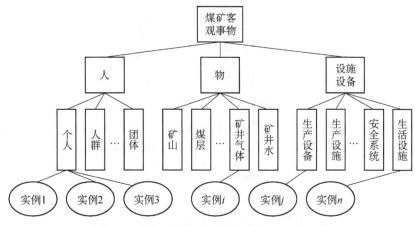

图 5.2　煤矿客观事物概念体系

基于煤矿客观事物概念体系，再根据文献[197]中各类知识元按树型结构形成知识元体系思想，于是煤矿事故客观事物范围中，客观事物系统知识元可分为对应的子类知识元，父类知识元的属性被子类知识元所拥有，子类知识元再扩充其特有属性，以此类推，构成一个描述煤矿客观事物知识结构和特征的树型结构的知识元体系，如图 5.3 所示。

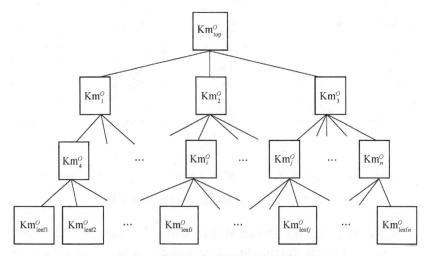

图 5.3　煤矿客观事物系统知识元体系

由上述煤矿客观事物系统知识元体系,借鉴文献[207]建立本体的思想,我们基于树型结构来构建煤矿客观事物系统知识元本体,用图示法表示如图 5.4 所示。

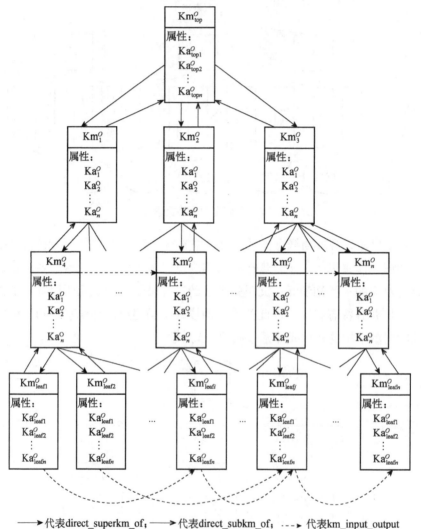

图 5.4 煤矿客观事物系统知识元本体结构

在基于树型结构的煤矿客观事物系统知识元本体结构中,父类知识元对应的概念包含子类知识元对应的概念,父类知识元的属性被子类知识元继承,如知识元人与知识元个人的关系,人包含个人、人群等,人的属性被个人继承，从而在煤矿客观事物系统知识元本体中实现知识共享和复用。

依据煤矿客观事物知识元本体的定义和其树型结构模型，我们建立煤矿客观事物系统知识元本体语义模型如下

OKEO=<{ Km^O , Km^O_{top} , Km^O_{super} , Km^O_{sub} , Km^O_{leaf} }, {direct_superkm_of, all_superkms_of, direct_subkm_of, all_subkms_of, km_input_output}, { Ka^O_{top1} , Ka^O_{top2} , $\cdots$, Ka^O_{topn} , Ka^O_1 , Ka^O_2 , $\cdots$, Ka^O_n , Ka^O_{super1} , Ka^O_{super2} , $\cdots$, Ka^O_{supern} , Ka^O_{sub1} , Ka^O_{sub2} , $\cdots$, Ka^O_{subn} , Ka^O_{leaf1} , Ka^O_{leaf2} , $\cdots$, Ka^O_{leafn} }, {exKm_{top}, exKm_1 , exKm_2 , $\cdots$, exKm_n , exKm_{super}, exKm_{sub}, exKm_{leaf1}, exKm_{leaf2}, $\cdots$, exKm_{leafn} }, { Km^O_{top} = Km^O ⊓=0direct_superkm_of⊓≥1direct_subkm_of⊓=0all_superk-ms_of ⊓≥1all_subkms_of, Km^O_{leaf} = Km^O ⊓=1vdirect_superkm_of⊓=0direct_subkm_of⊓=1all_superkms_of⊓=0all_subkms_of, Km^O_{super} = Km^O ⊓≥1direct_subkm_of⊓≥1all_su-bkms_of, Km^O_{sub} = Km^O ⊓=1direct_superkm_of⊓=1all_superkms_of}, { Km^O_{top} (exKm_{top}), Km^O (exKm_i), Km^O_{super} (exKm_{super}), Km^O_{sub} (exKm_{sub}), Km^O_{leaf} (exKm_{leafi}), direct_superkm_of(exKm_i, exKm_{super}), direct_subkm_of(exKm_i, exKm_{sub}), all_superkms_of(exKm_i, exKm_{super}), all_subkms_of(exKm_i, exKm_{sub}), km_input_output(exKm_i, exKm_j)}, { Km^O_{top} ⊑∀ Ka^O_{top1} . xsd：Metadatatype⊓∀ Ka^O_{top2} .xsd：Metadatatype⊓$\cdots$⊓∀ Ka^O_{topn} .xsd：Metadatatype, Km^O ⊑∀ Ka^O_1 .xsd：Metadatatype⊓∀ Ka^O_2 .xsd：Metadatatype⊓$\cdots$⊓∀ Ka^O_n . xsd：Metadatatype, Km^O_{super} ⊑∀ Ka^O_{super1} .xsd：Metadatatype⊓∀ Ka^O_{super2} .xsd： Metadatatype⊓$\cdots$⊓∀ Ka^O_{supern} .xsd：Metadatatype, Km^O_{sub} ⊑∀ Ka^O_{sub1} .xsd： Metadatatype⊓∀ Ka^O_{sub2} .xsd：Metadatatype⊓$\cdots$⊓∀ Ka^O_{subn} .xsd：Metadatatype, Km^O_{leaf} ⊑∀ Ka^O_{leaf1} .xsd：Metadatatype⊓∀ Ka^O_{leaf2} .xsd：Metadatatype⊓$\cdots$⊓∀ Ka^O_{leafn} . xsd：Metadatatype}, { Km^O_{top} ⊑ Km^O , Km^O_{super} ⊑ Km^O , Km^O_{sub} ⊑ Km^O , Km^O_{leaf} ⊑ Km^O , Km^O_{top} ⊓ Km^O_{leaf} =⊤, { Ka^O_{super1} , Ka^O_{super2} , $\cdots$, Ka^O_{supern} }⊑{ Ka^O_1 , Ka^O_2 , $\cdots$, Ka^O_n }⊑{ Ka^O_{sub1} , Ka^O_{sub2} , $\cdots$, Ka^O_{subn} }}, i , j =1, 2, $\cdots$, n , Metadatatye∈{string, decimal，etc.}>

(5.3)

其中，{ Km^O , Km^O_{top} , Km^O_{super} , Km^O_{sub} , Km^O_{leaf} }表示煤矿客观事物系统知识元集，Km^O 表示煤矿客观事物系统知识元，Km^O_{top} 表示根节点煤矿客观事物系统知识元，Km^O_{super} 表示父类煤矿客观事物系统知识元，Km^O_{sub} 表示子类煤矿

客观事物系统知识元，Km_{leaf}^{O} 表示叶节点煤矿客观事物系统知识元，以上均为知识元描述的术语。

$\{Ka_{top1}^{O}, Ka_{top2}^{O}, \cdots, Ka_{topn}^{O}, Ka_{1}^{O}, Ka_{2}^{O}, \cdots, Ka_{n}^{O}, Ka_{super1}^{O}, Ka_{super2}^{O}, \cdots,$ $Ka_{supern}^{O}, Ka_{sub1}^{O}, Ka_{sub2}^{O}, \cdots, Ka_{subn}^{O}, Ka_{leaf1}^{O}, Ka_{leaf2}^{O}, \cdots, Ka_{leafn}^{O}\}$ 表示煤矿客观事物系统知识元的属性集，$Ka_{top1}^{O}, Ka_{top2}^{O}, \cdots, Ka_{topn}^{O}$ 表示根节点煤矿客观事物系统知识元的属性，$Ka_{1}^{O}, Ka_{2}^{O}, \cdots, Ka_{n}^{O}$ 表示一个煤矿客观事物系统知识元的属性，$Ka_{super1}^{O}, Ka_{super2}^{O}, \cdots, Ka_{supern}^{O}$ 表示父类煤矿客观事物系统知识元的属性，$Ka_{sub1}^{O}, Ka_{sub2}^{O}, \cdots, Ka_{subn}^{O}$ 表示子类煤矿客观事物系统知识元的属性，$Ka_{leaf1}^{O}, Ka_{leaf2}^{O}, \cdots, Ka_{leafn}^{O}$ 表示叶子节点煤矿客观事物系统知识元的属性。

{direct_superkm_of, all_superkms_of, direct_subkm_of, all_subkms_of, km_input_output}表示煤矿客观事物系统知识元关系集。direct_superkm_of 表示直接父类知识元关系，all_superkms_of 表示所有父类知识元关系，direct_subkm_of 表示直接子类知识元关系，all_subkms_of 表示所有子类知识元关系，km_input_output 表示输入输出关系。

$\{ Km_{top}^{O} = Km^{O} \sqcap =0direct\_superkm\_of \sqcap \geq 1direct\_subkm\_of \sqcap =0all\_superkms\_of \sqcap \geq 1all\_subkms\_of,$ $Km_{leaf}^{O} = Km^{O} \sqcap =1direct\_superkm\_of \sqcap =0direct\_subkm\_of \sqcap =1all\_superkms\_of \sqcap =0all\_subkms\_of,$ $Km_{super}^{O} = Km^{O} \sqcap \geq 1direct\_subkm\_of \sqcap \geq 1all\_subkms\_of,$ $Km_{sub}^{O} = Km^{O} \sqcap =1direct\_superkm\_of \sqcap =1all\_superkms\_of\}$ 为煤矿客观事物系统知识元定义集，$Km_{top}^{O} = Km^{O} \sqcap =0direct\_superkm\_of \sqcap \geq 1 direct\_subkm\_of \sqcap =0all\_superkms\_of \sqcap \geq 1all\_subkms\_of$ 定义根节点客观事物系统知识元 Km_{top}^{O}，即表示煤矿客观事物这一知识元；$Km_{leaf}^{O} = Km^{O} \sqcap =1 direct\_superkm\_of \sqcap =0direct\_subkm\_of \sqcap =1all\_superkms\_of \sqcap =0all\_subkms\_of$ 定义叶节点客观事物系统知识元 Km_{leaf}^{O}；$Km_{super}^{O} = Km^{O} \sqcap \geq 1direct\_subkm\_of \sqcap \geq 1all\_subkms\_of$ 定义父类节点客观事物系统知识元 Km_{super}^{O}，$Km_{sub}^{O} = Km^{O} \sqcap =1direct\_superkm\_of \sqcap =1all\_superkms\_of$ 定义子类客观事物系统知识元 Km_{sub}^{O}。

$\{exKm_{top}, exKm_{1}, exKm_{2}, \cdots, exKm_{n}, exKm_{super}, exKm_{sub}, exKm_{leaf1}, exKm_{leaf2}, \cdots, exKm_{leafn}\}$ 表示煤矿客观事物系统知识元实例个体集。

$\{ Km_{top}^{O} (exKm_{top}), Km^{O} (exKm_{i}), Km_{super}^{O} (exKm_{super}), Km_{sub}^{O}$

（exKm$_{sub}$），Km$_{leaf}^{O}$（exKm$_{leafi}$），direct_superkm_of（exKm$_i$，exKm$_{super}$），direct_subkm_of（exKm$_i$，exKm$_{sub}$），all_superkms_of（exKm$_i$，exKm$_{super}$），all_subkms_of（exKm$_i$，exKm$_{sub}$），km_input_output（exKm$_i$，exKm$_j$）}表示个体声明集，包括煤矿客观事物系统知识元的个体声明、煤矿客观事物系统知识元间关系的实例声明，Km$_{top}^{O}$（exKm$_{top}$）表示 exKm$_{top}$ 是 Km$_{top}^{O}$ 的实例个体，Km^{O}（exKm$_i$）表示 exKm$_i$ 是 Km^{O} 的实例个体，Km$_{super}^{O}$（exKm$_{super}$）表示 exKm$_{super}$ 是 Km$_{super}^{O}$ 的实例个体，Km$_{sub}^{O}$（exKm$_{sub}$）表示 exKm$_{sub}$ 是 Km$_{sub}^{O}$ 的实例个体，Km$_{leaf}^{O}$（exKm$_{leafi}$）表示 exKm$_{leafi}$ 是 Km$_{leaf}^{O}$ 的实例个体，direct_superkm_of（exKm$_i$，exKm$_{super}$）、direct_subkm_of（exKm$_i$，exKm$_{sub}$）、all_superkms_of（exKm$_i$，exKm$_{super}$）、all_subkms_of（exKm$_i$，exKm$_{sub}$）、km_input_output（exKm$_i$，exKm$_j$）为关系实例声明。

属性分配集是将知识元的属性分配给相应的知识元，描述为

$$S_F^{OKEO} = \{ Km_1^O \sqsubseteq D_{11} \sqcap D_{12} \sqcap \cdots \sqcap D_{1m_1}, Km_2^O \sqsubseteq D_{21} \sqcap D_{22} \sqcap \cdots \sqcap D_{2m_2}, \cdots, Km_n^O \sqsubseteq D_{n1} \sqcap D_{n2} \sqcap \cdots \sqcap D_{nm_n} \}$$

其中，Km$_i^O$ 为煤矿客观事物系统知识元；D_i 为其属性类型。

Km$_{top}^{O} \sqsubseteq \forall$ Ka$_{top1}^{O}$.xsd：Metadatatype$\sqcap \forall$ Ka$_{top2}^{O}$.xsd：Metadatatype$\sqcap \cdots \sqcap \forall$ Ka$_{topn}^{O}$.xsd：Metadatatype，表示根节点煤矿客观事物系统知识元 Km$_{top}^{O}$ 有属性 Ka$_{top1}^{O}$，Ka$_{top2}^{O}$，$\cdots$，Ka$_{topn}^{O}$。

Km$^{O} \sqsubseteq \forall$ Ka$_1^{O}$.xsd：Metadatatype$\sqcap \forall$ Ka$_2^{O}$.xsd：Metadatatype$\sqcap \cdots \sqcap \forall$ Ka$_n^{O}$.xsd：Metadatatype，表示煤矿客观事物系统知识元 Km^{O} 有属性 Ka$_1^{O}$，Ka$_2^{O}$，$\cdots$，Ka$_n^{O}$。

Km$_{super}^{O} \sqsubseteq \forall$ Ka$_{super1}^{O}$.xsd：Metadatatype$\sqcap \forall$ Ka$_{super2}^{O}$.xsd：Metadatatype$\sqcap \cdots \sqcap \forall$ Ka$_{supern}^{O}$.xsd：Metadatatype，表示父类煤矿客观事物系统知识元 Km$_{super}^{O}$ 有属性 Ka$_{super1}^{O}$，Ka$_{super2}^{O}$，$\cdots$，Ka$_{supern}^{O}$。

Km$_{sub}^{O} \sqsubseteq \forall$ Ka$_{sub1}^{O}$.xsd：Metadatatype$\sqcap \forall$ Ka$_{sub2}^{O}$.xsd：Metadatatype$\sqcap \cdots \sqcap \forall$ Ka$_{subn}^{O}$.xsd：Metadatatype，表示子类煤矿客观事物系统知识元 Km$_{sub}^{O}$ 有属性 Ka$_{sub1}^{O}$，Ka$_{sub2}^{O}$，$\cdots$，Ka$_{subn}^{O}$。

Km$_{leaf}^{O} \sqsubseteq \forall$ Ka$_{leaf1}^{O}$.xsd：Metadatatype$\sqcap \forall$ Ka$_{leaf2}^{O}$.xsd：Metadatatype$\sqcap \cdots \sqcap \forall$ Ka$_{leafn}^{O}$.xsd：Metadatatype，表示叶节点煤矿客观事物系统知识元 Km$_{leaf}^{O}$ 有属

性 $\text{Ka}_{\text{leaf1}}^O$，$\text{Ka}_{\text{leaf2}}^O$，$\cdots$，$\text{Ka}_{\text{leaf}n}^O$。

煤矿客观事物系统知识元约束集包括包含、等价、不相交。

$\text{Km}_{\text{top}}^O \sqsubseteq \text{Km}^O$ 表示 Km_{top}^O 包含于 Km^O，$\text{Km}_{\text{super}}^O \sqsubseteq \text{Km}^O$ 表示 $\text{Km}_{\text{super}}^O$ 包含于 Km^O，$\text{Km}_{\text{sub}}^O \sqsubseteq \text{Km}^O$ 表示 Km_{sub}^O 包含于 Km^O，$\text{Km}_{\text{leaf}}^O \sqsubseteq \text{Km}^O$ 表示 $\text{Km}_{\text{leaf}}^O$ 包含于 Km^O，$\text{Km}_{\text{top}}^O \sqcap \text{Km}_{\text{leaf}}^O = \top$ 表示两者不存在交集。

$\{\text{Ka}_{\text{super1}}^O，\text{Ka}_{\text{super2}}^O，\cdots，\text{Ka}_{\text{super}n}^O\} \subseteq \{\text{Ka}_1^O，\text{Ka}_2^O，\cdots，\text{Ka}_n^O\} \subseteq \{\text{Ka}_{\text{sub1}}^O，\text{Ka}_{\text{sub2}}^O，\cdots，\text{Ka}_{\text{sub}n}^O\}$ 表示煤矿客观事物系统知识元之间的属性继承约束。

5.2.3 煤矿事故知识元本体

煤矿事故知识元本体是利用本体来表达煤矿事故知识元组成要素及其间关系的模型。基于元数据扩展模型，结合对煤矿事故知识元组织和查询检索的实际需求作如下定义。

定义 5.3 煤矿事故知识元本体可以表示为

$$\text{EKEO} = (C^{\text{EKEO}}, A^{\text{EKEO}}, R^{\text{EKEO}}, I^{\text{EKEO}}, C_{\text{D}}^{\text{EKEO}}, I_{\text{D}}^{\text{EKEO}}, S_{\text{F}}^{\text{EKEO}}, L^{\text{EKEO}}) \qquad (5.4)$$

其中，C^{EKEO} 表示煤矿事故知识元对应的概念集，其对应的基元事件集；A^{EKEO} 表示煤矿事故知识元属性集，代表煤矿事故基元事件的性质，如事故名称、发生地点、发生时间、伤亡情况等；R^{EKEO} 表示煤矿事故知识元关系集，包括知识元间的关系、知识元和其属性的关系，$R^{\text{EKEO}} \subset R_{\text{I}}^{\text{CEKEO}}$；$I^{\text{EKEO}}$ 表示煤矿事故知识元实例集；$C_{\text{D}}^{\text{EKEO}}$ 表示知识元对应概念定义集；$I_{\text{D}}^{\text{EKEO}}$ 表示知识元实例声明集；$S_{\text{F}}^{\text{EKEO}}$ 表示知识元属性分配集；L^{EKEO} 表示煤矿事故知识元间关联约束集，$L^{\text{EKEO}} \subset L_{\text{I}}^{\text{CEKEO}}$。

煤矿事故概念组成如图 5.5 所示。

基于煤矿事故概念体系，与煤矿客观事物相类似构建树型结构的知识元体系，如图 5.6 所示。

由上述煤矿事故知识元体系，我们基于树型结构来构建煤矿事故知识元本体，用图示法表示如图 5.7 所示。

在基于树型结构的煤矿事故知识元本体结构中，父类知识元对应的概念包含子类知识元对应的概念，父类知识元的属性被子类知识元继承，如

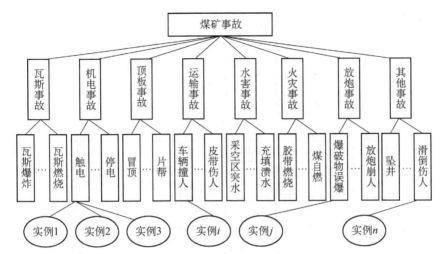

图 5.5 煤矿事故概念体系

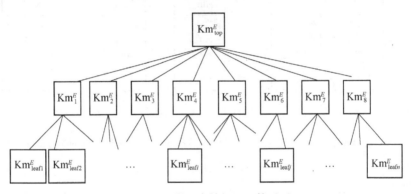

图 5.6 煤矿事故知识元体系

知识元瓦斯事故与知识元瓦斯爆炸事故的关系，瓦斯事故包含瓦斯爆炸事故，瓦斯事故的属性被瓦斯爆炸事故继承，从而在煤矿事故知识元本体中实现知识共享和复用。

依据煤矿事故知识元本体的定义和其树型结构模型，我们建立煤矿事故知识元本体语义模型如下

EKEO=<{ Km^E , Km^E_{top} , Km^E_{super} , Km^E_{sub} , Km^E_{leaf} }, {direct_superkm_of, all_superkms_of, direct_subkm_of, all_subkms_of, km_input_output}, { Ka^E_{top1} , Ka^E_{top2} , ···, Ka^E_{topn} , Ka^E_1 , Ka^E_2 , ···, Ka^E_n , Ka^E_{super1} , Ka^E_{super2} , ···, Ka^E_{supern} , Ka^E_{sub1} , Ka^E_{sub2} , ···, Ka^E_{subn} , Ka^E_{leaf1} , Ka^E_{leaf2} , ···, Ka^E_{leafn} }, { exKm_{top} , exKm_1 ,

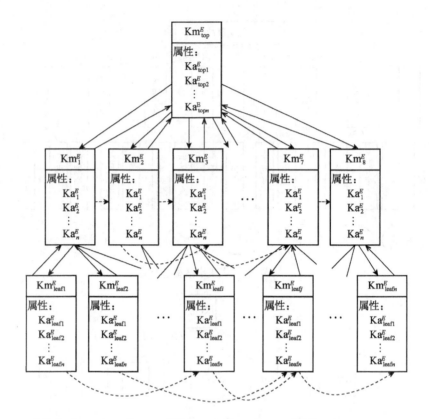

——→代表direct_superkm_of；——▶代表direct_subkm_of；·····▶代表km_input_output

图 5.7　煤矿事故知识元本体结构

exKm_2, $\cdots$, exKm_n, $\mathrm{exKm}_{\mathrm{super}}$, $\mathrm{exKm}_{\mathrm{sub}}$, $\mathrm{exKm}_{\mathrm{leaf1}}$, $\mathrm{exKm}_{\mathrm{leaf2}}$, $\cdots$, $\mathrm{exKm}_{\mathrm{leaf}n}$ }，

{ $\mathrm{Km}_{\mathrm{top}}^E = \mathrm{Km}^E$ ⊓=0 direct_superkm_of⊓≥1direct_subkm_of⊓=0all_superkms_

of⊓≥1all_subkms_of, $\mathrm{Km}_{\mathrm{leaf}}^E = \mathrm{Km}^E$ ⊓=1direct_superkm_of⊓=0direct_subkm_

of⊓=1all_superkms_of⊓=0all_subkms_of, $\mathrm{Km}_{\mathrm{super}}^E = \mathrm{Km}^E$ ⊓≥1direct_subkm_

of⊓≥1all_subkms_of, $\mathrm{Km}_{\mathrm{sub}}^E = \mathrm{Km}^E$ ⊓=1direct_superkm_of⊓=1all_superkms_

of}，{ $\mathrm{Km}_{\mathrm{top}}^E$（$\mathrm{exKm}_{\mathrm{top}}$），$\mathrm{Km}^E$（$\mathrm{exKm}_i$），$\mathrm{Km}_{\mathrm{super}}^E$（$\mathrm{exKm}_{\mathrm{super}}$），$\mathrm{Km}_{\mathrm{sub}}^E$

（$\mathrm{exKm}_{\mathrm{sub}}$），$\mathrm{Km}_{\mathrm{leaf}}^E$（$\mathrm{exKm}_{\mathrm{leaf}i}$），direct_superkm_of（$\mathrm{exKm}_i$, $\mathrm{exKm}_{\mathrm{super}}$），direct_

subkm_of（exKm_i, $\mathrm{exKm}_{\mathrm{sub}}$），all_superkms_of（$\mathrm{exKm}_i$, $\mathrm{exKm}_{\mathrm{super}}$），all_

subkms_of（exKm_i, $\mathrm{exKm}_{\mathrm{sub}}$），km_input_output（$\mathrm{exKm}_i$, exKm_j）}，{ $\mathrm{Km}_{\mathrm{top}}^E$

⊑ ∀ $\mathrm{Ka}_{\mathrm{top1}}^E$.xsd：Metadatatype⊓ ∀ $\mathrm{Ka}_{\mathrm{top2}}^E$.xsd：Metadatatype⊓$\cdots$⊓ ∀ $\mathrm{Ka}_{\mathrm{top}n}^E$.xsd：

Metadatatype，$Km^E \sqsubseteq \forall Ka_1^E.xsd：Metadatatype \sqcap \forall Ka_2^E.xsd：Metadatatype \sqcap \cdots \sqcap \forall Ka_n^E.xsd：Metadatatype$，$Km_{super}^E \sqsubseteq \forall Ka_{super1}^E.xsd：Metadatatype \sqcap \forall Ka_{super2}^E.xsd：Metadatatype \sqcap \cdots \sqcap \forall Ka_{supern}^E.xsd：Metadatatype$，$Km_{sub}^E \sqsubseteq \forall Ka_{sub1}^E.xsd：Metadatatype \sqcap \forall Ka_{sub2}^E.xsd：Metadatatype \sqcap \cdots \sqcap \forall Ka_{subn}^E.xsd：Metadatatype$，$Km_{leaf}^E \sqsubseteq \forall Ka_{leaf1}^E.xsd：Metadatatype \sqcap \forall Ka_{leaf2}^E.xsd：Metadatatype \sqcap \cdots \sqcap \forall Ka_{leafn}^E.xsd：Metadatatype\}$，$\{Km_{top}^E \sqsubseteq Km^E$，$Km_{super}^E \sqsubseteq Km^E$，$Km_{sub}^E \sqsubseteq Km^E$，$Km_{leaf}^E \sqsubseteq Km^E$，$Km_{top}^E \sqcap Km_{leaf}^E = \top$，$\{Ka_{super1}^E$，$Ka_{super2}^E$，$\cdots$，$Ka_{supern}^E\} \subseteq \{Ka_1^E$，$Ka_2^E$，$\cdots$，$Ka_n^E\} \subseteq \{Ka_{sub1}^E$，$Ka_{sub2}^E$，$\cdots$，$Ka_{subn}^E\}\}$，$i, j = 1, 2, \cdots, n$，Metadatatype $\in \{string，decimal，etc.\}>$

$$(5.5)$$

其中，$\{Km^E$，Km_{top}^E，Km_{super}^E，Km_{sub}^E，$Km_{leaf}^E\}$ 表示煤矿事故知识元集，Km^E 表示煤矿事故知识元，Km_{top}^E 表示根节点煤矿事故知识元，Km_{super}^E 表示父类煤矿事故知识元，Km_{sub}^E 表示子类煤矿事故知识元，Km_{leaf}^E 表示叶节点煤矿事故知识元，以上均为知识元描述的术语。

$\{Ka_{top1}^E$，Ka_{top2}^E，$\cdots$，Ka_{topn}^E，Ka_1^E，Ka_2^E，$\cdots$，Ka_n^E，Ka_{super1}^E，Ka_{super2}^E，$\cdots$，Ka_{supern}^E，Ka_{sub1}^E，Ka_{sub2}^E，$\cdots$，Ka_{subn}^E，Ka_{leaf1}^E，Ka_{leaf2}^E，$\cdots$，$Ka_{leafn}^E\}$ 表示煤矿事故知识元属性集，Ka_{top1}^E，Ka_{top2}^E，$\cdots$，Ka_{topn}^E 表示根节点煤矿事故知识元的属性，Ka_1^E，Ka_2^E，$\cdots$，Ka_n^E 表示煤矿事故知识元的属性，Ka_{super1}^E，Ka_{super2}^E，$\cdots$，Ka_{supern}^E 表示父类煤矿事故知识元的属性，Ka_{sub1}^E，Ka_{sub2}^E，$\cdots$，Ka_{subn}^E 表示子类煤矿事故知识元的属性，Ka_{leaf1}^E，Ka_{leaf2}^E，$\cdots$，Ka_{leafn}^E 表示叶节点煤矿事故知识元的属性。

{direct_superkm_of, all_superkms_of, direct_subkm_of, all_subkms_of, km_input_output}表示煤矿事故知识元关系集。direct_superkm_of 表示直接父类知识元关系，all_superkms_of 表示所有父类知识元关系，direct_subkm_of 表示直接子类知识元关系，all_subkms_of 表示所有子类知识元关系，km_input_output 表示输入输出关系。

$\{Km_{top}^E = Km^E \sqcap = 0 direct\_superkm\_of \sqcap \geqslant 1 direct\_subkm\_of \sqcap = 0 all\_superkms\_of \sqcap \geqslant 1 all\_subkms\_of$，$Km_{leaf}^E = Km^E \sqcap = 1 direct\_superkm\_of \sqcap = 0 direct\_subkm\_of \sqcap = 1 all\_superkms\_of \sqcap = 0 all\_subkms\_of$，$Km_{super}^E = Km^E \sqcap \geqslant 1 direct\_subkm\_of \sqcap \geqslant 1 all\_subkms\_of$，$Km_{sub}^E = Km^E \sqcap = 1 direct\_superkm\_of \sqcap = 1 all\_superkms\_of \}$ 为

煤矿事故知识元定义集；$Km_{top}^{E} = Km^{E} \sqcap =0direct\_superkm\_of \sqcap \geq 1direct\_subkm\_of \sqcap =0all\_superkms\_of \sqcap \geq 1all\_subkms\_of$ 定义根节点煤矿事故知识元 Km_{top}^{E}，即煤矿事故；$Km_{leaf}^{E} = Km^{E} \sqcap =1direct\_superkm\_of \sqcap =0direct\_subkm\_of \sqcap =1all\_superkms\_of \sqcap =0all\_subkms\_of$ 定义叶节点事故知识元 Km_{leaf}^{E}；$Km_{super}^{E} = Km^{E} \sqcap \geq 1direct\_subkm\_of \sqcap \geq 1all\_subkms\_of$ 定义父类节点事故知识元 Km_{super}^{E}，$Km_{sub}^{E} = Km^{E} \sqcap =1direct\_superkm\_of \sqcap =1all\_su\text{-}perkms\_of$ 定义子类事故知识元 Km_{sub}^{E}。

$\{exKm_{top}, exKm_{1}, exKm_{2}, \cdots, exKm_{n}, exKm_{super}, exKm_{sub}, exKm_{leaf1}, exKm_{leaf2}, \cdots, exKm_{leafn}\}$ 表示煤矿事故知识元实例个体集。

$\{Km_{top}^{E}(exKm_{top}), Km^{E}(exKm_{i}), Km_{super}^{E}(exKm_{super}), Km_{sub}^{E}(exKm_{sub}), Km_{leaf}^{E}(exKm_{leafi}), direct\_superkm\_of(exKm_{i}, exKm_{super}), direct\_subkm\_of(exKm_{i}, exKm_{sub}), all\_superkms\_of(exKm_{i}, exKm_{super}), all\_subkms\_of(exKm_{i}, exKm_{sub}), km\_input\_output(exKm_{i}, exKm_{j})\}$ 表示实例声明集，包括煤矿事故知识元的实例声明、煤矿事故知识元间关系的实例声明，$Km_{top}^{E}(exKm_{top})$ 表示 $exKm_{top}$ 是 Km_{top}^{E} 的实例个体，$Km^{E}(exKm_{i})$ 表示 $exKm_{i}$ 是 Km^{E} 的实例个体，$Km_{super}^{E}(exKm_{super})$ 表示 $exKm_{super}$ 是 Km_{super}^{E} 的实例个体，$Km_{sub}^{E}(exKm_{sub})$ 表示 $exKm_{sub}$ 是 Km_{sub}^{E} 的实例个体，$Km_{leaf}^{E}(exKm_{leafi})$ 表示 $exKm_{leafi}$ 是 Km_{leaf}^{E} 的实例个体，$direct\_superkm\_of(exKm_{i}, exKm_{super})$、$direct\_subkm\_of(exKm_{i}, exKm_{sub})$、$all\_superkms\_of(exKm_{i}, exKm_{super})$、$all\_subkms\_of(exKm_{i}, exKm_{sub})$、$km\_input\_output(exKm_{i}, exKm_{j})$ 为煤矿事故知识元关系实例声明。

属性分配集是将煤矿事故知识元的属性分配给相应的知识元，属性分配集可表示为

$$S_{F}^{EKEO} = \{Km_{1}^{E} \sqsubseteq D_{11} \sqcap D_{12} \sqcap \cdots \sqcap D_{1m_{1}}, Km_{2}^{E} \sqsubseteq D_{21} \sqcap D_{22} \sqcap \cdots \sqcap D_{2m_{2}}, \cdots, Km_{n}^{E} \sqsubseteq D_{n1} \sqcap D_{n2} \sqcap \cdots \sqcap D_{nm_{n}}\}$$

其中，Km_{i}^{E} 为煤矿事故知识元，D_{i} 为属性类型。

$Km_{top}^{E} \sqsubseteq \forall Ka_{top1}^{E}.xsd: Metadatatype \sqcap \forall Ka_{top2}^{E}.xsd: Metadatatype \sqcap \cdots \sqcap \forall Ka_{topn}^{E}.xsd: Metadatatype$，表示根节点事故知识元 Km_{top}^{E} 具有属性 Ka_{top1}^{E}，Ka_{top2}^{E}，$\cdots$，Ka_{topn}^{E}。

$Km^{E} \sqsubseteq \forall Ka_{1}^{E}.xsd: Metadatatype \sqcap \forall Ka_{2}^{E}.xsd: Metadatatype \sqcap \cdots \sqcap \forall Ka_{n}^{E}.xsd:$

Metadatatype，表示事故知识元 Km^E 具有属性 Ka_1^E，Ka_2^E，…，Ka_n^E。

$Km_{super}^E \sqsubseteq \forall Ka_{super1}^E$.xsd：Metadatatype$\sqcap \forall Ka_{super2}^E$.xsd：Metadatatype$\sqcap \cdots \sqcap \forall Ka_{supern}^E$.xsd：Metadatatype，表示父类事故知识元 Km_{super}^E 具有属性 Ka_{super1}^E，Ka_{super2}^E，…，Ka_{supern}^E。

$Km_{sub}^E \sqsubseteq \forall Ka_{sub1}^E$.xsd：Metadatatype$\sqcap \forall Ka_{sub2}^E$.xsd：Metadatatype$\sqcap \cdots \sqcap \forall Ka_{subn}^E$. xsd：Metadatatype，表示子类事故知识元 Km_{sub}^E 具有属性 Ka_{sub1}^E，Ka_{sub2}^E，…，Ka_{subn}^E。

$Km_{leaf}^E \sqsubseteq \forall Ka_{leaf1}^E$.xsd：Metadatatype$\sqcap \forall Ka_{leaf2}^E$.xsd：Metadatatype$\sqcap \cdots \sqcap \forall Ka_{leafn}^E$.xsd：Metadatatype，表示叶节点事故知识元 Km_{leaf}^E 具有属性 Ka_{leaf1}^E，Ka_{leaf2}^E，…，Ka_{leafn}^E。

煤矿事故知识元约束集包括包含、等价、不相交。

$Km_{top}^E \sqsubseteq Km^E$ 表示 Km_{top}^E 包含于 Km^E，$Km_{super}^E \sqsubseteq Km^E$ 表示 Km_{super}^E 包含于 Km^E，$Km_{sub}^E \sqsubseteq Km^E$ 表示 Km_{sub}^E 包含于 Km^E，$Km_{leaf}^E \sqsubseteq Km^E$ 表示 Km_{leaf}^E 包含于 Km^E，$Km_{top}^E \sqcap Km_{leaf}^E = \top$ 表示两者不存在交集。

$\{Ka_{super1}^E$，Ka_{super2}^E，…，$Ka_{supern}^E\} \subseteq \{Ka_1^E$，$Ka_2^E$，…，$Ka_n^E\} \subseteq \{Ka_{sub1}^E$，$Ka_{sub2}^E$，…，$Ka_{subn}^E\}$ 表示煤矿事故知识元之间的属性继承约束。

5.2.4　煤矿事故应急活动知识元本体

煤矿事故应急活动知识元本体是利用本体来表达煤矿事故应急活动知识元要素和其关系的模型。基于元数据扩展模型，结合对煤矿事故应急活动知识元组织和查询检索的实际需求，作如下定义。

定义 5.4　煤矿事故应急活动知识元本体可以表示为

$$AKEO = (C^{AKEO}, A^{AKEO}, R^{AKEO}, I^{AKEO}, C_D^{AKEO}, I_D^{AKEO}, S_F^{AKEO}, L^{AKEO}) \quad (5.6)$$

其中，C^{AKEO} 表示煤矿事故应急活动知识元对应的概念集，对应于煤矿事故应急活动基元；A^{AKEO} 为煤矿事故应急活动知识元属性集，表示其性质，如活动名称、活动时间、活动内容等；R^{AKEO} 表示煤矿事故应急活动知识元关系集，包括相关知识元间的关系、相关知识元和其属性间的关系，$R^{AKEO} \subset R_I^{CEKEO}$；$I^{AKEO}$ 表示知识元实例集；C_D^{AKEO} 表示知识元对应概念定义集；I_D^{AKEO} 表示实例声明集；S_F^{AKEO} 表示知识元属性分配集；L^{AKEO} 表示知识元间关联约束集，$L^{AKEO} \subset L_I^{CEKEO}$。

煤矿事故应急活动概念组成如图 5.8 所示。

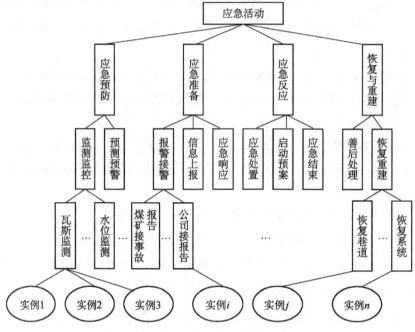

图 5.8　煤矿事故应急活动概念体系

基于煤矿事故应急活动概念体系，与煤矿客观事物相类似构建树型结构的知识元体系，如图 5.9 所示。

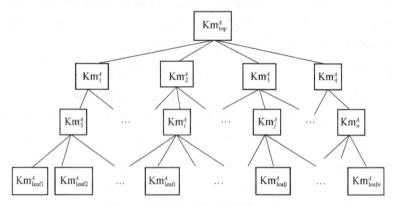

图 5.9　煤矿事故应急活动知识元体系

由煤矿事故应急活动知识元体系，我们基于树型结构来构建其本体，用图示法表示如图 5.10 所示。

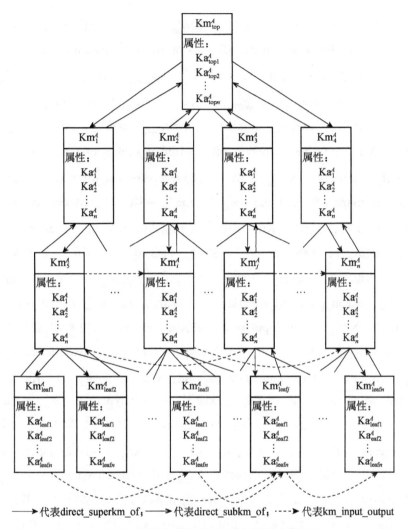

图 5.10　煤矿事故应急活动知识元本体结构

在基于树型结构的煤矿事故应急活动知识元本体结构中，其父类知识元对应的概念包含子类知识元对应的概念，父类知识元的属性被子类知识元继承，如知识元应急反应与知识元启动预案的关系，应急反应包含启动预案，应急反应的属性被启动预案继承，从而在煤矿事故应急活动知识元本体中实现知识共享和复用。

依据煤矿事故应急活动知识元本体的定义和其树型结构模型，我们建立煤矿事故应急活动知识元本体语义模型如下

AKEO=<{ Km^A, Km^A_{top}, Km^A_{super}, Km^A_{sub}, Km^A_{leaf} }, {direct_superkm_of, all_superkms_of, direct_subkm_of, all_subkms_of, km_input_output}, { Ka^A_{top1}, Ka^A_{top2}, $\cdots$, Ka^A_{topn}, Ka^A_1, Ka^A_2, $\cdots$, Ka^A_n, Ka^A_{super1}, Ka^A_{super2}, $\cdots$, Ka^A_{supern}, Ka^A_{sub1}, Ka^A_{sub2}, $\cdots$, Ka^A_{subn}, Ka^A_{leaf1}, Ka^A_{leaf2}, $\cdots$, Ka^A_{leafn} }, { $exKm_{top}$, $exKm_1$, $exKm_2$, $\cdots$, $exKm_n$, $exKm_{super}$, $exKm_{sub}$, $exKm_{leaf1}$, $exKm_{leaf2}$, $\cdots$, $exKm_{leafn}$ }, { Km^A_{top} = Km^A ⊓=0direct_superkm_of⊓ ≥ 1direct_subkm_of⊓=0all_superkms_of⊓ ≥ 1all_subkms_of, Km^A_{leaf} = Km^A ⊓=1direct_superkm_of⊓=0direct_subkm_of⊓=1all_superkms_of⊓=0all_subkms_of, Km^A_{super} = Km^A ⊓ ≥ 1direct_subkm_of⊓ ≥ 1all_subkms_of, Km^A_{sub} = Km^A ⊓=1direct_superkm_of⊓=1all_superkms_of}, { Km^A_{top} ($exKm_{top}$), Km^A ($exKm_i$), Km^A_{super} ($exKm_{super}$), Km^A_{sub} ($exKm_{sub}$), Km^A_{leaf} ($exKm_{leafi}$), direct_superkm_of($exKm_i$, $exKm_{super}$), direct_subkm_of($exKm_i$, $exKm_{sub}$), all_superkms_of($exKm_i$, $exKm_{super}$), all_subkms_of($exKm_i$, $exKm_{sub}$), km_input_output($exKm_i$, $exKm_j$)}, { Km^A_{top} ⊑ ∀ Ka^A_{top1}.xsd：Metadatatype⊓ ∀ Ka^A_{top2}.xsd：Metadatatype⊓···⊓ ∀ Ka^A_{topn}.xsd：Metadatatype, Km^A ⊑ ∀ Ka^A_1.xsd：Metadatatype⊓ ∀ Ka^A_2.xsd：Metadatatype⊓···⊓ ∀ Ka^A_n.xsd：Metadatatype, Km^A_{super} ⊑ ∀ Ka^A_{super1}.xsd：Metadatatype⊓ ∀ Ka^A_{super2}.xsd：Metadatatype⊓ ··· ⊓ ∀ Ka^A_{supern}.xsd：Metadatatype, Km^A_{sub} ⊑ ∀ Ka^A_{sub1}.xsd：Metadatatype⊓ ∀ Ka^A_{sub2}.xsd：Metadatatype⊓···⊓ ∀ Ka^A_{subn}.xsd：Metadatatype, Km^A_{leaf} ⊑ ∀ Ka^A_{leaf1}.xsd：Metadatatype⊓ ∀ Ka^A_{leaf2}.xsd：Metadatatype⊓···⊓ ∀ Ka^A_{leafn}.xsd：Metadatatype}, { Km^A_{top} ⊑ Km^A, Km^A_{super} ⊑ Km^A, Km^A_{sub} ⊑ Km^A, Km^A_{leaf} ⊑ Km^A, Km^A_{top} ⊓ Km^A_{leaf} =⊤, { Ka^A_{super1}, Ka^A_{super2}, $\cdots$, Ka^A_{supern} } ⊑ { Ka^A_1, Ka^A_2, $\cdots$, Ka^A_n } ⊑ { Ka^A_{sub1}, Ka^A_{sub2}, $\cdots$, Ka^A_{subn} }}, i, j=1, 2, $\cdots$, n, Metadatatype ∈ {string, decimal, etc.}>   (5.7)

其中，{ Km^A, Km^A_{top}, Km^A_{super}, Km^A_{sub}, Km^A_{leaf} }表示煤矿事故应急活动知识元集，Km^A 表示煤矿事故应急活动知识元，Km^A_{top} 表示根节点煤矿事故应急活动知识元，Km^A_{super} 表示父类煤矿事故应急活动知识元，Km^A_{sub} 表示子类煤矿事故应急活动知识元，Km^A_{leaf} 表示叶节点煤矿事故应急活动知识元，以上均为知识元描述的术语。

$\{$ Ka$_{\text{top1}}^{A}$, Ka$_{\text{top2}}^{A}$, $\cdots$, Ka$_{\text{top}n}^{A}$, Ka$_{1}^{A}$, Ka$_{2}^{A}$, $\cdots$, Ka$_{n}^{A}$, Ka$_{\text{super1}}^{A}$, Ka$_{\text{super2}}^{A}$, $\cdots$, Ka$_{\text{super}n}^{A}$, Ka$_{\text{sub1}}^{A}$, Ka$_{\text{sub2}}^{A}$, $\cdots$, Ka$_{\text{sub}n}^{A}$, Ka$_{\text{leaf1}}^{A}$, Ka$_{\text{leaf2}}^{A}$, $\cdots$, Ka$_{\text{leaf}n}^{A}\}$表示煤矿事故应急活动知识元属性集，Ka$_{\text{top1}}^{A}$, Ka$_{\text{top2}}^{A}$, $\cdots$, Ka$_{\text{top}n}^{A}$表示根节点煤矿事故应急活动知识元的属性，Ka$_{1}^{A}$, Ka$_{2}^{A}$, $\cdots$, Ka$_{n}^{A}$表示煤矿事故应急活动知识元的属性，Ka$_{\text{super1}}^{A}$, Ka$_{\text{super2}}^{A}$, $\cdots$, Ka$_{\text{super}n}^{A}$表示父类煤矿事故应急活动知识元的属性，Ka$_{\text{sub1}}^{A}$, Ka$_{\text{sub2}}^{A}$, $\cdots$, Ka$_{\text{sub}n}^{A}$表示子类煤矿事故应急活动知识元的属性，Ka$_{\text{leaf1}}^{A}$, Ka$_{\text{leaf2}}^{A}$, $\cdots$, Ka$_{\text{leaf}n}^{A}$表示叶节点煤矿事故应急活动知识元的属性。

$\{$direct_superkm_of, all_superkms_of, direct_subkm_of, all_subkms_of, km_input_output$\}$表示煤矿事故应急活动知识元关系集。direct_superkm_of表示直接父类知识元关系，all_superkms_of表示所有父类知识元关系，direct_subkm_of表示直接子类知识元关系，all_subkms_of表示所有子类知识元关系，km_input_output表示输入输出关系。

$\{$ Km$_{\text{top}}^{A}$ = Km^{A} ⊓=0direct_superkm_of⊓≥1direct_subkm_of⊓=0all_superkms_of⊓≥1all_subkms_of，Km$_{\text{leaf}}^{A}$ = Km^{A} ⊓=1direct_superkm_of⊓=0direct_subkm_of⊓=1all_superkms_of⊓=0all_subkms_of，Km$_{\text{super}}^{A}$ = Km^{A} ⊓≥1direct_subkm_of⊓≥1all_subkms_of，Km$_{\text{sub}}^{A}$ = Km^{A} ⊓=1direct_sup-erkm_of⊓=1all_superkms_of$\}$为应急活动知识元定义集；Km$_{\text{top}}^{A}$ = Km^{A} ⊓=0direct_superkm_of ⊓≥1direct_subkm_of⊓=0all_superkms_of ⊓≥1all_subkms_of定义根节点应急活动知识元 Km$_{\text{top}}^{A}$，即煤矿事故应急活动；Km$_{\text{leaf}}^{A}$ = Km^{A} ⊓=1direct_superkm_of⊓=0direct_subkm_of⊓=1all_superkms_of⊓=0all_subkms_of定义叶节点应急活动知识元 Km$_{\text{leaf}}^{A}$；Km$_{\text{super}}^{A}$ = Km^{A} ⊓≥1 direct_subkm_of ⊓≥1all_subkms_of定义父类节点应急活动知识元 Km$_{\text{super}}^{A}$，Km$_{\text{sub}}^{A}$ = Km^{A} ⊓=1direct_superkm_of⊓=1all_superkms_of定义子类应急活动知识元 Km$_{\text{sub}}^{A}$。

$\{$exKm$_{\text{top}}$, exKm$_{1}$, exKm$_{2}$, $\cdots$, exKm$_{n}$, exKm$_{\text{super}}$, exKm$_{\text{sub}}$, exKm$_{\text{leaf1}}$, exKm$_{\text{leaf2}}$, $\cdots$, exKm$_{\text{leaf}n}\}$表示煤矿事故应急活动知识元实例个体集。

$\{$ Km$_{\text{top}}^{A}$（exKm$_{\text{top}}$），Km^{A}（exKm$_{i}$），Km$_{\text{super}}^{A}$（exKm$_{\text{super}}$），Km$_{\text{sub}}^{A}$（exKm$_{\text{sub}}$），Km$_{\text{leaf}}^{A}$（exKm$_{\text{leaf}i}$），direct_superkm_of（exKm$_{i}$，exKm$_{\text{super}}$），direct_subkm_of（exKm$_{i}$，exKm$_{\text{sub}}$），all_superkms_of（exKm$_{i}$，exKm$_{\text{super}}$），all_subkms_of（exKm$_{i}$，exKm$_{\text{sub}}$），km_input_output（exKm$_{i}$，exKm$_{j}$）$\}$为实例声

明集,包括煤矿事故应急活动知识元的实例声明、关系的具体实例声明,$\mathrm{Km}_{\mathrm{top}}^A$($\mathrm{exKm}_{\mathrm{top}}$)表示 $\mathrm{exKm}_{\mathrm{top}}$ 是 $\mathrm{Km}_{\mathrm{top}}^A$ 的实例个体,Km^A(exKm_i)表示 exKm_i 是 Km^A 的实例个体,$\mathrm{Km}_{\mathrm{super}}^A$($\mathrm{exKm}_{\mathrm{super}}$)表示 $\mathrm{exKm}_{\mathrm{super}}$ 是 $\mathrm{Km}_{\mathrm{super}}^A$ 的实例个体,$\mathrm{Km}_{\mathrm{sub}}^A$($\mathrm{exKm}_{\mathrm{sub}}$)表示 $\mathrm{exKm}_{\mathrm{sub}}$ 是 $\mathrm{Km}_{\mathrm{sub}}^A$ 的实例个体,$\mathrm{Km}_{\mathrm{leaf}}^A$($\mathrm{exKm}_{\mathrm{leaf}i}$)表示 $\mathrm{exKm}_{\mathrm{leaf}i}$ 是 $\mathrm{Km}_{\mathrm{leaf}}^A$ 的实例个体,direct_superkm_of(exKm_i, $\mathrm{exKm}_{\mathrm{super}}$)、direct_subkm_of($\mathrm{exKm}_i$, $\mathrm{exKm}_{\mathrm{sub}}$)、all_superkms_of($\mathrm{exKm}_i$, $\mathrm{exKm}_{\mathrm{super}}$)、all_subkms_of($\mathrm{exKm}_i$, $\mathrm{exKm}_{\mathrm{sub}}$)、km_inp-ut_output($\mathrm{exKm}_i$, exKm_j)为应急活动知识元间关系实例声明。

属性分配集可描述为

$$S_F^{\mathrm{AKEO}} = \{\ \mathrm{Km}_1^A \sqsubseteq D_{11} \sqcap D_{12} \sqcap \cdots \sqcap D_{1m_1},\quad \mathrm{Km}_2^A \sqsubseteq D_{21} \sqcap D_{22} \sqcap \cdots \sqcap D_{2m_2},\quad \cdots,\quad \mathrm{Km}_n^A \sqsubseteq D_{n1} \sqcap D_{n2} \sqcap \cdots \sqcap D_{nm_n} \}$$

其中,Km_i^A 为煤矿事故应急活动知识元;D_i 为其属性类型。

$\mathrm{Km}_{\mathrm{top}}^A \sqsubseteq \forall \mathrm{Ka}_{\mathrm{top}1}^A.\mathrm{xsd}$:$\mathrm{Metadatatype} \sqcap \forall \mathrm{Ka}_{\mathrm{top}2}^A.\mathrm{xsd}$:$\mathrm{Metadatatype} \sqcap \cdots \sqcap \forall \mathrm{Ka}_{\mathrm{top}n}^A.\mathrm{xsd}$:$\mathrm{Metadatatype}$ 表示根节点应急活动知识元 $\mathrm{Km}_{\mathrm{top}}^A$ 具有属性 $\mathrm{Ka}_{\mathrm{top}1}^A$,$\mathrm{Ka}_{\mathrm{top}2}^A$,$\cdots$,$\mathrm{Ka}_{\mathrm{top}n}^A$。

$\mathrm{Km}^A \sqsubseteq \forall \mathrm{Ka}_1^A.\mathrm{xsd}$:$\mathrm{Metadatatype} \sqcap \forall \mathrm{Ka}_2^A.\mathrm{xsd}$:$\mathrm{Metadatatype} \sqcap \cdots \sqcap \forall \mathrm{Ka}_n^A.\mathrm{xsd}$:$\mathrm{Metadatatype}$,表示应急活动知识元 Km^A 具有属性 Ka_1^A,Ka_2^A,$\cdots$,Ka_n^A。

$\mathrm{Km}_{\mathrm{super}}^A \sqsubseteq \forall \mathrm{Ka}_{\mathrm{super}1}^A.\mathrm{xsd}$:$\mathrm{Metadatatype} \sqcap \forall \mathrm{Ka}_{\mathrm{super}2}^A.\mathrm{xsd}$:$\mathrm{Metadatatype} \sqcap \cdots \sqcap \forall \mathrm{Ka}_{\mathrm{super}n}^A.\mathrm{xsd}$:$\mathrm{Metadatatype}$ 表示父类应急活动知识元 $\mathrm{Km}_{\mathrm{super}}^A$ 具有属性 $\mathrm{Ka}_{\mathrm{super}1}^A$,$\mathrm{Ka}_{\mathrm{super}2}^A$,$\cdots$,$\mathrm{Ka}_{\mathrm{super}n}^A$。

$\mathrm{Km}_{\mathrm{sub}}^A \sqsubseteq \forall \mathrm{Ka}_{\mathrm{sub}1}^A.\mathrm{xsd}$:$\mathrm{Metadatatype} \sqcap \forall \mathrm{Ka}_{\mathrm{sub}2}^A.\mathrm{xsd}$:$\mathrm{Metadatatype} \sqcap \cdots \sqcap \forall \mathrm{Ka}_{\mathrm{sub}n}^A.\mathrm{xsd}$:$\mathrm{Metadatatype}$ 表示子类应急活动知识元 $\mathrm{Km}_{\mathrm{sub}}^A$ 具有属性 $\mathrm{Ka}_{\mathrm{sub}1}^A$,$\mathrm{Ka}_{\mathrm{sub}2}^A$,$\cdots$,$\mathrm{Ka}_{\mathrm{sub}n}^A$。

$\mathrm{Km}_{\mathrm{leaf}}^A \sqsubseteq \forall \mathrm{Ka}_{\mathrm{leaf}1}^A.\mathrm{xsd}$:$\mathrm{Metadatatype} \sqcap \forall \mathrm{Ka}_{\mathrm{leaf}2}^A.\mathrm{xsd}$:$\mathrm{Metadatatype} \sqcap \cdots \sqcap \forall \mathrm{Ka}_{\mathrm{leaf}n}^A.\mathrm{xsd}$:$\mathrm{Metadatatype}$ 表示叶节点应急活动知识元 $\mathrm{Km}_{\mathrm{leaf}}^A$ 具有属性 $\mathrm{Ka}_{\mathrm{leaf}1}^A$,$\mathrm{Ka}_{\mathrm{leaf}2}^A$,$\cdots$,$\mathrm{Ka}_{\mathrm{leaf}n}^A$。

煤矿事故应急活动知识元约束集包括包含、等价、不相交。

$\mathrm{Km}_{\mathrm{top}}^A \sqsubseteq \mathrm{Km}^A$ 表示 $\mathrm{Km}_{\mathrm{top}}^A$ 包含于 Km^A,$\mathrm{Km}_{\mathrm{super}}^A \sqsubseteq \mathrm{Km}^A$ 表示 $\mathrm{Km}_{\mathrm{super}}^A$ 包含于 Km^A,$\mathrm{Km}_{\mathrm{sub}}^A \sqsubseteq \mathrm{Km}^A$ 表示 $\mathrm{Km}_{\mathrm{sub}}^A$ 包含于 Km^A,$\mathrm{Km}_{\mathrm{leaf}}^A \sqsubseteq \mathrm{Km}^A$ 表示 $\mathrm{Km}_{\mathrm{leaf}}^A$ 包含于

Km^A，$Km_{top}^A \sqcap Km_{leaf}^A = \top$表示两者不存在交集。

$\{Ka_{super1}^A$，Ka_{super2}^A，$\cdots$，$Ka_{supern}^A\} \subseteq \{Ka_1^A$，$Ka_2^A$，$\cdots$，$Ka_n^A\} \subseteq \{Ka_{sub1}^A$，$Ka_{sub2}^A$，$\cdots$，$Ka_{subn}^A\}$表示煤矿事故应急活动知识元间的属性继承约束。

5.2.5　煤矿事故领域知识元本体模型的特性

所建立的煤矿事故领域知识元本体模型是以知识元为知识共享单元，对煤矿事故领域知识概念化的抽象描述，反映了煤矿事故领域中实体种类和实体间的关系，其包括三类知识元本体：煤矿客观事物系统知识元本体、煤矿事故知识元本体、煤矿事故应急活动知识元本体。煤矿客观事物系统知识元本体用于描述煤矿客观事物系统知识元体系中的知识元，反映了煤矿客观事物系统中客观事物对象种类和客观事物对象间的关系；煤矿事故知识元本体用于描述煤矿事故知识元体系中的知识元，反映了煤矿事故系统中事故实例的种类和事故实例间的关系；煤矿事故应急活动知识元本体用于描述煤矿事故应急活动知识元体系中的知识元，反映了煤矿事故应急活动实体种类和实体间的关系。根据煤矿客观事物系统概念体系和知识元体系的特点，采用树型结构来构建煤矿客观事物系统知识元本体和建立语义描述模型；根据煤矿事故概念体系和知识元体系的特点，采用树型结构来构建煤矿事故知识元本体和建立语义描述模型；根据煤矿事故应急活动概念体系和知识元体系的特点，采用树型结构来构建煤矿事故应急活动知识元本体和建立语义描述模型。

所建立的煤矿事故领域知识元本体模型是根据煤矿事故领域的知识元、知识元关系、知识元属性、知识元实例抽象而来，首先体现了三类知识元间的关系，其次反映出各类知识元的组成、属性、关系，另外该模型能够实现知识共享和复用。

5.3　煤矿事故领域知识元本体的构建与推理实现

5.3.1　构建煤矿事故领域知识元本体

本书采用自顶向下的方法来构建煤矿事故领域知识元本体。首先定义顶层知识元，然后对顶层知识元进行细分并加入特性，形成特化知识元，这些知识元是顶层知识元的子类，形成各种知识元及知识元的层次结构。根据煤矿事故领域知识元本体的定义，采用 Protégé 设计煤矿事故领域知识元本体如图 5.11 和图 5.12 所示，图 5.11 是以树型结构显示煤矿事故领域知识元本体片段，图 5.12 以 OntoGraf 可视化插件来显示煤矿事故领域知识元本体。

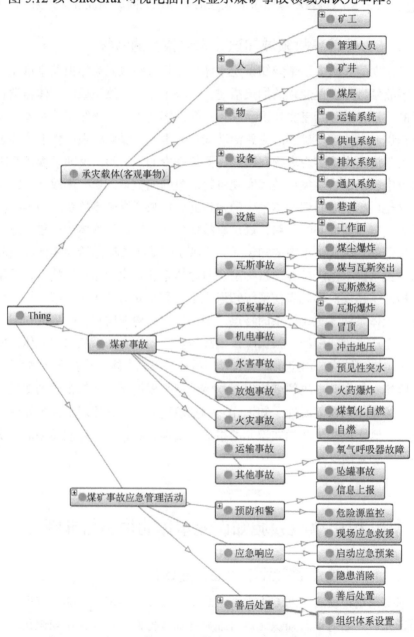

图 5.11　煤矿事故领域知识元本体中的知识元体系图

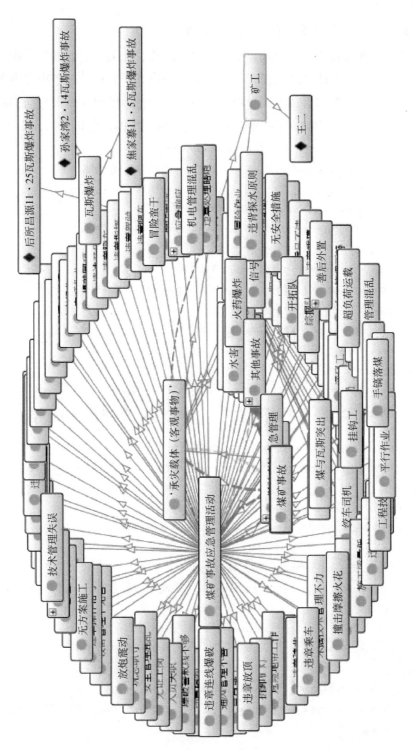

图 5.12　煤矿事故领域知识元本体（以 OntoGraf 显示）

5.3.2 煤矿事故领域知识元本体编码

确定煤矿事故领域的知识元、知识元属性及知识元关系后，需要采用本体语言来描述煤矿事故领域知识元本体，很多公司和研究机构已经提出很多本体语言，在这些本体语言中，OWL 为 W3C 强力推荐的对本体进行描述的一种标准语言，采用 OWL 描述煤矿事故领域知识元本体片段如下：

```
<owl:Class rdf:about="&ontologies;瓦斯事故">

    <rdfs:subClassOf rdf:resource="&ontologies;煤矿事故"/>

</owl:Class>
<owl:Class rdf:about="&ontologies;运输事故">

    <rdfs:subClassOf rdf:resource="&ontologies;煤矿事故"/>

</owl:Class>
<owl:Class rdf:about="&ontologies;顶板事故">

    <rdfs:subClassOf rdf:resource="&ontologies;煤矿事故"/>

</owl:Class>
<owl:Class rdf:about="&ontologies;冒顶">

    <rdfs:subClassOf rdf:resource="&ontologies;顶板事故"/>

</owl:Class>
<owl:Class rdf:about="&ontologies;机电事故">

    <rdfs:subClassOf rdf:resource="&ontologies;煤矿事故"/>

</owl:Class>
<owl:Class rdf:about="&ontologies;水害事故">

    <rdfs:subClassOf rdf:resource="&ontologies;煤矿事故"/>

</owl:Class>
<owl:Class rdf:about="&ontologies;火灾事故">

    <rdfs:subClassOf rdf:resource="&ontologies;煤矿事故"/>

</owl:Class>
<owl:Class rdf:about="&ontologies;物">

    <rdfs:subClassOf rdf:resource="&ontologies;承灾载体(客观事物)"/>

</owl:Class>
<owl:Class rdf:about="&ontologies;矿井">

    <rdfs:subClassOf rdf:resource="&ontologies;物"/>

</owl:Class>
<owl:Class rdf:about="&ontologies;设施">

    <rdfs:subClassOf rdf:resource="&ontologies;承灾载体(客观事物)"/>

</owl:Class>
```

```
<owl:Class rdf:about="&ontologies;预防和警报">
    <rdfs:subClassOf rdf:resource="&ontologies;煤矿事故应急管理活动"/>
</owl:Class>
<owl:ObjectProperty rdf:about="&ontologies;实施">
    <rdfs:range rdf:resource="&ontologies;煤矿事故"/>
    <rdfs:domain rdf:resource="&ontologies;煤矿事故应急管理活动"/>
</owl:ObjectProperty>
```

5.3.3　基于煤矿事故领域知识元本体的推理

基于 Protégé 自带的 FaCT++推理器进行推理，如图 5.13 所示，可对知识元的父类知识元、子类知识元、直接父类知识元、直接子类知识元、等价知识元、知识元实例进行推理查询。例如，对"瓦斯事故"这一知识元进行推理查询，可得出其直接父类知识元为"煤矿事故"，直接子类知识元为"煤与瓦斯突出""煤尘爆炸""瓦斯燃烧""瓦斯爆炸"，知识元实例个体为"2·14阜新海州瓦斯爆炸事故""11·25后所昌源瓦斯爆炸事故"等相关知识元实例。

图 5.13　知识元本体推理

　　另外，还可以针对知识元个体实例查询其相关信息，如图 5.14 所示。可查询到知识元个体实例的直接父类知识元、父类知识元、知识元实例本身。图中通过查询到知识元个体实例"2·14阜新海州瓦斯爆炸事故"的直接父类知识元"瓦斯爆炸"，并显示其本身。

图 5.14　知识元个体实例查询

　　通过知识元属性来查询相关知识元及知识元实例信息，如图 5.15 所示。通过知识元"矿工"的属性"年龄"来查询，得到年龄为 28 岁的矿工的知识元实例为张明，其直接父类知识元为"矿工"。

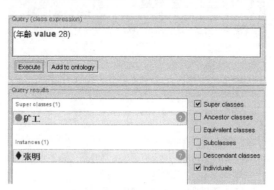

图 5.15　基于知识元属性查询

以上推理和查询结果跟待验证的实际情况一致。

　　从对煤矿事故领域知识元本体构建和推理的查询看，采用自顶向下的方法首先构建了三个顶层知识元，然后把相关知识元按树型结构建立到相应顶层知识元下，以此往下进行，推理查询结果跟实际一致，表明所建立的知识元本体模型是合理的，并且能够有效地实现对知识元的组织和推理查询，在构建本体的过程中，上层知识元的属性被下层知识元所继承，说明达到了知识共享和复用的目的，这也是该知识元本体模型的特性及创新的体现。

5.4 本章小结

为了实现对煤矿事故领域知识元的组织、查询检索及领域知识建模，本章首先根据煤矿事故领域概念分类体系及构建的相关知识元，基于本体论构建煤矿事故领域知识元本体模型，包括煤矿客观事物系统知识元本体、煤矿事故知识元本体、煤矿事故应急活动知识元本体三类知识元本体；然后分别对三类知识元本体进行定义描述；接着基于概念体系和知识元体系，提出基于树型结构来构建煤矿客观事物系统知识元本体、煤矿事故知识元本体、煤矿事故应急活动知识元本体，基于树型结构分别建立了三类知识元本体的语义模型；最后采用本体工具对构建的煤矿事故领域知识元本体进行实现及推理，包括用本体编辑器 Protégé 4.1 对煤矿事故领域知识元本体进行了构建，用 OWL 对煤矿事故领域知识元本体进行形式化描述，并进行推理查询验证。推理查询结果表明所建立的知识元本体模型能够有效地实现领域知识元的组织和查询检索，达到知识共享和复用的目的。基于树型结构的知识元本体层次清晰，符合概念体系和知识元体系的本质特征。

第6章

煤矿事故领域知识元网络研究

本章首先依据煤矿事故领域知识元模型及其关系建立其知识元网络的数学模型。其次给出煤矿事故领域知识元网络建立的流程、方法，经过分析、统计确立煤矿事故领域知识元网络节点、关系，接着从煤矿事故领域知识元网络的节点数、边数、密度、平均节点度、聚类系数等各方面分析其整体属性和特征，并对煤矿事故领域知识元网络节点中心度、中介中心度、接近中心度进行分析。最后对八个知识元子网的属性特征、中心性进行分析。

6.1 煤矿事故领域知识元网络化描述

6.1.1 煤矿事故领域知识元系统化模型

煤矿事故领域知识元体系转为网络，需要构建一个基本数学转换模型。从系统论可知，煤矿事故领域包括煤矿客观事物系统、煤矿事故系统和应急管理活动系统。每个系统下面又可以细分为若干类，我们在第 4 章已经对各类系统的知识元模型及其关系进行了分析描述，那么我们可以将煤矿事故领域知识元体系（CEMKES）定义为一个六元组，即 CEMKES=（K_O，K_E，K_A，R_{OE}，R_{OA}，R_{EA})，其中 K_O 为煤矿客观事物系统知识元集，K_E 为煤矿事故知识元集，K_A 为煤矿事故应急活动知识元集，R_{OE} 为煤矿客观事物系统知识元与煤矿事故知识元间的关系集合，R_{OA} 为煤矿客观事物系统知识元和煤矿事故应急活动知识元间的关系集合，R_{EA} 为煤矿事故知识元和煤矿事故应急活动知识元间的关系集合。下面对它们分别进行描述。

(1) K_O：在特定煤矿事故环境下，煤矿客观事物系统由相关的客观事物对象组成，可定义为 $O=\{o_1, o_2, o_3, \cdots, o_m\}$，由 m 个客观事物对象组成，o_i 表示不可再分的客观事物对象，描述 o_i 的知识元为 K_{Oi}，故 $K_O=\{K_{O1}$，K_{O2}，K_{O3}，$\cdots$，$K_{Om}\}$。

(2) K_E：煤矿事故过程一般可细分成若干基元事件，那么 $E=\{e_1, e_2, e_3, \cdots, e_n\}$，由 n 个基元事件组成，每个基元事件 e_i 可用知识元 K_{ei} 来描述，故 $K_E=\{K_{e1}$，K_{e2}，K_{e3}，$\cdots$，$K_{em}\}$。

(3) K_A：煤矿事故应急活动可细分为若干煤矿事故应急活动基元，那么 $A=\{a_1, a_2, \cdots, a_k\}$，由 k 个煤矿事故应急活动基元组成，a_i 表示煤矿事故应急活动基元，描述 a_i 的知识元为 K_{ai}，故 $K_A=\{K_{a1}$，K_{a2}，K_{a3}，$\cdots$，$K_{am}\}$。

(4) R_{OE}：煤矿事故是由煤矿客观事物系统对象发生突变而导致的，而煤矿事故又会对煤矿客观事物系统对象造成影响。我们定义 K_O 与 K_E 间的关系为某一 K_{oi} 表示的客观事物系统对象导致某一 K_{ej} 表示的基元事件发生的关系，或者是某一 K_{ej} 表示的基元事件对某一 K_{oi} 表示的客观事物系统对象的影响关系，那么 R_{OE} 表示为 $m \times n$ 矩阵

$$R_{OE} = \begin{bmatrix} K_{o1}K_{e1} & K_{o1}K_{e2} & \cdots & K_{o1}K_{en} \\ K_{o2}K_{e1} & K_{o2}K_{e2} & \cdots & K_{o2}K_{en} \\ \vdots & \vdots & & \vdots \\ K_{om}K_{e1} & K_{om}K_{e2} & \cdots & K_{om}K_{en} \end{bmatrix} \tag{6.1}$$

当 K_{oi} 与 K_{ej} 有关系时，那么 $K_{oi}K_{ej}=1$，否则为 0，即 R_{OE} 为 $m \times n$ 的 (0, 1) 矩阵。

(5) R_{OA}：我们定义 K_O 与 K_A 间的关系为某一 K_{oi} 表示的客观事物系统对象直接参与或涉及某一 K_{aj} 表示的应急活动基元，或者是某一 K_{aj} 表示的应急活动基元反过来对某一 K_{oi} 表示的客观事物系统对象起到减小或扩大损失的作用，那么 R_{OA} 表示为 $m \times k$ 矩阵

$$R_{\mathrm{OA}} = \begin{bmatrix} K_{o1}K_{a1} & K_{o1}K_{a2} & \cdots & K_{o1}K_{ak} \\ K_{o2}K_{a1} & K_{o2}K_{a2} & \cdots & K_{o2}K_{ak} \\ \vdots & \vdots & & \vdots \\ K_{om}K_{a1} & K_{om}K_{a2} & \cdots & K_{om}K_{ak} \end{bmatrix} \tag{6.2}$$

当 K_{oi} 与 K_{aj} 有关系时, $K_{oi}K_{aj}=1$, 否则为 0, R_{OA} 即为 $m \times k$ 的 (0, 1) 矩阵。

(6) R_{EA}: 我们定义 K_E 与 K_A 间的关系为某一 K_{ej} 表示的基元事件直接影响某一 K_{aj} 表示的应急活动基元, 或者是某一 K_{aj} 表示的应急活动基元反过来对某一 K_{ej} 表示的基元事件起到阻碍或减缓的作用, 那么 R_{EA} 表示为 $n \times k$ 矩阵

$$R_{\mathrm{EA}} = \begin{bmatrix} K_{e1}K_{a1} & K_{e1}K_{a2} & \cdots & K_{e1}K_{ak} \\ K_{e2}K_{a1} & K_{e2}K_{a2} & \cdots & K_{e2}K_{ak} \\ \vdots & \vdots & & \vdots \\ K_{en}K_{a1} & K_{en}K_{a2} & \cdots & K_{en}K_{ak} \end{bmatrix} \tag{6.3}$$

当 K_{ei} 与 K_{aj} 有关系时, $K_{ei}K_{aj}=1$, 否则为 0, R_{EA} 即为 $n \times k$ 的 (0, 1) 矩阵。

该模型能比较全面地反映出煤矿事故领域知识元体系, 基于该模型, 将煤矿客观事物系统知识元、煤矿事故知识元、煤矿事故应急活动知识元提取出来, 在相关关系的连接下, 就可以构成煤矿事故领域知识元网络, 于是可以将煤矿事故领域知识元体系转化为以煤矿客观事物系统知识元、煤矿事故知识元、煤矿事故应急活动知识元为节点, 相对应的关系为边的煤矿事故领域知识元网络。

6.1.2 煤矿事故领域知识元网络化模型

采用网络分析理论抽取煤矿事故领域知识元体系的六元组的要素, 可将煤矿事故领域知识元网络 G 定义为一个四元组 $G = (V, E_d, W, R)$, V 表示煤矿事故领域知识元节点的集合, E_d 表示知识元节点间边的集合, W 表示两个知识元节点连接边的权重集, R 表示煤矿事故知识元网络更新规则的集合。

(1) 煤矿事故领域知识元节点集合 V: 知识元节点集合由 K_O、K_E、K_A 组成, 即 $V = K_O + K_E + K_A$。

(2) 知识元节点间边的集合 E_d: 将煤矿客观事物系统知识元与煤矿事故知识元的关系、煤矿客观事物系统知识元与煤矿事故应急活动知识元关系、煤矿事故知识元与煤矿事故应急活动知识元关系抽象为边。因知识元间描述

的关系具有因果、时序，于是建立的煤矿事故领域知识元网络边是有向边。

（3）边权重集 W：煤矿事故领域知识元网络中边的关系体现为：①知识元节点与知识元节点的触发强度；②二者关系出现在具体事故中的频率。通过使用检索方法检索，然后统计处理得到边权重集。

（4）知识元网络演化规则 R：在某一特定煤矿事故领域系统中，R 表示煤矿客观事物系统环境状态突变引起的知识元网络中的节点和边增加，以及煤矿客观事物系统环境状态突变消失导致知识元网络节点和边的消失。知识元网络演化规则 R 包括：①网络扩展规则，定义为新的煤矿客观事物系统环境状态突变引起的知识元网络节点和边的增加；②网络删减规则，指煤矿客观事物系统环境状态突变消失（知识元网络节点和边的消失），如图 6.1 所示。

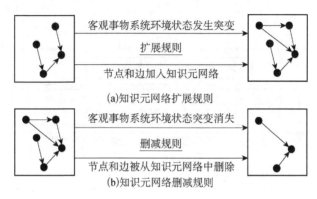

图 6.1　煤矿事故领域知识元网络演化规则

6.2 煤矿事故领域知识元网络建模

煤矿事故领域知识元网络建模是知识元网络分析的基础。其过程是：在分析煤矿事故领域知识元体系的基础上，通过收集、整理大量关于煤矿事故的案例数据，提取事故领域相关知识元，并利用系统工程等方法进行分析，结合煤矿生产现场经验和现场专家判断，确定煤矿事故领域知识元网络的节点、节点之间的关系、关系权重，然后构建相关邻接矩阵、关系矩阵，这些矩阵用于分析，该过程还包括瓦斯事故、顶板事故、火灾事故等知识元子网的构建。煤矿事故领域知识元网络化建模流程如图 6.2 所示。

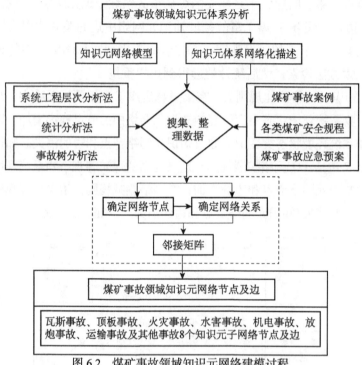

图 6.2　煤矿事故领域知识元网络建模过程

6.2.1　数据收集与处理

1. 数据收集

要确定煤矿事故领域知识元、知识元间关系，首先要进行调研、分析和取证，得到大量的煤矿事故案例资料及相关的研究成果，从而才能确保所确定节点及关系定义的准确性。知识元节点的数量越大，所需要的数据材料就越多，而知识元间关系定义得越多、越全面，所需要的数据材料也越多。

本书收集的煤矿事故案例主要来源于煤矿监察机构、领域专家鉴定报告、各类学术期刊及著作，其来源具有权威性，包括以下几个方面。

(1) 国家安全生产监督管理总局出版的关于煤矿事故案例的文献、著作等。

(2) 国家煤矿安全监察局出版的煤矿事故案例的文献、著作等。

(3) 2000～2011 年的《中国煤炭工业统计年鉴》。

(4) 2000～2011 年的《中国安全生产工作年鉴》。

(5) 相关煤矿事故应急预案。

（6）与煤矿事故有关的学术论文。

经过收集、整理，得到符合要求的煤矿事故案例 1 434 例，并将所得到的案例按表 6.1 进行信息抽取和表述。

表 6.1   煤矿事故案例

编号	发生时间	发生地点	事故等级	事故类型	煤矿客观事物系统	应急活动	备注出处
1	2003.1	朱村矿	重大	瓦斯事故	掘进工作面	爆破	年鉴
2	2003.2	五七矿	重大	运输事故	绞车房	违章乘车	年鉴
3	2003.3	孟家沟矿	重大	瓦斯事故	掘进工作面	放炮	年鉴
4	2003.4	七一煤矿	重大	水害事故	掘进工作面	放炮	年鉴
...	...	...	...	...	...	...	...
n							

注：①事故类型是事故性质分类；②煤矿客观事物系统为事故发生相关的客观事物环境

2. 数据处理

收集相关煤矿事故案例后，要对这些收集到的案例资料进行分析、处理。分析处理要把握其真实性和其完整性原则。首先，收集的事故案例要确保含有煤矿客观事物系统、煤矿事故本身、事故应急活动，并对这些事故案例反复进行验证，以得到有效数据。其次，对煤矿事故案例逐条记录、整理，确定知识元节点和节点关系，节点和关系确定不了时，进一步收集和分析资料，向相关专家求证。

煤矿事故领域知识元信息提取步骤如图 6.3 所示。

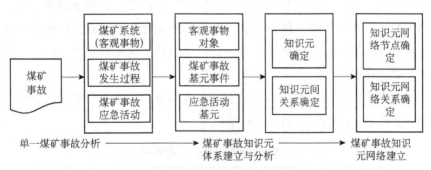

图 6.3   煤矿事故知识多网络信息、数据处理流程

（1）数据确定：去除 1 434 个案例中的重复事故案例及不完整案例，并按照年份和八个子系统分类加以整理。除去重复事故案例 21 例，最终得到瓦斯事故 703 例、顶板事故 246 例、火灾事故 56 例、水害事故 203 例、放炮事故

27 例、机电事故 20 例、运输事故 117 例、其他事故 41 例。

(2) 知识元提取：根据上述数据，需要按照网络分析的要求建立煤矿事故的知识元统计表，如表 6.2 所示。该知识元统计表是提取节点和关系的基础。

表 6.2　煤矿事故领域知识元统计

编号	煤矿事故	客观事物1	客观事物2	…	事故1	事故2	…	应急活动1	应急活动2	…	发生次数
1	瓦斯	巷道	采仓		瓦斯爆炸	瓦斯中毒		放炮	拆矿灯		
2	水害	井筒	煤窑		采空区突水	充填溃水		采动	放炮		
3	火灾	巷道	库房		煤自燃	炸药自燃		取暖	启封		
4	顶板	巷道	井筒		冲击地压	冒顶		放炮	放顶		
…	…	…	…	…	…	…	…	…	…	…	
n											

6.2.2　知识元网络节点确定

在煤矿事故相关数据资料收集与处理后，需要对其进行分析并抽取出知识元网络中的节点。在确定煤矿事故知识元网络节点时，先确定煤矿事故类型，然后确定煤矿客观事物系统知识元节点、煤矿事故知识元节点、煤矿事故应急活动知识元节点。主要围绕八类煤矿事故确定其知识元节点。整个煤矿事故领域知识元网络划分成 8 个知识元子网络，各知识元子网络有较大关联度。这样有助于发现整个知识元网络的特点和属性，并能够把核心知识元节点网络图直观地在全局知识元网络结构图显示出来，也便于理解。另外还有助于分析知识元网络个体属性和发现个体知识元节点特点。在确定知识元节点时，可以按照煤矿客观事物系统、煤矿事故、应急活动节点逐一分析，寻找相关的知识元，最后进行合并。

经过对煤矿事故案例归类、知识元提取和分析，确定煤矿事故领域知识元网络及八个子网络节点如表 6.3 所示。

表 6.3　煤矿事故领域知识元网络节点规模

网络类型	煤矿事故领域知识元网络	瓦斯事故知识元网络	顶板事故知识元网络	火灾事故知识元网络	水害事故知识元网络	机电事故知识元网络	放炮事故知识元网络	运输事故知识元网络	其他事故知识元网络
节点个数	182	59	34	21	37	19	20	33	24

6.2.3 知识元网络关系确定

在确定了节点之后，应该确定节点间的连接关系。运用系统工程的建模方法，采用矩阵对煤矿事故领域知识元体系中知识元间的关系进行表示。根据收集到的煤矿事故案例可得煤矿事故涉及的客观事物系统、煤矿事故的发生发展过程、煤矿事故应急活动过程。如果一个客观事物系统对象与煤矿事故过程之间存在关系，那么对应的知识元节点关系为 1，否则为 0，如煤与瓦斯突出时，可以确定巷道受损，那么煤与瓦斯突出知识元及巷道知识元对应的节点关系记为 1；如果一个客观事物系统对象与应急活动之间存在关系，那么对应的知识元节点关系为 1，否则为 0，如拆卸矿灯发生在巷道中引起事故，那么巷道与拆卸矿灯对应的节点关系记为 1；如果一个煤矿事故过程和应急活动之间存在关系，那么对应的知识元节点关系为 1，否则为 0，如瓦斯爆炸由带电作业而导致，那么瓦斯爆炸与带电作业对应的节点关系记为 1。分别对1413 个煤矿事故案例进行分析，然后确定对应知识元节点关系，建立对应的邻接矩阵。建立的 8 个知识元子网的邻接矩阵如附录中附表 1～附表 8 所示，把它们进行整合就得到整体知识元网络的邻接矩阵。煤矿事故领域知识元网络的关系数如表 6.4 所示。

表 6.4　煤矿事故领域知识元网络关系数

网络类型	煤矿事故领域知识元网络	瓦斯事故知识元网络	顶板事故知识元网络	火灾事故知识元网络	水害事故知识元网络	机电事故知识元网络	放炮事故知识元网络	运输事故知识元网络	其他事故知识元网络
节点关系	1511	609	192	98	236	72	80	166	108

6.3 煤矿事故领域知识元网络结构及其属性

研究煤矿事故领域知识元网络的目的：从整体性和全局性上来认识事故涉及的客观事物系统、事故本身、应急处理，然后从中寻找煤矿事故形成的规律、发展的规律，以及应急处理的规律。分析煤矿事故领域知识元网络属性：①整体属性，从聚类系数、密度等角度分析知识元网络整体的属性、整体结构方面的特点；②个体属性，从中心性方面分析单个知识元节点的网络属性及其在整个知识元网络中的位置和作用；③各知识元子网络属性，煤矿事故知识元子网络属性特点分析。

6.3.1 煤矿事故领域知识元网络结构分析

网络结构属性主要通过以下指标来体现：节点数、边数、密度、平均度和聚类系数等。基于前面章节中的相关公式，应用 Ucinet 软件对所建立的邻接矩阵进行计算，得到煤矿事故领域知识元网络的结构属性指标值，如表6.5 所示。图 6.4 是煤矿事故领域知识元网络的拓扑图。

表 6.5　煤矿事故领域知识元网络结构属性

指标名称	指标数值	指标名称	指标数值
节点数/个	182	边数/条	1 511
密度	0.045 9	聚类系数	0.579
平均度	8.302	度中心势	37.609%(out)、37.609%(in)
平均路径长度	2.529	最大路径长度	4

1. 煤矿事故领域知识元网络规模与密度

如果一个网络的密度为 1，那么该网络中的节点是两两相互邻接的。网络中的关系量及网络的复杂情况是由网络密度来体现的，网络的凝聚度和节点间的关联紧密度也是由网络密度显示的。煤矿事故领域知识元网络节点数为182，边数为 1 511 条，密度为 0.045 9，表明煤矿事故领域知识元网络是稀疏网络，网络中知识元节点相连接的可能性还不到 5%，说明煤矿事故领域知识元网络紧密度低，结构较分散。

2. 平均度与度中心势

平均度用来反映网络的整体节点连接情况，指在网络中一个节点与其他节点的连接数的均值。度中心势用来反映整个网络中度集中的情况，表明了在整个网络中节点互连的能力。

平均度为 8.302 说明该网络中每个知识元和 8.302 个知识元间存在相关关系，同时表明在煤矿事故领域知识元体系中，每个知识元对象的变化可能会引起跟该知识元有关系的 8.302 个知识元的变化。煤矿事故领域知识元网络的出度的标准方差是 4.587，入度的标准方差是 4.587。煤矿事故领域知识元网络出向中心势为 37.609%，入向中心势为 37.609%。

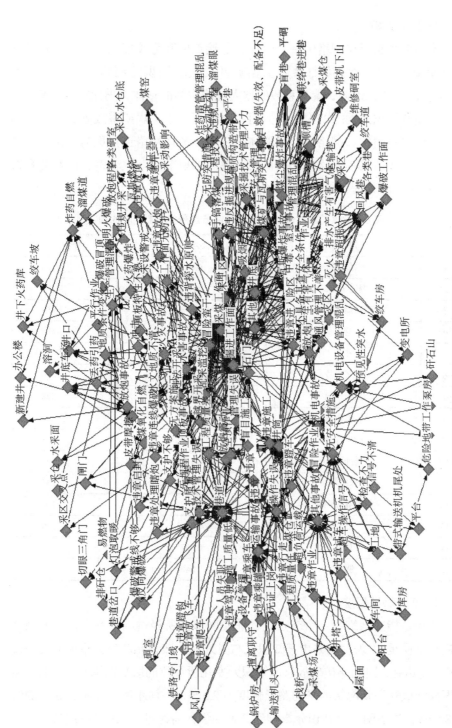

图 6.4 煤矿事故领域知识元网络的拓扑结构

3. 聚类系数

聚类系数是指在网络中一个节点的邻接点中互为邻接点的比例，是网络中反映节点集团化程度的参数。煤矿事故领域知识元网络的聚类系数为0.579，在0～1范围内，聚类系数值越大说明网络的整体聚类性越好，表明煤矿事故领域知识元网络的聚类系数值相对较高，于是煤矿事故领域知识元网络节点倾向集团化。网络内部小群体的连接比整体网络连接更为紧密，于是网络中的枢纽节点具有比较小的集聚系数。抽取节点对数较多，但聚类系数较小的15个知识元节点，如表6.6所示。

表6.6 煤矿事故领域知识元网络节点聚类系数(前15项)

序号	知识元	聚类系数	节点对数
1	采煤工作面	0.043	2 850
2	掘进工作面	0.044	2 278
3	瓦斯事故	0.155	1 653
4	巷道	0.044	1 485
5	井筒	0.058	1 326
6	水害事故	0.137	630
7	顶板事故	0.136	528
8	运输事故	0.119	496
9	瓦斯爆炸事故	0.349	378
10	其他事故	0.138	253
11	采空区	0.121	231
12	机电管理混乱	0.232	190
13	井底	0.187	190
14	放炮	0.257	171
15	吸烟	0.246	171

4. 平均路径长度

路径是指在网络中一个节点到其非紧邻节点所经过的平均步长。该网络的最长路径是4，表明网络中某知识元与另外一个知识元产生关系最大要经过4步才能达到，因此煤矿事故领域知识元变化所导致的影响范围是[0，4]。煤矿事故领域知识元网络的平均路径长度为2.529，平均距离在2步和3步的约占88.7%，这表明一个知识元影响到其他知识元需经过2.529条网络边。

由小世界效应理论可知，如果平均路径长度有较小的值（一般不超过 10），而聚类系数较高（一般大于 0.1）时，那么该网络可以认为是小世界网络[4]。煤矿事故领域知识元网络平均路径长度为 2.529，聚类系数为 0.579，于是认为其有小世界特性，其为一小世界网络。

5. 无标度检验

依据度分布定义，把节点度数累积分布函数 $P(k)$ 作为纵轴，把节点度值 k 作为横轴形式坐标系。度分布如图 6.5 所示，其中图 6.5（a）为度分布，图 6.5（b）为双对数坐标下的度分布。

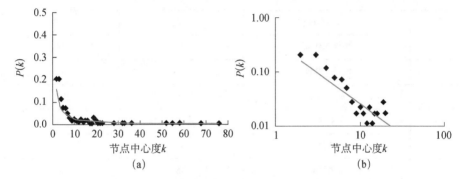

图 6.5　煤矿事故领域知识元网络度分布图
（服从幂律分布，拟合直线斜率为-1.13）

经过曲线拟合，发现煤矿事故领域知识元网络的度累积分布服从幂分布，如图 6.5（a）所示，另外，在双对数坐标轴下度分布拟合的直线斜率为-1.13，如图 6.5（b）所示。依据幂律分布性质可得，煤矿事故领域知识元网络的度服从幂律分布，于是煤矿事故领域知识元网络为无标度网络。

煤矿事故领域知识元网络具有无标度特性，表明有少数度值比其他知识元节点较大的"集散节点"在网络中，它们对该网络的结构和组成起到控制作用，具有比其他度值较小的知识元节点大的影响力。这些知识元描述的对象在煤矿事故有较强影响力，如"掘进工作面"知识元、"采煤工作面"知识元的度值都较大，因为对应的客观事物对象是煤矿事故发生最频繁的地方，而瓦斯事故知识元的度值较大，因为其是一类高发生率的煤矿事故，表明控制煤矿事故发生要从这些集散节点开始抓起。

通过上述分析研究可得，煤矿事故领域知识元网络是复杂网络，其具有小世界性和无标度性。

6.3.2 煤矿事故领域知识元网络个体属性分析

1. 节点中心度

前面对反映网络整体结构的平均度进行了分析，而每个节点中心度体现了该知识元在网络中的具体位置情况，还体现了单个知识元影响其他知识元的中心作用能力，那么每个知识元的节点中心度具体情况怎么样？统计煤矿事故领域知识元网络中各知识元节点的出度、入度(列出前 15 项)，如表 6.7 所示。其分布如表 6.8 和图 6.5 所示。

表 6.7　煤矿事故领域知识元网络出度、入度值(前 15 项)

排序	知识元节点	出度	入度
1	采煤工作面	76	76
2	掘进工作面	68	68
3	瓦斯事故	58	58
4	巷道	55	55
5	井筒	52	52
6	水害事故	36	36
7	顶板事故	33	33
8	运输事故	32	32
9	瓦斯爆炸事故	28	28
10	其他事故	23	23
11	采空区	22	22
12	机电管理混乱	20	20
13	井底	20	20
14	放炮	19	19
15	吸烟	19	19

表 6.8　煤矿事故领域知识元网络度数分布(入度)

节点中心度	2	3	4	5	6	7	8	9	10~19	20~29	30~39	40~49	50~59	60~69	70~79
知识元节点数	37	37	21	14	13	9	5	3	28	7	3	0	3	1	1

2. 中介中心度

根据中介中心度定义计算可知，煤矿事故领域知识元网络平均中介中心度为 276.709，最大值为 7 168.340，最小值为 0，中心势指数为 21.27%，中介中心度标准方差为 923.876。以上数据表明，煤矿事故领域知识元网络的中介中心度具有较大的异质性，其中最大值是平均值的 25.9 倍，标准方差为平均值的 3.3 倍，表明煤矿事故领域知识元网络中存在少量的"中介"作用较大的知识元，而大部分知识元的"中介"作用都较小，其中有 45 个知识元的中介中心度为 0。在单对数坐标下，中介中心度累积函数分布如图 6.6 所示，其中以中介中心度累积分布函数值 $P(B_N)$ 为纵轴，以中介中心度值 B_N 为横轴。由图可知，煤矿事故领域知识元网络的中介中心度服从幂律分布，拐点在中介中心度为 600 的点附近(中介中心度大于 600 的节点数为 15 个)，图 6.6(a) 的曲线下半部分表示中介中心度较大，上半部分中介中心度较小，由图可知大部分节点的中介中心度落在分布曲线上半部分，这表明该网络中介中心度具有异质性。由中介中心度服从幂律分布可知网络中知识元的"中介"作用具有不均衡性。

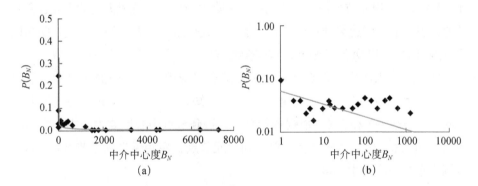

(a)　　　　　　　　　(b)

图 6.6　煤矿事故领域知识元网络中介中心度分布

煤矿事故领域知识元网络单个节点中介中心度前 15 项如表 6.9 所示。

表 6.9　煤矿事故领域知识元网络中介中心度(前 15 项)

排序	知识元节点	中介中心度	标准化中介中心度
1	采煤工作面	7 168.340	22.002
2	掘进工作面	6 340.614	19.462
3	巷道	4 579.113	14.055
4	井筒	4 416.439	13.556

续表

排序	知识元节点	中介中心度	标准化中介中心度
5	瓦斯事故	3 294.970	10.113
6	顶板事故	2 173.306	6.671
7	水害事故	2 111.852	6.482
8	其他事故	1 838.471	5.643
9	运输事故	1 813.239	5.565
10	机电事故	1 605.473	4.928
11	放炮事故	1 502.125	4.611
12	火灾事故	1 216.837	3.735
13	冒险蛮干	707.548	2.172
14	技术管理失误	651.461	2.000
15	瓦斯爆炸事故	607.690	1.865

由表6.9可知，这15项知识元节点有较大的中介中心度，这些知识元节点在网络中的中介位置较重要，其中"采煤工作面"知识元、"掘进工作面"知识元、"巷道"知识元位列前三。若从网络中除去中介中心度较大的知识元，会使其他知识元节点到达另外一些知识元节点的最短路径变大，甚至会让一些知识元节点与主体知识元网络断开，这样会使整个知识元网络的连通性减小。

知识元节点的中心度反映该知识元节点在知识元网络中的重要性。下面讨论知识元节点的节点中心度越大是不是该知识元节点的中介中心度越大这一问题。将表6.7和表6.9数据进行对比，得到节点中心度与中介中心度的对比图，如图6.7所示，横坐标为单一知识元节点，左侧纵坐标为节点中心度，右侧纵坐标为中介中心度。

由图6.7可知，大多数知识元节点的节点中心度和中介中心度具有一致性，也就是说，节点中心度较大，那么其中介中心度也随之较大。在图中，也有节点中心度与中介中心度差异较大的情况，这说明知识元的度越高并不表示其"中介"位置越强。例如，"平硐"知识元、"违规超掘"知识元、"采动扰动"知识元等节点中心度较高，但其中介中心度为0，没起到"中介"作用，但有些知识元节点的节点中心度和中介中心度都较大，如"采煤工作面"知识元、"掘进工作面"知识元等，它们既与其他知识元紧密连接，又对其他知识元间的连接具有桥梁作用，于是它们的作用较大，其描述的对象应作为监测、管控的重点。

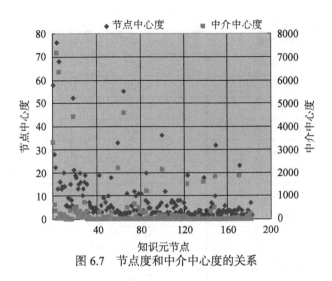

图 6.7　节点度和中介中心度的关系

3. 接近中心度

知识元节点中心度体现了一个知识元对网络的直接影响力，是对其自身
"领导"能力的描述；而中介中心度反映的是知识元对其他知识元的桥梁沟通
作用，是对其他知识元之间"中介"能力的描述。有时需要采用接近中心度
作为衡量指标来分析影响到达其他知识元节点的难易情况。如果知识元网络
中的一个知识元在能量信息传播中依赖其他知识元较少，那么该知识元的接
近中心度较高，其影响其他知识元属性变化的能力较弱。煤矿事故领域知识
元网络的外接近中心度最大值为 61.565，最小值为 31.261，平均值为 40.24；
内接近中心度最大值为 61.565，最小值为 31.261，平均值为 40.24。两者的最
大值都是最小值的 1.97 倍，表明该网络的大部分知识元节点有相对大的接近
中心度，导致其知识元节点间距离较小，很难对其他知识元节点产生影响，
从而使得煤矿事故领域知识元网络服从幂律分布。煤矿事故领域知识元网络
接近中心度最小 15 项如表 6.10 所示。

表 6.10　煤矿事故领域知识元网络接近中心度(最小值，前 15 项)

排序	知识元节点	内接近中心度	外接近中心度
1	溶洞	33.090	33.090
2	水采面	33.029	33.029
3	车间	32.613	32.613
4	平台	32.496	32.496

排序	知识元节点	内接近中心度	外接近中心度
5	矸石山	32.321	32.321
6	隔离间	32.321	32.321
7	泵房	32.321	32.321
8	危险地带工作	32.321	32.321
9	绞车坡	32.092	32.092
10	井下火药库	31.369	31.369
11	办公楼	31.315	31.315
12	新建井	31.315	31.315
13	库房	31.261	31.261
14	屋面	31.261	31.261
15	阳台	31.261	31.261

由表 6.10 可知，接近中心度较小的知识元中客观事物系统环境知识元较多，因此，保障生产作业环境建设是减少煤矿事故发生的一种重要手段和途径。

6.3.3 子网络属性分析

通过对收集的数据进行处理，建立了各知识元子网的邻接矩阵，如附录中附表 1～附表 8 所示，应用 Ucinet 软件对所建立的邻接矩阵进行计算分析得到各知识元子网的相关属性。

1. 各子网络整体性分析

1）瓦斯事故知识元子网

瓦斯事故知识元子网的节点由与瓦斯事故相关的知识元组成，节点数为 59，边数为 609，网络密度为 0.177 7，平均路径长度为 1.822，聚类系数为 0.543。瓦斯事故知识元子网拓扑图如图 6.8 所示。

2）顶板事故知识元子网

顶板事故知识元子网的节点由顶板事故涉及相关知识元组成，节点数为 34，边数为 192，网络密度为 0.171 1，平均路径长度为 1.829，聚类系数为 0.571。顶板事故知识元子网拓扑图如图 6.9 所示。

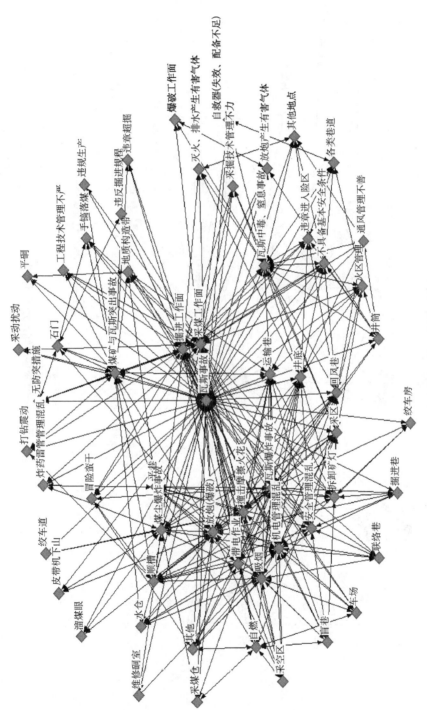

图 6.8 瓦斯事故知识元子网拓扑图

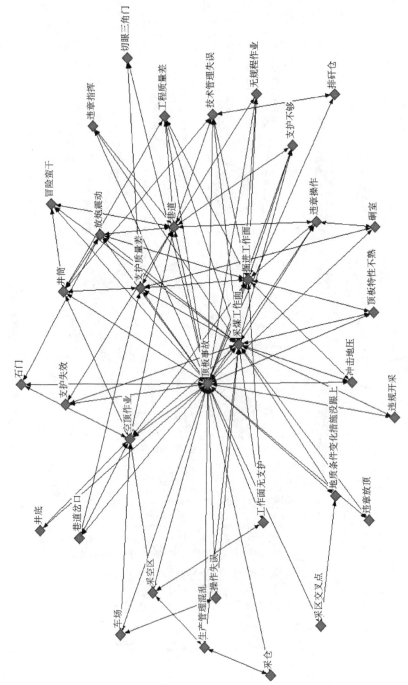

图 6.9　顶板事故知识元子网拓扑图

3) 火灾事故知识元子网

火灾事故知识元子网的节点由火灾事故涉及的相关知识元组成，节点数为 21，边数为 98，网络密度为 0.233 3，平均路径长度为 1.767，聚类系数为 0.612。火灾事故知识元子网拓扑图如图 6.10 所示。

4) 水害事故知识元子网

水害事故知识元子网的节点由与煤矿水害事故相关的知识元组成，节点数为 37，边数为 236，网络密度为 0.177 2，平均路径长度为 1.823，聚类系数为 0.515。水害事故知识元子网拓扑图如图 6.11 所示。

5) 机电事故知识元子网

机电事故知识元子网的节点由与机电事故相关的知识元组成，节点数为 19，边数为 72，网络密度为 0.210 5，平均路径长度为 1.789，聚类系数为 0.735。机电事故知识元子网拓扑图如图 6.12 所示。

6) 放炮事故知识元子网

放炮事故知识元子网的节点由与放炮事故相关的知识元组成，节点数为 20，边数为 80，网络密度为 0.210 5，平均路径长度为 1.789，聚类系数为 0.725。放炮事故知识元子网拓扑图如图 6.13 所示。

7) 运输事故知识元子网

运输事故知识元子网的节点由与运输事故相关的知识元组成，节点数为 33，边数为 166，网络密度为 0.157 2，平均路径长度为 1.843，聚类系数为 0.644。运输事故知识元子网拓扑图如图 6.14 所示。

8) 其他事故知识元子网

其他事故知识元子网的节点由与其他事故相关的知识元组成，节点数为 24，边数为 108，网络密度为 0.195 7，平均路径长度为 1.804，聚类系数为 0.656。其他事故知识元子网拓扑图如图 6.15 所示。

各煤矿事故知识元子网结构属性汇总统计如表 6.11 所示。由表 6.11 可知：①八个子网的平均路径长度都小于 2，表示一个知识元节点经过不到 2 步，就可以对其他知识元节点产生影响，这说明知识元描述的对象相互产生关联的路径较短；②八个子网的网络密度都较大，说明各子网络知识元节点之间的联系较紧密；③所有子网的聚类系数都大于 0.1，说明八个子网的知识元节点集团化倾向都较强。

八个子网络的平均路径长度都较小，而聚类系数较大，说明煤矿事故领

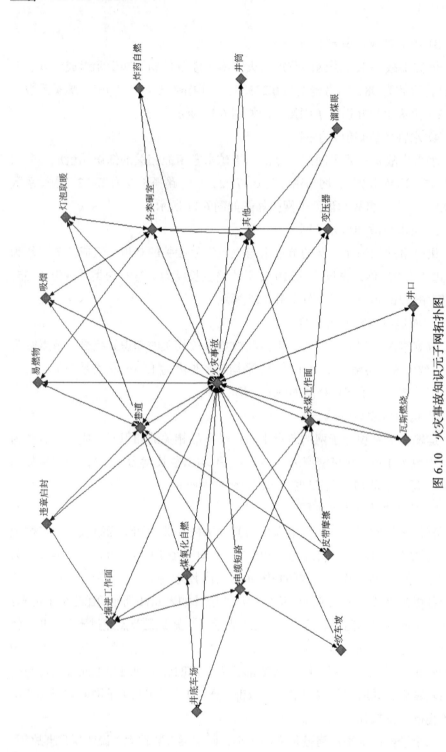

图 6.10 火灾事故知识元子网拓扑图

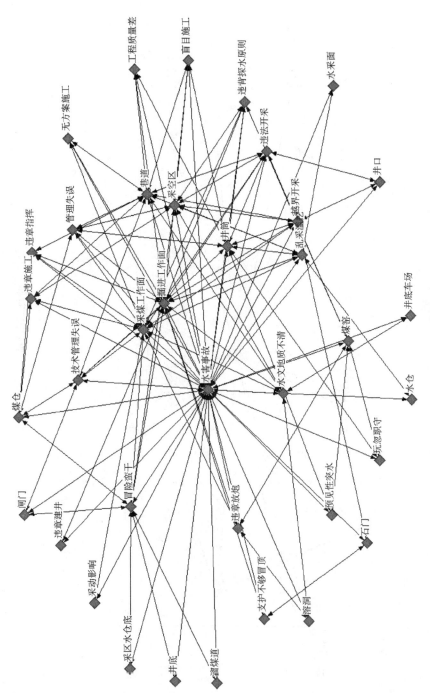

图 6.11　水害事故知识元子网拓扑图

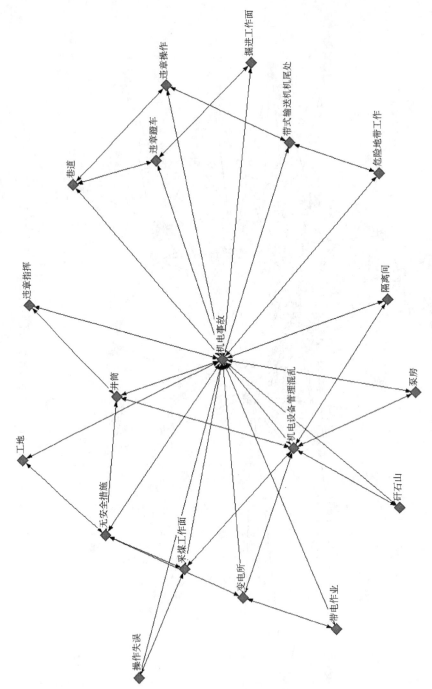

图 6.12　机电事故知识元子网拓扑图

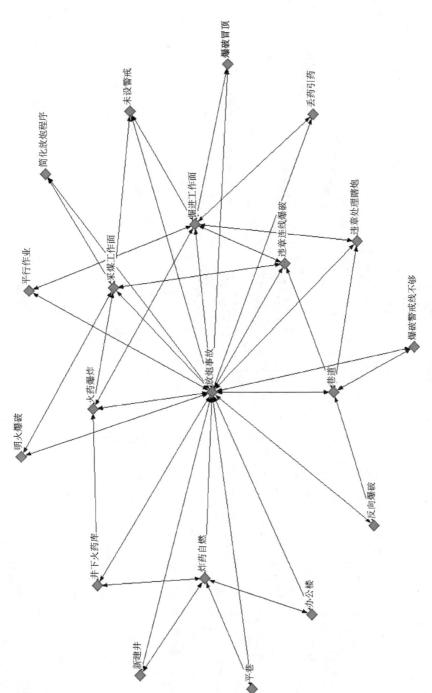

图 6.13　放炮事故知识元子网拓扑图

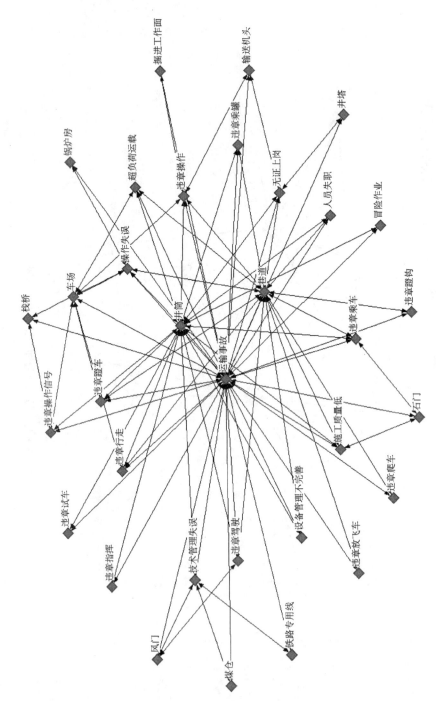

图 6.14　运输事故知识元子网拓扑图

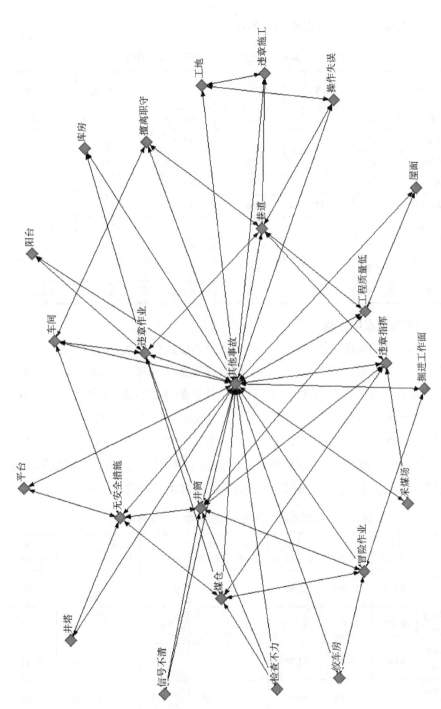

图 6.15 其他事故知识元子网拓扑图

域的八个事故知识元子网存在小世界性。

表 6.11　煤矿事故领域知识元子网结构属性

网络名称＼指标	节点数/个	边数/条	网络密度	平均路径长度	聚类系数
煤矿事故领域知识元网	182	1 511	0.045 9	2.529	0.579
瓦斯事故知识元子网	59	609	0.177 7	1.822	0.543
顶板事故知识元子网	34	192	0.171 1	1.829	0.571
火灾事故知识元子网	21	98	0.233 3	1.767	0.612
水害事故知识元子网	37	236	0.177 2	1.823	0.515
机电事故知识元子网	19	72	0.210 5	1.789	0.735
放炮事故知识元子网	20	80	0.210 5	1.789	0.725
运输事故知识元子网	33	166	0.157 2	1.843	0.644
其他事故知识元子网	24	108	0.195 7	1.804	0.656

2. 子网节点中心度

煤矿事故领域各事故知识元子网节点中心度统计如表 6.12 所示。瓦斯事故知识元子网平均度为 10.322，比其他各子网的平均度大，表示瓦斯事故知识元子网的知识元节点与其他知识元节点建立的连接较多，反映出瓦斯事故一个知识元描述对象状态变化引起另外知识元描述对象状态变化数量要比其他子网多，进一步说明瓦斯事故相对难处置。机电事故知识元子网的平均出入度为 3.789，为最低，表示机电事故知识元子网的知识元节点与其他知识元节点建立的连接相对较少，进而比其他事故相对来说好处置一点。

表 6.12　煤矿事故知识元子网节点中心度描述性统计

网络名称	平均出入度	出度中心势/%	入度中心势/%	出度最小值	出度最大值	出度标准差	入度最小值	入度最大值	入度标准差
煤矿事故整体网	8.032	37.609	37.609	2	76	11.097	2	76	11.098
瓦斯事故子网	10.322	85.375	85.375	3	59	9.073	2	59	9.127
顶板事故子网	5.647	85.399	85.399	2	33	6.043	2	33	6.043
火灾事故子网	4.667	80.500	80.500	2	20	3.944	2	20	3.944

续表

网络 名称	平均 出入度	出度 中心势/%	入度 中心势/%	出度 最小值	出度 最大值	出度 标准差	入度 最小值	入度 最大值	入度 标准差
水害事故 子网	6.378	84.568	84.568	2	36	6.069	2	36	6.069
机电事故 子网	3.789	83.333	83.333	2	18	3.592	2	18	3.592
放炮事故 子网	4.000	83.102	83.102	2	19	3.808	2	19	3.808
运输事故 子网	5.030	86.914	86.914%	2	32	5.926	2	32	5.926
其他事故 子网	4.500	83.932	83.932	2	23	4.282	2	23	4.282

煤矿事故知识元子网出度、入度统计的前 5 项如表 6.13 所示。与表 6.7 相对照可知，知识元节点如果在子网中有较大的出度、入度，那么在整个煤矿事故领域知识元网中的出度、入度值也较大，说明知识元节点的重要性在整个煤矿事故领域知识元网络和子网中体现出来的是一致的。

表 6.13　煤矿事故知识元子网度值(前 5 项)

网络名称	排序	知识元节点	出度	知识元节点	入度
瓦斯事故 知识元子网	1	采煤工作面	29	采煤工作面	29
	2	瓦斯爆炸事故	28	瓦斯爆炸事故	28
	3	掘进工作面	25	掘进工作面	25
	4	放炮	22	放炮	22
	5	煤与瓦斯突出	19	机电管理混乱	20
顶板事故 知识元子网	1	采煤工作面	20	采煤工作面	20
	2	巷道	12	巷道	12
	3	掘进工作面	12	掘进工作面	12
	4	空顶作业	10	空顶作业	10
	5	支护质量差	8	支护质量差	8
火灾事故 知识元子网	1	巷道	9	巷道	9
	2	各类硐室	7	各类硐室	7
	3	采煤工作面	7	采煤工作面	7
	4	电缆短路	6	电缆短路	6
	5	煤氧化自燃	5	煤氧化自燃	5

续表

网络名称	排序	知识元节点	出度	知识元节点	入度
水害事故 知识元子网	1	掘进工作面	16	掘进工作面	16
	2	采煤工作面	14	采煤工作面	14
	3	巷道	12	巷道	12
	4	井筒	11	井筒	11
	5	采空区	10	采空区	10
机电事故 知识元子网	1	机电设备管理混乱	7	机电设备管理混乱	7
	2	无安全措施	5	无安全措施	5
	3	井筒	4	井筒	4
	4	采煤工作面	4	采煤工作面	4
	5	变电所	4	变电所	4
放炮事故 知识元子网	1	掘进工作面	8	掘进工作面	8
	2	采煤工作面	6	采煤工作面	6
	3	炸药自燃	5	炸药自燃	5
	4	巷道	5	巷道	5
	5	违章连线爆破	4	违章连线爆破	4
运输事故 知识元子网	1	井筒	18	井筒	18
	2	巷道	16	巷道	16
	3	车场	7	车场	7
	4	违章操作	6	违章操作	6
	5	操作失误	6	操作失误	6
其他事故 知识元子网	1	井筒	8	井筒	8
	2	违章作业	7	违章作业	7
	3	巷道	7	巷道	7
	4	无安全措施	6	无安全措施	6
	5	煤仓	6	煤仓	6

下面通过分析各知识元子网的度分布来验证各知识元子网的无标度性，主要分析它们的入度分布来进行验证。

各知识元子网节点都相对较少，为不使统计忽高忽低，基于累积分布对度分布进行描述，其中以节点度数累积分布函数值 $P(k)$ 为纵坐标，以节点中心度 k 为横坐标建立坐标系，得到各知识元子网度数累积分布情况，并同时给出在双对数坐标下各知识元子网节点中心度的累积分布情况，如图 6.16～图 6.23

所示。

(1) 瓦斯事故知识元子网入度拟合函数为 $P(k) \propto k^{-0.596} (0 < k \leqslant 59)$，其分布情况如图 6.16 所示。

(2) 顶板事故知识元子网入度拟合函数为 $P(k) \propto k^{-0.858} (0 < k \leqslant 33)$，其分布情况如图 6.17 所示。

(3) 火灾事故知识元子网入度拟合函数为 $P(k) \propto k^{-0.78} (0 < k \leqslant 20)$，其分布情况如图 6.18 所示。

(4) 水害事故知识元子网入度拟合函数为 $P(k) \propto k^{-0.891} (0 < k \leqslant 37)$，其分布情况如图 6.19 所示。

(5) 机电事故知识元子网入度拟合函数为 $P(k) \propto k^{-1.013} (0 < k \leqslant 18)$，其分布情况如图 6.20 所示。

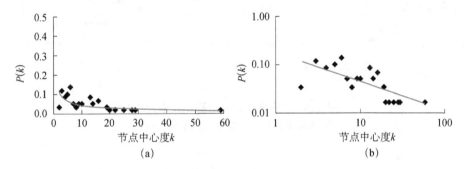

图 6.16 瓦斯事故知识元子网入度分布图
（服从幂律分布，拟合直线斜率为-0.596）

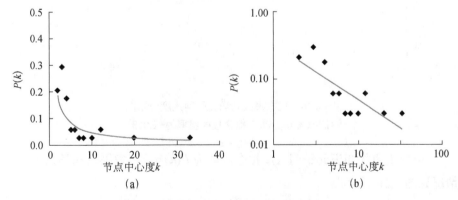

图 6.17 顶板事故知识元子网入度分布图
（服从幂律分布，拟合直线斜率为-0.858）

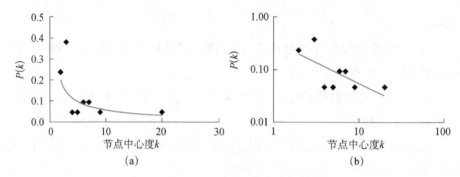

图 6.18　火灾事故知识元子网入度分布图
（服从幂律分布，拟合直线斜率为−0.78）

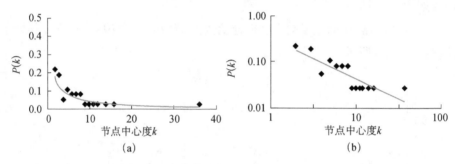

图 6.19　水害事故知识元子网入度分布图
（服从幂律分布，拟合直线斜率为−0.891）

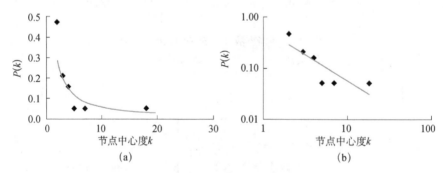

图 6.20　机电事故知识元子网入度分布图
（服从幂律分布，拟合直线斜率为−1.013）

(6)放炮事故知识元子网入度拟合函数为 $P(k) \propto k^{-0.964}(0 < k \leqslant 19)$，其分布情况如图 6.21 所示。

(7)运输事故知识元子网入度拟合函数为 $P(k) \propto k^{-0.937}(0 < k \leqslant 32)$，其分布情况如图 6.22 所示。

(8)其他事故知识元子网入度拟合函数为 $P(k) \propto k^{-0.89}(0 < k \leqslant 23)$，其分布情况如图 6.23 所示。

由图 6.16～图 6.23 可知，双对数坐标情况下，各知识元子网的知识元节点入度都服从幂律分布，说明它们具有无标度性。

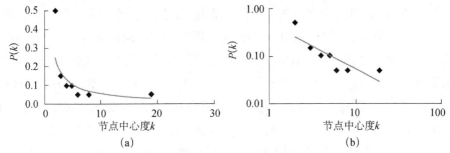

图 6.21　放炮事故知识元子网入度分布图
（服从幂律分布，拟合直线斜率为-0.964）

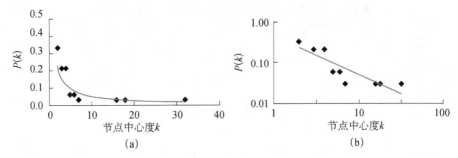

图 6.22　运输事故知识元子网入度分布图
（服从幂律分布，拟合直线斜率为-0.937）

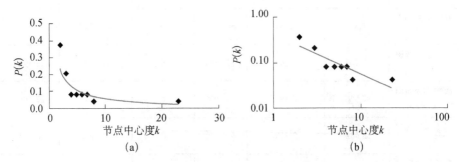

图 6.23　其他事故知识元子网入度分布图
（服从幂律分布，拟合直线斜率为-0.89）

3. 子网中介中心度

煤矿事故领域知识元子网的中介中心度如表 6.14 所示。从表 6.14 可以看出，各子网的中介中心度最大值都比平均值大，并且中介中心度平均值都比标准方差小，由此可得各知识元子网大部分知识元节点都指向中介中心度较大的知识元节点。其中瓦斯事故知识元子网中介中心度标准方差为中介中心度平均值的 4.34 倍，并且其中介中心度最大值为平均值的 35 倍，由此可以显示瓦斯事故知识元子网中"中介"作用较大节点的比例大于其他知识元子网，在 56 个节点中，有 9 个节点中介中心度值为 0，占总节点数的 16%。根据群体中心势定义，所有知识元子网中，机电事故知识元子网的群体中心势最大，表明其"中介"较大的节点较集中，而瓦斯事故知识元子网"中介"集中程度较小。

表 6.14　煤矿事故知识元网络节点中介中心度描述统计

网络名称	平均中介中心度	标准化平均中介中心度	群体中心势	中介中心度最小值	中介中心度最大值	标准方差
煤矿事故领域知识元网	276.709	0.849	21.27%	0	7 168.340	923.876
瓦斯事故知识元子网	47.695	1.443	49.91%	0	1 669.724	216.663
顶板事故知识元子网	13.676	2.590	61.76%	0	330.197	56.362
火灾事故知识元子网	7.667	4.035	64.39%	0	124.183	26.218
水害事故知识元子网	14.811	2.351	63.58%	0	404.519	65.317
机电事故知识元子网	7.105	4.644	77.71%	0	119.750	26.598
放炮事故知识元子网	7.500	4.386	73.20%	0	126.417	27.380
运输事故知识元子网	13.485	2.719	65.32%	0	327.636	56.691
其他事故知识元子网	9.250	3.656	72.31%	0	184.583	36.636

通过中介中心度函数分布分析来验证上述论断的正确性。以中介中心度

累积分布函数值 $P(B_N)$ 为纵坐标，以中介中心度值 B_N 为横坐标建立坐标系，得到各知识元子网中介中心度累积分布情况，同时给出在双对数坐标下各子网中介中心度的累积分布情况，如图 6.24～图 6.31 所示。

(1) 瓦斯事故知识元子网的中介中心度分布情况如图 6.24 所示。

(2) 顶板事故知识元子网的中介中心度分布情况如图 6.25 所示。

(3) 火灾事故知识元子网的中介中心度分布情况如图 6.26 所示。

(4) 水害事故知识元子网的中介中心度分布情况如图 6.27 所示。

(5) 机电事故知识元子网的中介中心度分布情况如图 6.28 所示。

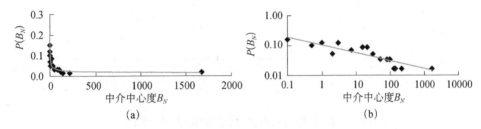

图 6.24　瓦斯事故知识元子网中介中心度分布图
（服从幂律分布，拟合直线斜率为−0.268）

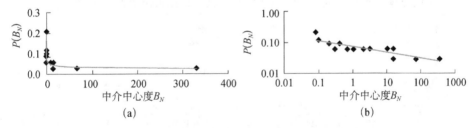

图 6.25　顶板事故知识元子网中介中心度分布图
（服从幂律分布，拟合直线斜率为−0.185）

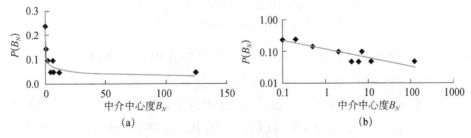

图 6.26　火灾事故知识元子网中介中心度分布图
（服从幂律分布，拟合直线斜率为−0.272）

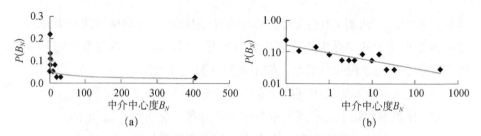

图 6.27　水害事故知识元子网中介中心度分布图
（服从幂律分布，拟合直线斜率为-0.243）

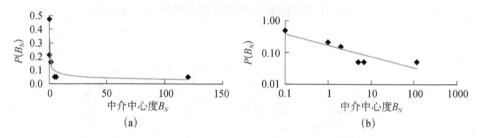

图 6.28　机电事故知识元子网中介中心度分布图
（服从幂律分布，拟合直线斜率为-0.347）

（6）放炮事故知识元子网的中介中心度分布情况如图 6.29 所示。

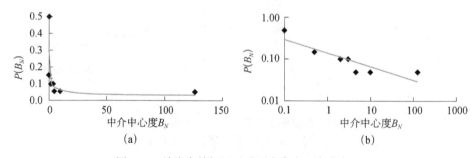

图 6.29　放炮事故知识元子网中介中心度分布图
（服从幂律分布，拟合直线斜率为-0.325）

（7）运输事故知识元子网的中介中心度分布情况如图 6.30 所示。

（8）其他事故知识元子网的中介中心度分布情况如图 6.31 所示。

由图 6.24～图 6.31 可知，各知识元子网的中介中心度累积分布服从幂律分布。从各知识元子网分布图可以看出存在拐点，在拐点附近中介中心度累积分布下降很快，说明中介中心度较小的大部分知识元节点都位于拐点上部的相对小的区域。

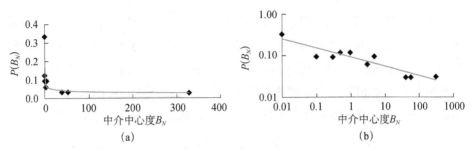

图 6.30　运输事故知识元子网中介中心度分布图
（服从幂律分布，拟合直线斜率为-0.223）

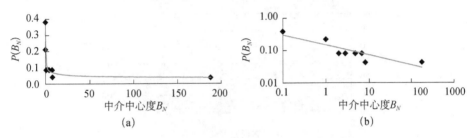

图 6.31　其他事故知识元子网中介中心度分布图
（服从幂律分布，拟合直线斜率为-0.313）

在瓦斯事故知识元子网中，中介中心度拐点大概位于中介中心度值 50 附近，在瓦斯事故知识元子网中，有 8 个知识元节点的中介中心度大于 50，如表 6.15 所示。

表 6.15　瓦斯事故知识元子网中介中心度大于 50 的节点

序号	知识元节点	出度	入度	中介中心度
1	瓦斯事故	59	59	1 669.724
2	采煤工作面	29	29	215.619
3	掘进工作面	25	25	140.638
4	瓦斯爆炸事故	28	28	127.332
5	煤与瓦斯突出	19	19	91.910
6	放炮	22	22	91.765
7	瓦斯中毒、窒息	19	19	74.353
8	煤尘爆炸事故	18	16	59.724

由表 6.15 可知，瓦斯事故知识元子网中，8 个中介中心度大于 50 的知识元节点的出度、入度都相对较大，说明中介中心度大的知识元节点的个体影响力较大，有较强纽带作用(中介作用)，为网络中的连接点。瓦斯事故知识元子网节点入度和中介中心度的对照关系如图 6.32 所示。由图 6.32 可知，该知识元子网中，节点中心度大的知识元节点，其中介中心度相对也大。

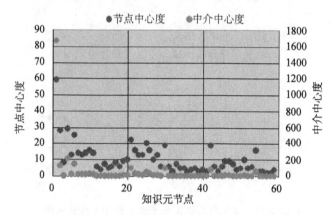

图 6.32　瓦斯事故知识元子网节点入度与中介中心度关系

各知识元子网的中介中心度统计情况如表 6.16 所示，其中列出了中介中心度较大的前 5 个节点。这些知识元节点在其对应知识元子系统中，其"中介"作用较其他知识元节点更强，对知识元网络的连通有重要作用。以采煤工作面知识元节点为例分析，其在除运输事故知识元子网、其他事故知识元子网外的其他 6 个知识元子网中的中介作用都较强，采煤工作面知识元在瓦斯事故知识元子网中入度为 29，出度为 29，中介中心度为 215.619；在顶板事故知识元子网中入度为 20，出度为 20，中介中心度为 67.883；在火灾事故知识元子网中入度为 7，出度为 7，中介中心度为 6.200；在水害事故知识元子网中入度为 14，出度为 14，中介中心度为 22.310；在机电事故知识元子网中入度为 4，出度为 4，中介中心度为 1.250；在放炮事故知识元子网中入度为 6，出度为 6，中介中心度为 4.500。一方面，入度、出度值较大说明采煤工作面知识元节点与较多的知识元节点有关联关系；另一方面，中介中心度较大说明采煤工作面知识元有较强的纽带作用，为了防止煤矿事故发生，应该重点注意采煤工作面的安全指标及安全状态。

表 6.16　各煤矿事故知识元子网知识元节点中介中心度(前 5 项)

网络名称	排序	知识元节点	中介中心度	标准化中介中心度
瓦斯事故 知识元子网	1	瓦斯事故	1 669.724	50.506
	2	采煤工作面	215.619	6.522
	3	掘进工作面	140.638	4.254
	4	瓦斯爆炸事故	127.332	3.852
	5	煤与瓦斯突出事故	91.910	2.780
顶板事故 知识元子网	1	顶板事故	330.197	62.537
	2	采煤工作面	67.883	12.857
	3	掘进工作面	15.300	2.898
	4	巷道	14.967	2.835
	5	空顶作业	13.813	2.616
火灾事故 知识元子网	1	火灾事故	124.183	65.360
	2	巷道	11.533	6.070
	3	硐室	6.333	3.333
	4	采煤工作面	6.200	3.263
	5	电缆短路	3.783	1.991
水害事故 知识元子网	1	水害事故	404.519	64.209
	2	掘进工作面	33.410	5.303
	3	采煤工作面	22.310	3.541
	4	井筒	13.560	2.152
	5	巷道	13.276	2.107
机电事故 知识元子网	1	机电事故	119.750	78.268
	2	机电设备管理混乱	7.000	4.575
	3	无安全措施	2.500	1.634
	4	采煤工作面	1.250	0.817
	5	变电所	1.250	0.817
放炮事故 知识元子网	1	放炮事故	126.417	73.928
	2	掘进工作面	9.833	5.750
	3	采煤工作面	4.500	2.632
	4	炸药自燃	3.000	1.754
	5	巷道	2.833	1.657

续表

网络名称	排序	知识元节点	中介中心度	标准化中介中心度
运输事故 知识元子网	1	运输事故	327.636	66.056
	2	井筒	54.917	11.072
	3	巷道	40.500	8.165
	4	车场	4.083	0.823
	5	违章操作	3.553	0.716
其他事故 知识元子网	1	其他事故	184.583	72.958
	2	井筒	8.333	3.294
	3	巷道	6.583	2.602
	4	违章作业	6.250	2.470
	5	无安全措施	4.333	1.713

4. 子网接近中心度

煤矿事故领域八个知识元子网接近中心度的描述性统计如表 6.17 所示。跟煤矿事故领域知识元整体网比较来看，整体网的接近中心度平均值小于八个知识元子网的接近中心度的平均值，表明各个知识元子网有比较明显的集聚效应，但各知识元子网放在整个煤矿事故领域知识元网络中时显现分散。比较各知识元子网接近中心度，机电事故知识元子网表现相对大一些，内接近中心度、外接近中心度的异质性相对较大，其内接近中心度最大值为平均值的 1.75 倍，内接近中心度的标准方差为 10.387，外接近中心度最大值为平均值的 1.75 倍，外接近中心度的标准方差为 10.387。表明机电事故的知识元节点指向接近中心度较小的知识元节点比例较大，反映出机电事故知识元节点的关系传递能力相对较弱，依赖于其他知识元节点来改变状态较少，多数知识元节点具有较强的独立性。

表 6.17　煤矿事故领域知识元子网接近中心度描述统计

指标 网络类型	内接近中心度				外接近中心度			
	均值	最大值	最小值	标准方差	均值	最大值	最小值	标准方差
煤矿事故领域知识元网	40.240	61.565	31.261	5.396	40.240	61.565	31.261	5.395
瓦斯事故知识元子网	55.445	100.00	50.877	6.891	55.440	100.00	51.327	6.872
顶板事故知识元子网	55.530	100.00	51.563	8.681	55.530	100.00	51.563	8.681

续表

指标 网络类型	内接近中心度				外接近中心度			
	均值	最大值	最小值	标准方差	均值	最大值	最小值	标准方差
火灾事故知识元子网	57.698	100.00	52.632	9.988	57.698	100.00	52.632	9.988
水害事故知识元子网	55.583	100.00	51.429	8.024	55.583	100.00	51.429	8.024
机电事故知识元子网	57.028	100.00	52.941	10.387	57.028	100.00	52.941	10.387
放炮事故知识元子网	57.013	100.00	52.778	10.243	57.013	100.00	52.778	10.243
运输事故知识元子网	55.136	100.00	51.613	8.818	55.136	100.00	51.613	8.818
其他事故知识元子网	56.379	100.00	52.273	9.432	56.379	100.00	52.273	9.432

各知识元子网的接近中心度如表 6.18 所示,仅列出前 5 项较小的知识元节点,所列的知识元节点与其他知识元节点相比独立性较强,这些知识元节点所描述的对象导致事故发生的频率相对较低。

表 6.18 煤矿事故知识元子网接近中心度(较小,前 5 项)

网络名称	排序	知识元节点	内接近中心度	外接近中心度
瓦斯事故知识元子网	1	维修硐室	50.877	51.327
	2	绞车道	50.877	51.327
	3	皮带机下山	51.327	51.327
	4	违规生产	51.327	51.327
	5	溜煤眼	51.327	51.327
顶板事故知识元子网	1	排矸仓	51.563	51.563
	2	违章放顶	51.563	51.563
	3	采仓	51.563	51.563
	4	违规开采	51.563	51.563
	5	切眼三角	51.563	51.563
火灾事故知识元子网	1	炸药自燃	52.632	52.632
	2	绞车坡	52.632	52.632
	3	井口	52.632	52.632
	4	井筒	52.632	52.632
	5	溜煤眼	52.632	52.632
水害事故知识元子网	1	井底	51.429	51.429
	2	水仓	51.429	51.429

续表

网络名称	排序	知识元节点	内接近中心度	外接近中心度
水害事故 知识元子网	3	违章建井	51.429	51.429
	4	水采面	51.429	51.429
	5	溜煤道	51.429	51.429
机电事故 知识元子网	1	违章指挥	52.941	52.941
	2	泵房	52.941	52.941
	3	隔离间	52.941	52.941
	4	矸石山	52.941	52.941
	5	危险地带工作	52.941	52.941
放炮事故 知识元子网	1	平行作业	52.778	52.778
	2	新建井	52.778	52.778
	3	平巷	52.778	52.778
	4	明火爆破	52.778	52.778
	5	办公楼	52.778	52.778
运输事故 知识元子网	1	违章指挥	51.613	51.613
	2	违章试车	51.613	51.613
	3	违章爬车	51.613	51.613
	4	井塔	51.613	51.613
	5	煤仓	51.613	51.613
其他事故 知识元子网	1	屋面	52.273	52.273
	2	平台	52.273	52.273
	3	库房	52.273	52.273
	4	井塔	52.273	52.273
	5	阳台	52.273	52.273

6.4 本章小结

本章给出了研究煤矿事故领域知识元网络的建模方法和分析过程，并建立了网络化模型，为煤矿事故领域知识元网络的特性分析提供了基础。

通过对事故案例的收集、整理，收集到 1 413 例，其中瓦斯事故 703 例、顶板事故 246 例、火灾事故 56 例、水害事故 203 例、放炮事故 27 例、机电事故 20 例、运输事故 117 例、其他事故 41 例。抽取有意义的知识元节点 182 个，知识元节点关系 1 511 条，建立了煤矿事故领域知识元网络及其子网。八个知识元子网中，瓦斯事故知识元子网有知识元节点 59 个，知识元节点关系 609 条；顶板事故知识元子网有知识元节点 34 个，知识元节点关系 192 条；火灾事故知识元子网有知识元节点 21 个，知识元节点关系 98 条；水害事故知识元子网有知识元节点 37 个，知识元节点关系 236 条；机电事故知识元子网有知识元节点 19 个，知识元节点关系 72 条；放炮事故知识元子网有知识元节点 20 个，知识元节点关系 80 条；运输事故知识元子网有知识元节点 33 个，知识元节点关系 166 条；其他事故知识元子网有知识元节点 24 个，知识元节点关系 108 条。

网络整体属性：其密度为 0.045 9，说明该网络有较低的紧密程度及较分散的结构；其聚类系数为 0.579，说明网络中的知识元节点集团化倾向较高；其平均路径长度为 2.529，说明煤矿事故领域知识元网络中的一个知识元描述的对象发生变化平均只要 2.529 步就能导致其他非紧邻的知识元描述的对象发生变化，其聚类系数、平均路径长度的数值表明该网络为小世界网络。

其入度、出度满足幂律分布，说明其为无标度网络，表明有少数度值比其他知识元节点较大的"集散节点"存在于网络中，它们对该网络的结构和组成起到控制作用，具有比其他度值较小的知识元节点大的影响力，因而要控制煤矿事故的发生就要从这些集散节点抓起。

在煤矿事故领域知识元网络中，节点中心度平均值为 8.032，表明网络中每个知识元节点的变化将会平均对其他 8.032 个知识元节点产生影响。其中介中心度均值是 276.709，中介中心度标准方差为 923.876，中介中心度最大值是中介中心度平均值的 25.9 倍，说明异质性较大，即有少量中介作用较大的知识元节点存在于其中，大量知识元节点的中介作用都较小。其内接近中心度最大值为 61.565，最小值为 31.261，平均值为 40.24，最大值是最小值的 1.97 倍，表明该网络的大部分知识元节点有较大的接近中心度，导致网络的知识元节点间距离较小，很难对其他知识元节点产生影响，从而使得煤矿事故领域知识元网络服从幂律分布。

分析各知识元子网可知，平均路径长度都小于 2，说明知识元描述的对象相互关联的路径较短。各子网的网络密度都较大，说明各子网络知识元节点之间的联系较紧密。所有子网的聚类系数都大于 0.1，说明各子网的知识元节点集团化倾向都较强。8 个知识元子网的平均路径长度都较小，而聚类系数较大，说明 8 个知识元子网有小世界性。

在各子网个体属性中，在平均度方面，瓦斯事故知识元子网平均度比其他各子网的平均度大，表明瓦斯事故知识元子网的知识元节点相互影响要比其他七个知识元子网大，机电事故知识元子网的平均度最低。八个知识元子网的入度都服从幂律分布，表明各知识元子网中大部分知识元节点都指向节点中心度较大的知识元节点，机电事故知识元子网较强。在中介中心度方面，机电事故知识元子网的中介作用较大的点较集中，而瓦斯事故知识元子网中介作用较大的点集中程度最小。从接近中心度来看，与煤矿事故领域知识元整体网相比，八个子网的接近中心度平均值都比整体网大，表明各知识元子网有较大的集聚效应。比较各知识元子网的接近中心度，机电事故知识元子网相对较大，内接近中心度、外接近中心度的异质性相对较大，表明机电事故知识元节点的关系传递能力相对来说较弱，多数知识元节点的独立性较强。

第 7 章

总结和展望

7.1 主要工作与创新

由于作业环境、深度开采、广度开采，煤矿行业成为事故发生率很高的行业，从近年煤矿事故统计数据可以看出煤矿事故依然严峻，并且煤矿事故造成巨大的生命伤亡、经济损失，对它的应急处置存在资源难共享、有效对策难得到等问题，于是对其应急管理的研究很紧迫。煤矿事故具有偶然性、预测难等特点，难于用单一的方法和模型来解决应急决策，而是需要针对情境的即时综合信息、知识和模型。因此，如何建立模型把来自不同学科的非结构化或不同结构的信息、知识、模型组织管理起来，有效方便地建立和维护这些信息、知识、模型，并针对情境快速提供准确的信息、知识和模型是煤矿事故应急管理中的关键问题之一。知识元是描述事物知识的最小单位，能够从概念、属性、组成要素方面揭示事物的本源，知识元能够作为统一标准把来自不同学科、不同结构的信息、知识、模型进行描述和集成，于是研究知识元的表示、领域知识元模型构建以及知识元网络模型构建就显得重要和有意义。基于此背景提出本书的研究主题。

王延章把知识元应用到模型领域中提出共性知识元模型，其能够把事物的本源即事物的组成要素表示出来，本书把该思想扩展到煤矿事故领域，对煤矿事故领域的知识元和其相关模型构建进行了探讨和研究。

本书的研究工作及主要成果如下。

（1）系统对知识元、传统描述逻辑 ALC、复杂网络进行介绍，详细介绍了传统描述逻辑 ALC 的语法、语义及推理，重点对复杂网络的相关概念、性能指标、与本书相关的几个典型网络模型进行了阐述，并对煤矿事故领域知识元、对应的网络及其要素进行确立。

（2）为了能够更好地形式化描述知识元，在描述逻辑 ALC 的基础上把概念扩展分为两类，即对象知识元概念和属性知识元概念，关系分为对象知识元间关系、属性知识元间关系、对象知识元和属性知识元间关系三类，并添加反关系构造器对 ALC 进行扩展，提出描述逻辑 KEDL，建立了描述逻辑 KEDL 的语法、语义以及公理集，然后通过证明得到 KEDL 的一些性质，如幂等律、排中律等，并通过证明讨论 KEDL 的语义推论和语法推论的关系，证明得到两者相等价，也就是说 KEDL 系统是完备的，且描述逻辑 KEDL 的表达能力比 ALC 更强。

（3）为了揭示煤矿事故本源和更好地描述煤矿事故领域相关信息、知识，对煤矿事故进行分析后得出面向应急管理的煤矿事故涉及煤矿事故本身、其所在的煤矿客观事物系统环境以及人们对其进行的应急管理活动；基于系统论把煤矿事故、煤矿客观事物系统、煤矿应急管理活动进行细分，细分到管理学范畴下不可再分为止，提出煤矿事故基元事件、煤矿事故应急活动基元概念，然后分别抽取煤矿客观事物系统对象、煤矿事故基元事件、煤矿事故应急活动基元的属性要素及其关系，基于共性知识元模型分别建立了表达煤矿事故领域的相关事物及信息的三类知识元及它们的模型，并对三类知识元模型的知识元表达完备性进行了讨论。然后从知识元角度描述了煤矿客观事物系统对象、煤矿事故基元事件、煤矿事故应急活动基元间的关系，提出了其模型，并进一步用谓词逻辑进行表示，在些基础上讨论了所建立的三类知识元间的关系，由实例说明所建立的知识元模型能够很好地表达和描述煤矿事故及涉及的相关事物。

（4）为了组织和查询检索煤矿事故领域相关知识元，基于本体论构建了煤矿事故领域知识元本体模型，其包括煤矿客观事物系统知识元本体、煤矿事故知识元本体、煤矿事故应急活动知识元本体，基于概念体系和知识元体系提出分别基于树型结构来构建煤矿客观事物系统知识元本体、煤矿事故知识元本体、煤矿事故应急活动知识元本体，并分别建立了三类知识元本体基于树型结构的语义描述模型，接着采用本体工具 Protégé 对知识元本体进行了构建实现，并运用 OWL 对所构知识元本体进行描述，再次基于 FaCT++推理器对其进行推理、查询。

（5）为了描述煤矿事故领域知识元间的关系，基于复杂网络对煤矿事故领域知识元网络进行了构建和属性分析，根据煤矿事故领域知识元模型及其关系建立了煤矿事故领域知识元网络数学模型，通过对煤矿事故案例数据的收集、整理，收集煤矿事故案例 1413 例，其中瓦斯事故 703 例、顶板事故 246 例、火灾事故 56 例、水害事故 203 例、放炮事故 27 例、机电事故 20 例、运输事故 117 例、其他事故 41 例。抽取有意义的知识元节点 182 个，知识元节点关系 1 511 条，建立了煤矿事故领域知识元网络及其子网。经过分析得到其整体属性为：网络密度为 0.045 9，聚类系数为 0.579，平均路径长度为 2.529，数值表明其具有小世界性；其入度、出度满足幂律分布，于是其为无标度网络。个性属性为：节点中心度平均值为 8.032，中介中心度均值是 276.709，中介中心度标准方差为 923.876，内接近中心度最大值为 61.565，最小值为 31.261，平均值为 40.24。煤矿事故领域知识元网络包含 8 个知识子网，瓦斯事故知识元子网有知识元节点 59 个，知识元节点关系 609 条；顶板事故知识元子网有知识元节点 34 个，知识元节点关系 192 条；火灾事故知识元子网有知识元节点 21 个，知识元节点关系 98 条；水害事故知识元子网有知识元节点 37 个，知识元节点关系 236 条；机电事故知识元子网有知识元节点 19 个，知识元节点关系 72 条；放炮事故知识元子网有知识元节点 20 个，知识元节点关系 80 条；运输事故知识元子网有知识元节点 33 个，知识元节点关系 166 条；其他事故知识元子网有知识元节点 24 个，知识元节点关系 108 条。分析各知识元子网可知，平均路径长度都小于 2，说明知识元描述的对象相互关联的路径较短。8 个知识元子网的密度都较大，说明各子网知识元节点联系都很紧密。所有子网的聚类系数都大于 0.1，说明各子网的知识元节点集团化倾向都较强。8 个知识元子网的平均路径长度都较小，而聚类系数较大，说明 8 个知识元子网存在小世界网特性。在各子网个体属性中，在平均度方面，瓦斯事故知识元子网平均度比其他各子网的平均度大，机电事故知识元子网的平均度最低。8 个知识元子网的入度都服从幂律分布，表明各知识元子网中大部分知识元节点都指向节点中心度较大的节点，机电事故知识元子网较强。在中介中心度方面，机电事故知识元子网的中介作用较大的点较集中，而瓦斯事故知识元子网中介作用较大的点集中程度最小。从接近中心度来看，与煤矿事故领域知识元整体网相比，8 个子网的接近中心度平均值都比整体网大，机电事故知识元子网相对较大，表明机电事故知识元节点的关系传递能力相对来说较弱，多数知识元节点的独立性相对较强。

本书的创新性表现在以下几方面。

(1) 在传统描述逻辑 ALC 基础上，把概念扩展分为对象知识元概念和属性知识元概念两类，把关系扩展分为对象知识元间关系、属性知识元间关系、对象知识元和属性知识元间关系 3 类，添加反关系构造器进行扩展，提出了知识元描述逻辑 KEDL，建立了描述逻辑 KEDL 的语法、语义以及公理集，证明得到 KEDL 具有完备性等性质，为知识元形式化描述和推理提供了逻辑基础。

(2) 提出煤矿事故基元事件、煤矿事故应急活动基元概念，基于共性知识元模型建立了煤矿客观事物系统知识元模型、煤矿事故知识元模型、煤矿事故应急活动知识元模型，为描述煤矿事故涉及的相关信息、知识提供了统一标准。

(3) 采用本体论构建了煤矿事故领域知识元本体模型，提出了基于树型结构对其包含的煤矿客观事物系统知识元本体、煤矿事故知识元本体、煤矿事故应急活动知识元本体进行构建和语义描述，通过所建立的知识元本体模型能够有效地实现对煤矿事故领域知识元的组织和查询检索，为知识元的组织和检索提供一种方法。

(4) 构建了煤矿事故领域知识元网络数学模型，通过收集和整理大量煤矿事故案例数据，建立了煤矿事故领域知识元网络和其所属 8 个知识元子网络，分析得到该知识元网络具有小世界性、无标度性，8 个知识元子网络也具有小世界性，从而揭示了煤矿事故及所涉及的客观事物、人们的应急活动之间的相互关系，为煤矿事故演化分析提供了一定的基础。

7.2　下一步研究工作

本书对知识元的表示、煤矿事故领域知识元及相关模型进行了一些基础性研究和探讨，由于篇幅、一些客观条件等限制，以下内容有待研究和完善。

(1) 描述逻辑 KEDL 的概念满足性、概念包含等推理问题还需研究和探讨，虽然 KEDL 有一定的表达能力，但随着情况、条件的变化，有可能还需添加构造器来对其进行扩展，以提高表达能力，满足实际表示知识的需要。

(2) 本书所用到的知识元采用人工方式从煤矿事故案例中进行抽取，知识元自动抽取是今后对知识元研究方面的一部分内容。

(3) 本书仅对所构建的知识元网络从整体性、个体性方面进行了探讨和分析，该网络的其他特性包括核数、演化等还需进一步分析和研究。

(4) 本书对构建的知识元本体基于本体开发工具实现，能对知识元进行一些推理查询，而相似度是查询检索中的一种重要方法，研究知识元的相似度，然后基于相似度对知识元进行检索也是今后的研究方向。

参考文献

[1] 国家安全监管总局. 2000～2012 年煤炭工业统计年报[R]. 国家安全监管总局.

[2] 国家煤矿安全监察局统计司. 2000～2012 年全国煤炭工业生产安全事故统计分析报告[R]. 国家煤矿安全监察局统计司.

[3] 王延章. 非常规突发事件演化分析和应对决策的支持模型集成原理与方法[R]. 国家基金项目申请书, 2010.

[4] 潘启东. 煤矿灾害网络构建及特征属性研究[D]. 北京：中国矿业大学, 2011.

[5] 高隆昌. 系统学原理[M]. 北京：科学出版社, 2005.

[6] 肖君德. 知识元相似度模型及融合方法研究[D]. 大连：大连理工大学, 2012.

[7] 梁伟. 语言网络研究[D]. 济南：山东大学, 2010.

[8] 史培军. 三论灾害研究的理论与实践[J]. 自然灾害学报, 2002, 11(3)：1-9.

[9] 王延章. 模型管理的知识及其表示方法[J]. 系统工程学报, 2011, 26(5)：291-297.

[10] 杨德宽, 王雪华, 裴江南, 等. 基于知识元网络的突发事件模型组合调用[J]. 系统工程, 2012, 30(9)：87-93.

[11] 陈雪龙, 董恩超, 王延章, 等. 非常规突发事件应急管理的知识元模型[J]. 情报学报, 2011, 30(12)：22-26.

[12] 李红超, 刘凌云. 煤矿安全事故发生机理初探[J]. 煤矿安全. 2008, 8：114-115.

[13] 郭进平, 吴伶, 顾清华, 等. 矿山事故时序分形特征研究[J]. 金属矿山, 2007(12)：111-114.

[14] 魏加宁. 危机与危机管理[J]. 管理世界, 1994(6)：53-59.

[15] 薛澜, 张强. SARS 事件与中国危机管理体系建设[J]. 清华大学学报, 2003, 18(4)：1-6.

[16] 王君. 基于结构化文本的 SARS 应急知识管理系统的设计与实现[D]. 大连：大连理工大学, 2005.

[17] 王延章. 应急管理信息系统——基本原理、关键技术、案例[M]. 北京：科学出版社,

2010.

[18] 余志虎. 应急管理的过程和内容设计——基于对突出公共事件案例分析[J]. 合肥工业大学学报, 2012, 26(5): 99-103.

[19] 薛澜. 中国应急管理系统的演变[J]. 行政管理与改革, 2010 (8): 22-24.

[20] Martyn T A. Computer decision support systems in general practice[J]. International Journal of Information Management, 2001, 21(1): 39-47.

[21] 万军. 中国政府应急管理的现实和未来[J]. 中共南京市委党校南京市行政学院学报, 2003(5): 43-49.

[22] Asmolov V G. Development of the methodology and approaches to validate safety and accident management[J]. Nuclear Engineering and Design, 1997, 173(1): 229-237.

[23] Hassad R A. Training for effective decision-making in bioterrorism preparedness and response[J]. Annals of Epidemiology, 2004, 14(8): 606.

[24] Nissen M E. Knowledge-based knowledge management in the reengineering domain[J]. Decision Support Systems, 1999, 27(1-2): 47-65.

[25] 左美云. 国内外企业知识管理研究综述[J]. 知识经济, 2000: 31-32.

[26] 乌家培. 正确认识信息与知识及其相关问题的关系[J]. 情报理论与实践, 1999, 22(1): 4-6.

[27] 王众托. 知识系统工程[J]. 大连理工大学学报, 2000, 40(12): 115-122.

[28] 肖兴志, 梁晓娟. 我国煤矿事故应急管理体系的反思与改进[J]. 经济与管理研究, 2008, 8: 49-53.

[29] 倪蓉. 煤矿事故应急管理体系研究[J]. 煤炭工程, 2011, 4: 133-135.

[30] 徐如镜. 开发知识资源, 发展知识产业, 服务知识经济[J]. 现代图书情报技术, 2002(s1): 4-6.

[31] 马费成. 情报学的进展与深化[J]. 情报学报, 1996(5): 337-343.

[32] 陈毓森. 物理教材中"知识元教学"的意义与操作[J]. 课程. 教材. 教法, 1999, 10: 24-28.

[33] 孙成江, 昊正荆. 知识服务战略: 创建增值联盟[J]. 情报科学, 2002, 20(10): 1028-1029.

[34] 温有奎, 徐国华, 赖伯年, 等. 信息整流与知识增值服务[J]. 情报学报, 2003, 3: 273-277.

[35] 游星雅. 高校网络数字图书馆建设中的知识服务[J]. 湘潭师范学院学报(社会科学版), 2003, 25(1): 141-144.

[36] Jiang L，Yang Z K，Wang J X. Knowledge indexing of Chinese text based knowledge element［C］// 2008 International Symposiumon Knowledge Acquisition and Modeling，2008，35-38.

[37] 姜永常，杨宏岩，张丽波. 基于知识元的知识组织及其系统服务功能研究［J］. 理论与探索，2007，30(1)：37-40.

[38] 文庭孝，侯经川，龚蛟腾，等. 中文文本知识元的构建及其现实意义［J］. 中国图书馆学报，2007，6：91-95.

[39] 席运江，党延忠. 基于加权知识网络的个人及群体知识结构分析方法［J］. 管理工程学报，2008，22(3)：1-4.

[40] 周宁，余肖生，刘玮，等. 基于 XML 平台的知识元表示与抽取研究［J］. 中国图书馆学报，2006，3：41-45.

[41] 付蕾. 知识元标引系统的设计与实现［D］. 武汉：华中师范大学，2009.

[42] 毕经元. 基于 Web 2.0 的知识元链接网络系统［D］. 杭州：浙江大学，2010.

[43] 温有奎，温浩，徐端颐，等. 基于知识元的文本知识标引［J］. 情报学报，2006，25(3)：282-288.

[44] 张静，刘延申，卫金磊. 论中小学多媒体知识元库的建立［J］. 现代教育技术，2005，5：68-71.

[45] 原小玲. 基于知识元的知识标引［J］. 图书馆学研究，2007，6：45-47.

[46] 温有奎，徐国华. 知识元链接理论［J］. 情报学报，2003，22(6)：665-670.

[47] 姜永常. 基于知识元的知识仓库构建［J］. 图书情报，2005，6：73-74.

[48] 温有奎，徐端颐，潘龙法. 基于 XML 平台的知识元本体推理［J］. 情报学报，2004，23(6)：643-648.

[49] 温有奎，焦玉英. Wiki 知识元语义图研究［J］. 情报学报，2009，28(6)：870-877.

[50] 温有奎，焦玉英. 基于范畴的知识单元组织与检索研究［J］. 情报学报，2010，29(3)：327-392.

[51] 谈春梅，颜世伟. 网络专题知识组织知识元自动抽取系统的设计与实现［J］. 现代图书情报技术，2008，3：62-67.

[52] 李锐，王泰森. 基于知识元的知识组织与知识服务［J］. 图书馆学研究，2008，8：84-86.

[53] 赵火军，温有奎. 基于引文链的知识元挖掘研究［J］. 情报杂志，2009，28(3)：148-150.

[54] 肖洪，薛德军. 基于大规模真实文本的数值知识元挖掘研究［J］. 计算机工程与应用，2008，44(30)：150-152.

[55] 徐文海. 文本单元向知识单元转化的映射模型与算法［D］. 西安：西安电子科技大学，

2008.

[56] 温有奎，温浩，徐端颐，等. 基于创新点的知识元挖掘[J]. 情报学报，2005，24(6)：663-667.

[57] Wu C H. Building knowledge structures for online instructional/learning systems via know-ledge elements interrelations[J]. Expert System with Applications，2004，26(3)：311-319.

[58] 熊霞，常春. 基于叙词表的知识单元检索系统设计[J]. 图书情报工作，2010，54(12)：50-53.

[59] 来建良. 基于知识单元的产品结构设计研究与应用[J]. 计算机工程与应用，2007，43(18)：97-99.

[60] Bollobas B. Modern Graph Theory[M]. New York：Springer-Verlag，1998：16-17.

[61] Erdös P，Rényi A. On random graphs I [J]. Publicationes Mathematicae，1959，6：290-297.

[62] Bollobas B. Random Graph[M]. 2nd Edition. New York：Academic Press，2001.

[63] Erdös P，Rényi A. On the evolution of random graphs[J]. Publications of the Mathematical Institute of the Hungarian Academy of Sciences，1960，5：17-60.

[64] Milgram S. The small world problem[J]. Psychology Today，1967，1(1)：61-67.

[65] Watts D J，Strogatz S H. Collective dynamics of "small-world" networks[J]. Nature，1998，393：440-442.

[66] Newman M E J，Watts D J. Renormalization group analysis of the small-world network model[J]. Physics Letters A，1999，263(4)：341-346.

[67] Barabási A L，Albert R. Emergence of scaling in random networks[J]. Science，1999，286(5439)：509-512.

[68] Strogatz S H. Exploring complex networks[J]. Nature，2001，410：268-276.

[69] Newman M E J. Models of the small world[J]. Journal of Statistical Physics，2000，101(3-4)：819-841.

[70] Albert R，Barabási A L. Statistical mechanics of complex networks[J]. Reviews of Modem Physics，2002，74(1)：47-97.

[71] Newman M E J. The structure and function of complex networks[J]. Society of Industry and Applied Mathematics Review，2003，45(2)：167-256.

[72] Dorogovtsev S N，Mendes J F F. Evolution of networks[J]. Advances in Physics，2002，54(4)：1079-1187.

[73] Wang X F. Complex networks：Topology，dynamics and synchronization[J]. International

Journal of Bifurcation and Chaos, 2002, 12(5): 885-916.

[74] 朱涵, 王欣然, 朱建阳. 网络"建筑学"[J]. 物理, 2003, 32(6): 364-369.

[75] 吴金闪, 狄增如. 从统计物理学看复杂网络研究[J]. 物理学进展, 2004, 24(1): 19-46.

[76] 周涛, 柏文洁, 汪秉宏, 等. 复杂网络研究概述[J]. 物理, 2005, 34(1): 31-36.

[77] 刘涛, 陈忠, 陈晓荣. 复杂网络理论及其应用研究概述[J]. 系统工程, 2005, 23(6): 1-7.

[78] 王翠君, 王红. 复杂网络的研究进展综述[J]. 计算机与信息技术, 2007, 11: 417-418.

[79] 史定华. 网络——探索复杂性的新途径[J]. 系统工程学报, 2005, 20(2): 115-119.

[80] 陈关荣. 复杂网络及其新近研究进展简介[J]. 力学进展, 2008, 38(6): 653-662.

[81] 刘建香. 复杂网络及其在国内研究进展的综述[J]. 系统科学学报, 2009, 17(4): 31-37.

[82] 朱陈平, 张永梅, 刘小廷, 等. 复杂网络稀疏性的统计物理研究综述[J]. 上海理工大学学报, 2011, 33(5): 425-432.

[83] 何宇, 赵洪利, 杨海涛, 等. 复杂网络演化研究综述[J]. 装备指挥技术学院学报, 2011, 22(1): 120-125.

[84] 陈洁, 许田, 何大韧. 中国电力网的复杂网络共性[J]. 科技导报, 2004, 4: 11-14.

[85] 丁道齐. 用复杂网络理论分析电网连锁性大停电事故机理[J]. 中国电力, 2007, 40(11): 25-32.

[86] 李洁, 李仕雄. 复杂网络研究及其在电力系统中的应用[J]. 电力学报, 2008, 23(4): 279-282.

[87] Phllips L, Ramakrishnan N. Airline network design[J]. Operations Research, 1998, 46(6): 785-804.

[88] Wei L, Xu C. Statistical analysis of airport network of China[J]. Physical Review E, 2005, 69: 46-106.

[89] 俞桂杰, 彭语冰, 褚衍昌. 复杂网络理论及其在航空网络中的应用[J]. 复杂系统与复杂性科学, 2006, 3(1): 79-84.

[90] 李树彬, 吴建军, 高自友, 等. 基于复杂网络的交通拥堵与传播动力学分析[J]. 物理学报, 2011, 60(5): 1-9.

[91] 王燚, 杨超. 上海市轨道交通网络的复杂网络特性研究[J]. 城市轨道交通研究, 2009, 2: 33-36.

[92] Lee H L, Whang S. Information sharing in a supply chain[J]. International Journal of Technology Management, 2000, 20: 373-387.

[93] Marco L, Erjen L. Robust optimal control of material flows in demand-driven supply

networks[J]. Physica A，2006，363(1)：24-31.

[94] 杨琴，陈云. 基于泊松过程的供应链复杂网络模型[J]. 系统工程，2012，30(9)：57-62.

[95] Newman M E J, Forrest S, Balthrop J. Email networks and the spread of computer viruses[J]. Physical Review E，2002，66：35-101.

[96] Wang J, Wilde P D. Properties of evolving E-mail networks[J]. Physical Review E，2004，70：66-121.

[97] 牛长喜，李乐民，许都. 一种用于电子邮件网络中的综合利用网络拓扑与传播参数的免疫方法设计[J]. 计算机应用研究，2012，29(1)：270-271.

[98] Keeling M J, Eames K T D. Networks and epidemic models[J]. Journal of the Royal Society Interface，2005，2(4)：295-307.

[99] 洪勇，张嗣瀛. 基于复杂网络的禽流感病毒传播[J]. 系统仿真学报，2008，18：32-35.

[100] Zheng X L, Zeng D, Sun A, et al. Network-Based Analysis of Beijing SARS Data[M]. Berlin Heidelgerg：Biosurveillance Biosecurity，Springer-Verlag，2008，5354：64-73.

[101] Meyers L A, Pourbohloul B, Newman M E J, et al. Network theory and SARS：Predicting outbreak diversity[J]. Journal of Theoretical Biology，2005，232：71-81.

[102] 王长春，陈超. 基于复杂网络的谣言传播模型[J]. 系统工程理论与实践，2012，32(1)：203-210.

[103] Isham V, Harder S, Nekovee M. Stochastic epidemics and rumours on finite random networks[J]. Physica A，2010，389：561-576.

[104] 陈亮，陈忠，李海刚，等. 基于复杂网络的企业员工关系网络演化分析[J]. 上海交通大学学报，2009，43(9)：1388-1393.

[105] 尹翀. 产业复杂网络：建模型及应用[D]. 济南：山东大学，2012.

[106] Caldarellia G, Catanzarob M. The corporate boards networks[J]. Physica A，2004，338：98-106.

[107] Battiston S，Catanzaro M. Statistical properties of corporate board and director networks[J]. The European Physical Journal B，2004，438：345-352.

[108] Huang L, Park K, Lai Y C. Information propagation on modular networks[J]. Physical Review E，2006，73(035103)：1-4.

[109] 段文奇，陈忠，惠淑敏. 基于复杂网络的网络市场新产品扩散：采用网络和初始条件的作用[J]. 系统工程，2007，25(5)：15-19.

[110] Luding S. Granular media：Information propagation[J]. Nature，2005，435：159-160.

[111] 张青敏，胡斌，刘婉. 信息传播及其生命周期对移动商务价值链运行的影响研究[J].

管理学报，2012，9（4）：578-586.

[112] Dodds P S, Watts D J, Sabel C F. Information exchange and the robustness of organizational networks[J]. Proceedings of the National Academy of Sciences of the United States of America, 2003, 100（21）: 2516-2521.

[113] 王书海，綦朝晖. 一种政务网络信息交换与共享新模型[J]. 石家庄铁道大学学报，2010，23（2）：64-68.

[114] Park J, Newman M E J. A network-based ranking system for US college football[J]. Journal of Statistical Mechanics: Theory and Experiment, 2005（10）: 1625-1634.

[115] 后锐，杨建梅，姚灿中. 全球产业重组与转移：基于跨国并购复杂网络的分析方法[J]. 系统管理学报，2010，19（2）：129-135.

[116] Sznajd-Weron K, Weron R. A simple model of price formation[J]. International Journal of Modern Physics C, 2002, 13（1）: 115-123.

[117] 王众托. 知识系统工程[M]. 北京：科学出版社，2004.

[118] 席运江，党延忠. 基于知识网络的专家领域知识发现及表示方法[J]. 系统工程，2005，23（8）：110-115.

[119] 范彦静，王化雨. 基于复杂网络的知识网络建模研究[J]. 心智与计算，2008，2（1）：16-20.

[120] Newman M E J. The structure of scientific collaboration networks[J]. Proceedings of the National Academy Sciences of the United States of America, 2001, 98（2）: 404-409.

[121] 龚玉环，卜琳华. 科研合作复杂网络及其创新能力分析[J]. 科技管理研究，2008，12：30-32.

[122] Beckmann M J. Economic models of knowledge networks[J]. Network in Action, 1995: 159-174.

[123] 温有奎，焦玉英. 基于知识元的知识发现[M]. 西安：西安电子科技大学出版社，2011.

[124] 于洋. 组织知识管理中的知识超网络研究[D]. 大连：大连理工大学，2009.

[125] 于洋，党延忠. 组织人才培养的超网络模型[J]. 系统工程理论与实践，2009，29（9）：154-160.

[126] Baader F, Calvanese D, McGuinness D, et al. The Description Logic Handbook: Theory, Imple-mentation and Application[M]. Cambridge: Cambridge University Press, 2003.

[127] Baader F, Sattler U. An Overview of tableau algorithms for description logics[J]. Studia Logica, 2001, 69（1）: 5-40.

[128] 宋炜，张铭. 语义网简明教程[M]. 北京：高等教育出版社，2004.

[129] Brachman R J, Schmolze J G. An overview of the KL-ONE knowledge representation system[J]. Cognitive Science, 1985, 9(2): 171-216.

[130] Mays E, Dionne R, Weida R. K-REP system overview[J]. ACM SIGART Bulletin-Special Issue on Implemented Knowledge Representation and Reasoning Systems, 1991, 2(3): 93-97.

[131] Peltason C. The BACK system-An overview[J]. ACM SIGART Bulletin-Special Issue on Implemented Knowledge Representation and Reasoning Systems, 1991, 2(3): 114-119.

[132] Schmidt-Schauß M. Attributive concept descriptions with complements[J]. Artificial Intelligence Journal, 1991, 48(1): 1-26.

[133] Baader F, Hollunder B. A terminological knowledge representation system with complete inference algorithm[C]// Proceedings of the First International Workshop on Processing Declarative Knowledge, Lecture Notes In Artificial Intelligence, 1991, 567: 67-86.

[134] Bresciani P, Franconi E, Tessaris S. Implementing and testing expressive description logics: Preliminary report[C]// proceedings of the 1995 International Workshop on Description Logics, 1995: 131-139.

[135] Horrocks I. Using an expressive description logic: Fact or fiction?[C]// Proceedings of the 6th International Conference on the Principles of Knowledge Representation and Reasoning, 1998: 636-647.

[136] Haarslev V, Moller R. RACE system description[C]// Proceedings of the 1999 International Workshop on Description Logics, 1999: 130-132.

[137] Patel-Schneider P F. DLP system description[C]// Proceedings of the 1998 International Workshop on Description Logics, 1998: 87-89.

[138] Baader F, Horrocks I, Sattler U. Description logics for the semantic web[J]. The Germany Artificial Intelligence Journal, 2002, 16(4): 57-59.

[139] Calvanese D, De Giacomo G, Lenzerini M. Description logics: Foundations for class-based knowledge representation[C]// Proceedings of the 17th Annual IEEE Symposium on Logic in Computer Science, 2002: 359-370.

[140] Schulz S. DL requirements from medicine and biology[C]// Proceedings of the 2004 International Workshop on Description Logic(DL'2004), 2004: 214.

[141] Baader F, Sattler U. Description logics with symbolic number restrictions[C]// Proceedings of the 12th European Conference on Artificial Intelligence, 1996: 283-287.

[142] Baader F, Sattler U. Expressive number restrictions in description logics[J]. Journal of Logic and Computation, 1999, 9(3): 319-350.

[143] Horrocks I, Sattler U. A description logic with transitive and inverse roles and role hierarchies[J]. Journal of Logic and Computation, 1999, 9(3): 385-410.

[144] Lutz C. NExpTime-complete description logics with concrete domains[C]// Proceedings of the International Joint Conference on Automated Reasoning, Lecture Notes in Artifical Intelligence, Siena, 2001, 2083: 45-60.

[145] Baader F, Sattler U. Description logics with agrregates and concrete domain[J]. Information Systems, 2003, 28(8): 979-1004.

[146] Aiello M, Areces C, de Rijke M. Spatial reasoning for image retrieval[C]// Proceedings of the International Workshop on Description Logics, 1999: 23-27.

[147] Wolter F, Zakharyaschev M. Multi-dimensional description logics[C]// Proceedings of the 16th International Joint Conference on Artificial Intelligence, 1999, 1: 104-109.

[148] Wolter F, Zakharyaschev M. Dynamic Description Logic[M]// Zakharyaschev M, et al. Advances in Modal Logic. Stanford: CSLI Publications, 2000: 449-463.

[149] Shi Z Z, Dong M K, Jiang Y C, et al. A logical foundation for the semantic web[J]. Science in China, 2005, 48(2): 161-178.

[150] 常亮,史忠植,邱莉榕,等. 动态描述逻辑的 Tableau 判定算法[J]. 计算机学报,2008, 31(6): 896-909.

[151] Bettini C. Time-dependent concepts: Representation and reasoning using temporal description logics[J]. Data and Knowledge Engineering, 1997, 22(1): 1-38.

[152] Artale A, Franconi E. A temporal description logics for reasoning about actions and plans[J]. Journal of Artificial Intelligence Research, 1998, 9: 463-506.

[153] Artale A, Franconi E. A survey of temporal extensions of description logics[J]. Annals of Mathematics and Artificial Intelligence, 2000, 30(1-4): 171-210.

[154] Heinsohn J. Probabilistic description logics[C]// Proceedings of the 10th International Conference on Uncertainty in Artificial Intelligence, Seattle, Washington, 1994: 311-318.

[155] Straccia U. Reasoning within fuzzy description logic[J]. Journal of Artificial Intelligence Research, 2001, 14: 137-166.

[156] Sanchez D, Tettamanzi G. Generalizing quantification in fuzzy description logic[C]// Proceedings of the 8th Fuzzy Days, Computation Intelligence, Theory and Application, Advances in Intelligent and Soft Computing, 2005, 33: 397-411.

[157] Stoilos G，Stamou G，Tzouvaras V，et al. The fuzzy description logic f-SHIN[C]// Proceedings of the International 1th Workshop on Uncertainty Reasoning for the Semantic Web，Aachen，2005：67-76.

[158] 王驹，蒋运承，唐素勤. 一种模糊动态描述逻辑[J]. 计算机科学与探索，2007，1(2)：216-227.

[159] Baader F，Hollunder B. Embedding defaults into terminological knowledge representation formalisms[J]. Journal of Automated Reasoning，1995，14(1)：149-180.

[160] 董明楷，蒋运承，史忠植. 一种带缺省推理的描述逻辑[J]. 计算机学报，2003，26(6)：729-736.

[161] Calvanese D，De Giacomo G，Lenzerini M，et al. Source integration in data warehousing[C]// Proceedings of the 9th International Workshop on Database and Exert System Applications，Vienna，1998：192-197.

[162] Calvanese D，Lenzerini M，Nardi D. Description Logics for Conceptual Data Modeling[M]// Chomicki J，Saake G. Logics for Databases and Information Systems. New York：Kluwer Academic Publicsher，1998：229-263.

[163] 马东嫄，眭跃飞. 描述数据库的双层描述逻辑[J]. 计算机科学，2010，27(1)：197-200.

[164] 蒋运承，汤庸，王驹. 基于描述逻辑的模糊 ER 模型[J]. 软件学报，2006，17(1)：20-30.

[165] 张富，马宗民，严丽. 基于描述逻辑的模糊 ER 模型的表示与推理[J]. 计算机科学，2008，35(8)：138-144.

[166] 王静. 基于可拓集的描述逻辑研究[D]. 哈尔滨：哈尔滨工程大学，2009.

[167] Calvanese D，Lenzerini M，Nardi D. Unifying class-based representation formalisms[J]. Journal of Artificial Intelligence Research，1999，11：199-240.

[168] Berardi D，Calvanese D，Giacomo G. D. Reasoning on UML class diagrams[J]. Artificial Intelligence，2005，168(1-2)：70-118.

[169] 仲秋雁，郭艳敏，王宁，等. 基于知识元的非常规突发事件情况模型研究[J]. 情报科学，2012，30(1)：115-120.

[170] 仲秋雁，郭艳敏，王宁. 基于知识元的情景生成中承灾体实例化约束模型[J]. 系统工程，2012，30(5)：75-80.

[171] 钞柯. 基于知识元的突发事件连锁反应模型研究[D]. 大连：大连理工大学，2012.

[172] Horrocks I，Sattler U，Tobies S. Practical reasoning for expressive description logics[C]// Proceedings of the 6th International Conference on Logic for Programming and

Automated Reasoning, Lecture Notes of Computer Science, London, 1999, 1705: 161-180.

[173] Donini F M, Massacci F. EXPTIME Tableaux for ALC[J]. Artificial Intelligence, 2000, 124: 87-138.

[174] 罗小娟. 基于复杂网络理论的无线传感器网络演化模型研究[D]. 上海: 华东理工大学, 2011.

[175] Latora V, Marchiori M. Efficient behaviour of small-world network[J]. Physical Review Letters, 2001, 87(19): 198701-1-198701-4.

[176] 汪小帆, 李翔, 陈关荣, 等. 复杂网络理论及应用[M]. 北京: 清华大学出版社, 2006.

[177] Boccaletti S, Latora V, Moreno Y, et al. Complex networks: Structure and dynamics[J]. Physics Reports, 2006, 424(4-5): 175-308.

[178] 何大韧, 刘宗华, 汪秉宏. 复杂系统与复杂网络[M]. 北京: 高等教育出版社, 2009.

[179] 房艳君. 一般复杂网络及经济网络的动态模型与稳定性研究[D]. 济南: 山东师范大学, 2010.

[180] 卓越. 复杂网络的拓扑生存性与数据传输相关问题研究[D]. 成都: 电子科技大学, 2011.

[181] Barrat A, Weigt M. On the properties of small-world network models[J]. The European Physical Journal B, 2000, 13(3): 547-560.

[182] Newman M E J. The structure and function of networks[J]. Computer Physics Communications, 2002, 147(1-2): 40-45.

[183] Newman M E J, Moore C, Watts D J. Mean field solution of the small-world network model[J]. Physical Review Letters, 2000, 84(14): 3201-3204.

[184] Fronczak A, Fronczak P, Holyst J A. Meanfield theory for clustering coefficients in Barabási-Albert networks[J]. Physical Review E, 2003, 68(4): 046126.

[185] Cohen R, Havlin S. Scale-free networks are ultrasmall[J]. Physical Review Letters, 2003, 90(5): 058701-1-058701-4.

[186] Dorogovtsev S N, Mendes J F F, Samukhin A N. Structure of growing networks with preferential linking[J]. Physical Review Letters, 2000, 85(20): 4633-4636.

[187] Krapivsky P L, Redner S, Leyvraz F. Connectivity of growing random networks[J]. Physical Review Letters, 2000, 85(21): 4629-4632.

[188] 汪芳庭. 数理逻辑[M]. 合肥: 中国科技大学出版社, 1990.

[189] 张树良, 赵广兴, 王国际. 煤矿安全管理[M]. 徐州: 中国矿业大学出版社, 2007.

[190] 王涛. 突发公共事件元事件模型及事件演化研究[D]. 大连：大连理工大学，2011.

[191] 苗德俊. 煤矿事故模型与控制方法研究[D]. 济南：山东科技大学，2004.

[192] 吴悠. 基于知识元的应急决策活动基元模型研究[D]. 大连：大连理工大学，2012.

[193] 景国勋，孔留安，扬玉中，等. 矿山运输事故人-机-环境致因与控制[M]. 北京：煤炭工业出版社，2006.

[194] 金鸿章，吴红梅，林德明，等. 煤矿事故系统内部的脆性过程[J]. 系统工程学报，2007，22(5)：449-454.

[195] 王培润，南化鹏，徐瑞银，等. 浅谈"人、机、环"对煤矿安全生产的影响[J]. 煤矿安全，2005，36(9)：71-73.

[196] 史培军. 灾害研究的理论与实践[J]. 南京大学学报（自然科学版），1991，11：37-42.

[197] 刘丽丽. 非常规突发事件元数据及信息模型研究[D]. 大连：大连理工大学，2012.

[198] 刘汉辉，孙瑞山，张秀山. 基元事件分析法[J]. 中国民航学院学报，1997，15(3)：1-9.

[199] 屈世甲，邹哲强. 事故树分析在煤矿应用方法的一些探讨[J]. 能源技术与管理，2012，2：7-9.

[200] 薛慧芳. 非常规突发事件应对实施活动及流程生成研究[D]. 大连：大连理工大学，2012.

[201] Malone T W, Crowston K. The interdisciplinary study of coordination[J]. ACM Computing Surveys, 1994, 26(1)：87-119.

[202] 师艳花. 基于事件链的应急领域知识导航模型研究[D]. 大连：大连理工大学，2008.

[203] 计雷，池宏，陈安，等. 突发事件应急管理[M]. 北京：高等教育出版社，2006.

[204] 李华. 基于本体的应急领域知识表示与复用研究[D]. 天津：天津大学，2008.

[205] 袁名依，谢深泉. 基于知识元本体的知识统一表示[J]. 现代计算机，2008，283：46-48.

[206] 王洪伟，蒋馥，侯立文. 基于本体的元数据扩展模型的检验[J]. 系统工程理论与实践，2006，10：57-66.

[207] 翟东升，黄焱. 预警指标体系的本体建模及其应用[J]. 计算机工程，2008，34(21)：247-249.

附　录

附表 1　瓦斯事故知识元子网邻接矩阵

	瓦斯事故	瓦斯爆炸事故	采煤采区工作面	掘进平工巷作面	运井底输顺巷槽	测进风巷道	水绞车房	采车煤场仓	盲巷	井下其他联络巷	放炮(爆破)吸烟	拆带电卸矿灯作业	机电管理混乱	安全冒险盗干管理混乱	煤矿与瓦斯石门突出事故	地质平明门构造	手阀构蓄煤带	进反调进规程	工程技术违章进管理不严	无进规超生产措施	采动打钻振动	瓦斯中毒、窒息各类巷道事故	爆破工作面	火区管理地点不善	违章进人盲区不善	通风管理不善	自救器(失效、配备不齐全)	采掘技术管理乏力	不具备基本安全条件	灭火、排水产生有害气体	放炮煤尘爆炸事故	皮带机眼煤窜	绞车机下山	维修硐室	炸药雷管管理混乱
瓦斯事故	1	1	1	1	1	1	1	1	1	1	1	1	1	1	1	1	1	1	1	1	1	1	1	1	1	1	1	1	1	1	1	1	1	1	1
瓦斯爆炸事故	0	1	1	1	1	1	1	1	1	1	1	1	1	1	1	0	0	0	0	0	0	0	0	0	0	0	0	0	0	0	0	0	0	0	1
采空区	1	0	0	0	0	0	0	0	0	0	1	1	1	1	1	0	0	0	0	0	0	0	0	0	0	0	0	0	0	0	0	0	0	0	0
采煤工作面	1	0	0	0	0	0	0	0	0	0	1	0	1	1	1	0	0	0	0	0	0	0	0	0	0	0	0	0	0	0	0	0	0	0	0
采区	1	0	0	0	0	0	0	0	0	0	0	1	1	0	0	0	1	1	0	1	1	1	1	1	1	1	1	1	1	1	1	0	0	0	1
掘进工作面	1	0	0	0	0	0	0	0	0	0	1	1	1	1	1	0	1	0	0	0	0	1	0	0	0	1	0	0	0	0	0	0	0	0	0
平巷	1	0	0	0	0	0	0	0	0	0	1	1	1	1	1	0	0	0	0	0	0	0	0	0	0	0	0	0	0	1	1	0	0	0	0
顺槽	1	0	0	0	0	0	0	0	0	0	1	1	1	1	1	0	0	0	0	0	1	0	0	1	0	0	0	0	0	0	0	0	0	0	1
运输巷	1	0	0	0	0	0	0	0	0	0	1	1	1	1	1	0	1	0	0	0	0	1	0	1	0	0	0	0	1	0	0	0	0	0	0

续表

	井底	回风巷	掘进巷	救车房	水仓	采煤仓	车场	盲首巷	联络巷	井筒	其他	放炮(爆破)	吸烟	拆卸矿灯	带电作业
炸药雷管管理混乱	0	0	0	0	0	0	0	0	0	0	0	0	0	0	0
维修硐室	0	0	0	0	0	0	0	0	0	0	0	0	0	0	0
救车道	0	0	0	0	0	0	0	0	0	0	0	0	0	0	0
皮带机下山	0	0	0	0	0	0	0	0	0	0	1	0	0	0	0
运输煤眼	1	0	1	0	0	0	0	1	0	0	0	1	1	0	0
煤尘爆炸事故	0	0	0	0	0	0	0	0	0	1	0	0	0	0	0
放炮产生有害气体	1	0	0	0	0	0	0	0	0	0	0	0	0	0	0
灭火、排水产生有害气体	1	0	1	0	0	0	0	0	0	1	0	0	0	0	0
不具备基本安全条件	1	0	0	0	0	0	0	0	0	1	0	0	0	0	0
采掘技术管理不力	1	1	1	0	0	0	0	0	0	1	0	0	0	0	0
自救器失效(失、配备不足)	1	1	1	0	0	0	0	0	0	1	0	0	0	0	0
通风管理不善	1	0	0	0	0	0	0	1	0	0	0	0	0	0	0
进章进入险区	0	0	0	0	0	0	0	0	1	0	0	0	0	0	0
火区管理不善	0	0	0	0	0	0	0	0	0	0	0	0	0	0	0
其他地点	0	0	0	0	0	0	0	0	0	0	0	0	0	0	0
爆破工作面	0	0	0	0	0	1	0	0	0	0	0	0	0	0	0
各类巷道掘进	1	0	1	0	0	0	0	1	0	0	0	0	0	0	0
瓦斯中毒、窒息事故	0	0	0	0	0	0	0	0	0	0	0	0	0	0	0
采动扰动	0	0	0	0	0	0	0	0	0	0	0	0	0	0	0
打钻诱发震动	0	0	0	0	0	0	0	0	0	0	0	0	0	0	0
违章违规生产	0	0	0	0	0	0	0	0	0	0	0	0	0	0	0
工程技术管理不严	0	0	0	0	0	0	0	0	0	0	0	0	0	0	0
违章进措施	0	0	0	0	0	0	0	0	0	0	0	0	0	0	0
违反违章进规程	0	0	0	0	0	0	0	0	0	0	0	0	0	0	0
手端蓄煤带	0	0	0	0	0	0	0	0	0	0	0	0	0	0	0
地质构造裂带	0	0	0	0	0	0	0	0	0	0	0	0	0	0	0
平嗍门	0	0	0	0	0	0	0	0	0	0	1	0	0	0	0
石门	0	0	0	0	0	0	0	0	0	0	0	0	0	0	0
煤与瓦斯突出事故	0	0	0	0	0	1	0	0	0	0	1	0	0	0	0
冒险蛮干	1	0	0	0	0	0	0	0	0	1	1	0	0	0	0
安全管理混乱	1	0	1	0	0	0	0	1	1	0	1	0	0	0	0
遗古采摩擦火花	0	1	0	0	0	0	1	0	1	0	1	0	0	0	0
机电管理混乱	1	1	0	1	0	1	1	1	0	1	1	0	0	0	0
拆卸电灯作业	1	1	1	0	0	1	0	1	0	1	1	0	0	0	0
吸烟矿灯	1	1	0	0	0	0	0	1	1	0	1	0	0	0	0
放炮(爆破)	1	1	0	0	0	1	0	1	0	0	1	0	0	0	0
其他	0	0	0	0	0	0	0	0	0	0	1	0	0	0	1
井筒	0	0	0	0	0	0	0	0	0	0	1	0	0	0	0
联络巷	0	0	0	0	0	0	0	0	0	0	1	0	1	0	0
盲首巷	0	0	0	0	0	0	0	0	0	0	1	0	0	0	0
车场	0	0	0	0	0	0	0	0	0	0	0	0	0	0	0
采水煤仓	0	0	0	0	0	0	0	0	0	0	0	0	1	0	0
救车房	0	0	0	0	0	0	0	0	0	0	1	0	0	0	0
掘进巷	0	0	0	0	0	0	0	0	0	0	1	0	1	0	0
井底	0	0	0	0	0	0	0	0	0	0	1	1	1	0	0
运输巷	0	0	0	0	0	0	0	0	0	0	1	1	1	1	1
顺槽	0	0	0	0	0	0	0	0	0	0	1	1	1	1	1
掘进平巷	0	0	0	0	0	0	0	0	0	0	1	1	1	1	1
掘进工作面	0	0	0	0	0	0	0	0	0	0	1	1	1	1	1
采区	0	0	0	0	0	0	0	0	0	1	1	0	1	1	1
采煤工作面	0	1	0	0	0	0	0	0	0	0	1	1	1	1	1
采空区	0	1	0	0	0	0	0	0	0	0	1	1	0	1	1
瓦斯爆炸事故	1	1	1	1	1	1	1	1	1	1	1	1	1	1	1
瓦斯事故	1	1	1	1	1	1	1	1	1	1	1	1	1	1	1

续表

影响因素	机电管理混乱	塘古摩擦火花	自燃	安全管理混乱	冒险蛮干	煤矿与瓦斯突出事故	石门	平硐	地质构造带	手镐落煤
炸药雷管管理混乱	0	0	0	0	0	0	0	0	0	0
维修硐室	0	0	0	0	0	0	0	0	0	0
绞车进山	0	0	0	0	0	0	0	0	0	0
皮带机下山	0	0	0	0	0	0	0	0	0	0
煤尘爆煤眼炸事故	0	0	0	0	0	0	0	0	0	0
放炮产生有害气体	0	0	0	0	0	0	0	0	0	0
灭火、排水产生有害气体	0	0	0	0	0	0	0	0	0	0
不具备基本安全条件	0	0	0	0	0	0	0	0	0	0
采掘技术管理不力	0	0	0	0	0	0	0	0	0	0
自救器(失效、配备不足)	0	0	0	0	0	0	0	0	0	0
通风管理不善	0	0	0	0	0	0	0	0	0	0
进章进人险区	0	0	0	0	0	0	0	0	0	0
火区管理不善	0	0	0	0	0	0	0	0	0	0
其他地点	0	0	0	0	0	0	0	0	0	0
爆破工作面	0	0	0	0	0	0	0	0	0	0
各类巷道	0	0	0	0	0	0	0	0	0	0
瓦斯中毒、窒息事故	0	0	0	0	0	0	0	0	0	0
采动抗动	0	0	0	0	0	1	0	0	0	0
打钻震动	0	0	0	0	0	1	0	0	0	0
无规范生产措施	0	0	0	0	0	1	1	0	0	0
工程技术管理不严	0	0	0	0	0	1	1	0	0	0
违章进程管理不善	0	0	0	0	0	1	1	0	0	0
违反测进规程	0	0	0	0	0	0	0	1	0	0
手镐落煤	0	0	0	0	0	0	0	0	1	0
地质构造带	0	0	0	0	0	0	0	1	0	1
石门	0	0	0	0	0	0	1	0	0	1
煤矿与瓦斯突出事故	0	0	0	0	0	1	0	1	0	0
安全冒险蛮干	0	0	0	0	0	0	0	0	0	0
自燃	0	0	0	0	0	0	0	0	0	0
机电管理混乱	0	0	0	0	0	0	0	0	0	0
带电作业	0	0	0	0	0	0	0	0	0	0
拆卸矿灯	0	0	0	0	0	0	0	0	0	0
吸烟	0	0	0	0	0	0	1	0	0	0
放炮(爆破)	1	0	1	0	0	0	1	0	0	0
其他	0	1	0	0	0	0	0	0	0	0
自救井筒	1	1	0	1	0	0	0	0	0	0
联络巷	1	0	1	1	0	0	0	0	0	0
盲巷	1	0	0	0	0	0	0	0	0	0
采煤仓	0	0	1	0	0	0	0	0	0	0
绞车房	1	0	0	0	1	0	0	0	0	0
掘进巷	1	1	0	1	0	0	0	0	0	0
回风巷	1	1	0	0	0	0	0	0	0	0
井底	1	1	0	0	0	0	0	0	0	0
运输巷	1	1	1	0	1	0	0	1	0	0
顺槽平巷	1	0	1	0	1	0	0	1	0	0
掘进工作面	1	1	0	1	1	0	0	1	1	0
采区	1	0	0	0	1	1	0	0	0	1
采煤工作面	1	1	0	1	0	1	0	0	1	1
采空区	1	1	0	0	1	0	0	0	0	1
瓦斯爆炸事故	1	1	1	1	1	0	1	0	1	1

续表

	违章操作	工程技术管理不严	无防突措施	违规生产	打钻震动	采动扰动	瓦斯中毒、窒息事故	各类巷道	爆破工作面
炸药雷管管理混乱	0	0	0	0	0	0	0	0	0
维修硐室	0	0	0	0	0	0	0	0	0
绞车道下山	0	0	0	0	0	0	0	0	0
皮带机胶带运输	0	0	0	0	0	0	0	0	0
煤尘企业爆炸事故	0	0	0	0	0	0	0	0	0
放、排水产生有害气体	0	0	0	0	0	0	1	0	1
灭火、排水产生有害气体	0	0	0	0	0	0	1	0	0
不具备基本安全条件	0	0	0	0	0	0	1	1	0
采调技术管理不力	0	0	0	0	0	0	1	1	0
自救器失效、配备不足	0	0	0	0	0	0	1	1	0
通风管理不善	0	0	0	0	0	0	1	1	0
违章进入火灾区	0	0	0	0	0	0	1	1	0
火区管理不善	0	0	0	0	0	0	1	1	0
其他地点	0	0	0	0	0	0	1	0	0
爆破工作面	0	0	0	0	0	0	1	0	0
各类巷道掘进	0	0	0	0	0	0	1	0	0
瓦斯中毒、窒息事故	0	0	0	0	0	0	1	0	1
采动扰动	0	0	0	0	0	0	0	0	0
打钻震动	0	0	0	0	0	0	0	0	0
违规生产无防突措施	0	0	0	0	0	0	0	0	0
工程技术管理不严	0	0	0	0	0	0	0	0	0
违章超距进	0	0	0	0	0	0	0	0	0
违反超距进规程	0	0	0	0	0	0	0	0	0
手镐落煤	0	0	0	0	0	0	0	0	0
地质构造带	0	0	0	0	0	0	0	0	0
平硐石门	0	0	1	1	0	0	0	0	0
煤矿与瓦斯突出事故	1	1	1	1	1	1	0	0	0
安全冒险蛮干	0	0	0	0	0	0	0	0	0
安全自燃摩擦火花	0	0	0	0	0	0	0	0	0
机电管理混乱	0	0	0	0	0	0	0	0	0
带电作业	0	0	0	0	0	0	0	0	0
拆卸矿灯	0	0	0	0	0	0	0	0	0
放炮（爆破）	0	0	0	0	0	0	0	0	0
其他	0	0	0	0	0	0	0	0	0
井筒	0	0	0	0	0	0	1	0	0
联络巷	0	0	0	0	0	0	0	0	0
盲巷	0	0	0	0	0	0	0	0	0
车场	0	0	0	0	0	0	0	0	0
采煤仓	0	0	0	0	0	0	0	0	0
水房	0	0	0	0	0	0	0	0	0
绞车房	0	0	0	0	0	0	0	0	0
掘进巷	0	0	0	0	0	0	1	0	0
回风巷	0	0	0	0	1	1	0	0	0
运输巷底	0	0	0	0	1	1	0	0	0
顺槽巷	0	0	0	0	1	0	0	0	0
平巷工作面	1	1	1	0	1	0	1	0	0
掘进工作面	0	0	0	0	0	0	1	0	0
采区	0	0	0	0	0	0	1	0	0
采煤工作面	0	1	1	1	0	1	1	0	0
采空区	0	0	0	0	0	0	1	0	0
瓦斯爆炸事故	1	1	1	1	1	1	1	1	1
瓦斯事故	1	1	1	1	1	1	1	1	1

续表

	炸药雷管管理混乱	维修硐室	皮带机下山	煤仓溜煤眼	放炮全煤爆炸事故	放炮产生有害气体	灭火、排水产生有害气体	采掘技术管理不力	自救器（失效、配备不足）	通风管理不善	进人险区	火区管理不善	其他地点	爆破工作面	各类巷道	瓦斯中毒、窒息窒息事故	采动扰动	打眼震动扰动	无防突措施生产	工程技术管理不严	违反操进规程	手镐落煤带	地质构造遇带	石门平硐揭煤	煤矿与瓦斯突出类事故	安全自管理混乱	违章古瓦斯自燃煤火花	机电管理混乱	拆卸矿灯电作业	放炮（爆破）	吸烟	其他简井	联络巷盲巷	车场	采煤水仓	绞车房	掘进巷巷	回风巷巷	运井输底巷	平顺槽巷	掘进工作面	采区采工作面	采煤工作面区	采空区	瓦斯爆炸事故
其他地点	0	0	0	0	0	1	1	1	1	1	1	0	0	1	1	1	0	0	0	0	0	0	0	0	0	0	0	0	0	0	0	0	0	0	0	0	0	0	0	0	0	0	0	0	1
火区管理不善	0	0	0	0	0	0	0	0	0	0	0	0	0	0	1	1	0	0	0	0	0	0	0	0	0	0	0	0	0	0	0	0	0	0	0	0	0	1	1	0	0	1	1	0	1
进人险区	0	0	0	0	0	0	0	0	0	0	0	0	0	0	1	1	0	0	0	0	0	0	0	0	0	0	0	0	0	0	0	1	0	0	0	0	0	1	1	0	1	1	1	0	1
通风管理不善	0	0	0	0	0	0	0	0	0	0	0	1	0	0	0	1	0	0	0	0	0	0	0	0	0	0	0	0	0	0	0	1	0	0	0	0	0	0	1	0	0	0	0	0	0
采掘技术管理不力	0	0	0	0	0	0	0	0	0	0	0	0	1	0	0	1	0	0	0	0	0	0	0	0	0	0	0	0	0	0	0	0	0	0	0	0	0	1	0	0	1	1	1	0	1
不具备基本安全条件	0	0	0	0	0	0	0	0	0	0	0	0	0	0	0	1	0	0	0	0	0	0	0	0	0	0	0	0	0	0	0	1	0	0	0	0	0	1	0	0	1	0	0	0	1
灭火、排水产生有害气体	0	0	0	0	0	0	0	0	0	0	0	0	1	0	0	1	0	0	0	0	0	0	0	0	0	0	0	0	0	0	0	0	0	0	0	0	0	0	1	0	1	0	0	0	1

续表

	放炮产生有害气体	煤尘爆炸事故	溜煤眼	皮带机下山	绞车道	维修硐室	炸药雷管管理混乱
炸药雷管管理混乱	0	1	0	0	0	0	0
维修硐室	0	1	1	0	0	0	0
绞车进山	0	1	1	0	0	0	0
皮带机下山	0	1	1	0	0	0	0
溜煤眼	0	0	1	0	0	0	0
煤尘爆炸事故	0	0	0	1	0	1	0
放炮产生有害气体	0	0	0	0	0	0	0
灭火、排水产生有害气体	0	0	0	0	0	0	0
不具备基本安全条件	0	0	0	0	0	0	0
采掘技术管理不得力	0	0	0	0	0	0	0
自救器(失效、配备不足)	0	0	0	0	0	0	0
通风管理不善	0	0	0	0	0	0	0
火进率进入危险区	0	0	0	0	0	0	0
其他地点工作面	0	0	0	0	0	0	0
爆破工作面	0	1	0	0	0	0	0
各类巷道总进	0	1	0	0	0	0	0
瓦斯中毒、窒息事故	1	0	0	0	0	0	0
采动扰动	0	0	0	0	0	0	0
打钻震动	0	0	0	0	0	0	0
违进规生产	0	0	0	0	0	0	0
无防突措施	0	0	0	0	0	0	0
工程技术管理不严	0	0	0	0	0	0	0
违反掘进超掘	0	0	0	0	0	0	0
违反掘进规程	0	0	0	0	0	0	0
手镐落煤	0	0	0	0	0	0	0
地质构造带	0	0	0	0	0	0	0
石门平硐	0	0	0	0	0	0	0
煤与瓦斯突出事故	0	0	0	0	0	0	0
安全隐患查干	0	0	0	0	0	0	0
安全管理混乱	0	0	0	0	0	0	0
自燃	0	1	0	0	1	0	0
违章摩擦生火花	0	0	1	0	0	1	0
机电管理混乱	0	0	0	0	0	0	0
带电作业矿灯	0	0	0	0	0	0	0
拆卸矿灯	0	1	0	1	0	0	0
放炮吸烟(爆破)	1	0	0	0	0	0	0
其他井简	0	0	0	0	0	0	0
联络巷	0	0	0	0	0	0	0
车置巷	0	0	0	0	0	0	0
采煤仓	0	0	0	0	0	0	0
水仓	0	0	0	0	0	0	0
绞车房	0	0	0	0	0	0	0
掘进巷	0	1	0	0	0	0	0
回风巷	0	1	1	0	0	0	0
井底	0	0	0	0	0	0	0
运输巷	0	0	0	0	0	0	0
皮顺槽巷	0	1	0	0	0	0	1
平巷工作面	0	1	1	0	0	0	0
掘进工作面	0	1	1	0	0	0	0
采区采工作面	0	0	0	0	0	0	0
采空区采区	1	0	0	0	0	0	0
瓦斯爆炸事故	1	0	0	0	0	0	0

附表 2　顶板事故知识元子网邻接矩阵

	支护质量差	支护失效	支护不够	无视程作业	造章指挥	造章放顶	造章操作	造规开采	生产管理乱	冒险蛮干	空运作业	技术管理失误	工作面无支护	工程质量差	放炮震动	顶板岩体坏燥	地质条件变化措施没跟上	冲击地压	操作失误	采仓	巷道岔口	巷道	石门	切眼三角门	揣杆仓	掘进工作面	井筒	井底	硐室	车场	采区交叉点	采煤工作面	采空区	顶板事故
顶板事故	1	1	1	1	1	1	1	1	1	1	1	1	1	1	1	1	1	1	1	1	1	1	1	1	1	1	1	1	1	1	1	1	1	0
采空区	0	0	0	1	0	0	0	0	1	1	1	0	1	1	1	0	0	1	0	1	0	0	1	0	0	0	0	1	0	0	1	0	0	1
采煤工作面	1	1	1	0	1	0	1	1	0	0	0	0	1	0	0	0	1	1	0	1	0	0	0	0	0	0	0	0	0	0	0	0	0	1
采区交叉点	0	1	1	1	1	1	0	1	0	0	0	0	0	0	0	1	1	1	0	0	0	0	0	0	0	0	0	0	0	0	0	0	0	1
车场	0	0	0	0	0	0	0	0	0	0	0	0	0	0	0	0	0	1	0	0	0	0	0	0	0	0	0	0	0	0	0	0	0	1
硐室	1	0	0	0	0	0	0	0	0	0	0	0	0	0	0	0	0	0	1	0	0	0	0	0	0	0	0	0	0	0	0	0	0	1
井底	0	0	0	0	0	0	0	0	0	0	0	0	0	0	0	0	0	0	0	0	0	0	0	0	0	0	0	0	0	0	0	0	0	1
井筒	0	0	0	0	0	0	0	0	0	0	1	0	0	0	0	0	0	0	0	0	0	0	0	0	0	0	0	0	0	0	0	0	0	1
掘进工作面	1	0	0	0	0	0	0	0	0	1	0	1	0	1	0	0	0	0	0	0	0	0	0	0	0	0	0	0	0	0	0	0	0	1
揣杆仓	0	0	0	0	0	1	0	0	0	0	0	0	0	0	0	0	1	0	0	0	0	0	0	0	0	0	0	0	0	0	0	0	0	1
切眼三角门	1	1	1	1	0	0	0	0	0	0	1	0	1	0	1	1	0	1	0	0	0	0	0	0	0	0	0	0	0	0	0	0	0	1
石门	0	0	0	0	0	0	0	0	0	0	0	0	0	0	0	0	0	0	0	0	0	0	0	0	0	0	0	0	0	0	0	0	0	1
巷道	1	0	0	0	1	1	1	0	1	1	1	0	0	0	1	0	0	0	0	0	0	0	0	0	0	0	0	0	0	0	0	0	0	1
巷道岔口	1	0	1	1	0	0	0	0	0	0	0	0	0	0	0	0	0	0	0	0	0	0	0	0	0	0	0	0	0	0	0	0	0	1
采仓	0	1	1	1	0	0	0	0	0	0	1	0	0	0	0	0	0	0	0	0	0	0	0	0	0	0	0	0	0	0	1	0	1	1
操作失误	0	0	0	0	0	0	0	0	0	0	0	0	0	0	0	0	0	0	0	0	0	0	0	0	0	0	0	0	0	0	0	1	0	1
冲击地压	0	0	0	0	0	0	0	0	0	0	0	0	0	0	0	0	0	0	0	0	0	0	0	0	0	1	0	0	0	0	1	0	1	1
地质条件变化措施没跟上	0	0	0	0	0	0	0	0	0	0	0	0	0	0	0	0	0	0	0	0	0	0	0	0	0	0	0	0	0	0	0	1	1	1

续表

	顶板事故	采空区	采煤工作面	采区交叉点	车场	硐室	井底	井筒	掘进工作面	排矸仓	切眼三角门	石门	巷道	巷道岔口	采空仓	操作失误	冲击地压	地质条件变化措施跟不上	顶板特性不稳	放炮震动	工程质量差	工作面无支护	技术管理失误	空顶作业	冒险蛮干	生产管理混乱	违规开采	违章操作	违章放顶	违章指挥	无规程作业	支护不修	支护失效	支护质量差
顶板特性不稳	1	0	1	0	0	0	0	0	1	0	0	0	0	0	0	0	0	0	0	0	0	0	0	0	0	0	0	0	0	0	0	0	0	0
放炮震动	1	0	0	0	0	0	0	0	0	0	0	0	1	0	0	0	0	0	0	0	0	0	0	0	0	0	0	0	0	0	0	0	0	0
工程质量差	1	0	1	0	0	0	0	1	1	0	0	1	0	0	0	0	0	0	0	0	0	0	0	0	0	0	0	0	0	0	0	0	0	0
工作面无支护	1	1	0	0	0	0	0	1	0	0	0	0	1	0	0	0	0	0	0	0	0	0	0	0	0	0	0	0	0	0	0	0	0	0
技术管理失误	1	0	1	0	0	0	0	0	0	1	0	0	0	0	0	0	0	0	0	0	0	0	0	0	0	0	0	0	0	0	0	0	0	0
空顶作业	1	1	0	0	1	1	0	0	1	0	0	0	1	0	0	0	0	0	0	0	0	0	0	0	0	0	0	0	0	0	0	0	0	0
冒险蛮干	1	0	1	0	0	0	0	0	0	0	0	0	0	0	0	0	0	0	0	0	0	0	0	0	0	0	0	0	0	0	0	0	0	0
生产管理混乱	1	1	1	1	0	0	0	1	0	0	0	1	0	1	0	0	0	0	0	0	0	0	0	0	0	0	0	0	0	0	0	0	0	0
违规开采	1	0	1	0	0	1	0	0	1	0	0	0	0	0	0	0	0	0	0	0	0	0	0	0	0	0	0	0	0	0	0	0	0	0
违章操作	1	0	0	0	0	0	0	0	0	0	0	0	0	0	0	0	0	0	0	0	0	0	0	0	0	0	0	0	0	0	0	0	0	0
违章放顶	1	0	1	0	0	0	0	0	0	0	0	0	0	0	0	0	0	0	0	0	0	0	0	0	0	0	0	0	0	0	0	0	0	0
违章指挥	1	0	0	0	0	0	0	0	0	0	0	0	0	0	0	0	0	0	0	0	0	0	0	0	0	0	0	0	0	0	0	0	0	0
无规程作业	1	0	1	0	0	0	0	0	1	0	0	0	0	0	0	0	0	0	0	0	0	0	0	0	0	0	0	0	0	0	0	0	0	0
支护不修	1	0	1	0	0	0	0	0	0	0	0	0	1	0	0	0	0	0	0	0	0	0	0	0	0	0	0	0	0	0	0	0	0	0
支护失效	1	0	1	0	0	1	0	0	1	0	1	0	1	1	0	0	0	0	0	0	0	0	0	0	0	0	0	0	0	0	0	0	0	0
支护质量差	1	0	0	0	0	0	0	0	1	0	0	0	1	1	0	0	0	0	0	0	0	0	0	0	0	0	0	0	0	0	0	0	0	0

附表 3　火灾事故知识元子网邻接矩阵

	火灾事故	巷道	采煤工作面	掘进工作面	溜煤眼	各类硐室	井底车场	井筒	井口	敞车坡	易燃物	灯泡取暖	违章启封	皮带磨擦	吸烟	煤氧化自燃	变压器	电缆短路	瓦斯燃烧	其他	炸药自燃
火灾事故	0	1	1	1	1	1	1	1	1	1	1	1	1	1	1	1	1	1	1	1	1
巷道	1	0	0	0	0	0	0	0	0	0	1	1	1	1	1	1	0	1	0	1	0
采煤工作面	1	0	0	0	0	0	0	0	0	0	0	0	0	1	0	1	1	1	1	1	0
掘进工作面	1	0	0	0	0	0	0	0	0	0	0	0	1	0	0	1	0	0	0	0	0
溜煤眼	1	0	0	0	0	0	0	0	0	0	0	0	0	0	0	0	0	0	0	1	0
各类硐室	1	0	0	0	0	0	0	0	0	0	1	0	0	0	0	0	1	1	0	1	1
井底车场	1	0	0	0	0	0	0	0	0	0	0	0	0	0	0	1	0	0	0	0	0
井筒	1	0	0	0	0	0	0	0	0	0	0	0	0	0	1	0	0	0	0	1	0
井口	1	0	0	0	0	0	0	0	0	0	0	0	0	0	0	0	0	0	0	0	0
敞车坡	1	0	0	0	0	0	0	0	0	0	0	0	0	0	0	0	0	0	0	0	0
易燃物	1	1	0	0	0	0	0	0	0	0	0	0	0	0	0	0	0	0	0	0	0
灯泡取暖	1	1	0	0	0	1	0	0	0	0	0	0	0	0	0	0	0	0	0	0	0
违章启封	1	1	0	1	0	0	0	0	0	0	0	0	0	0	0	0	0	0	0	0	0
皮带磨擦	1	1	1	0	0	0	0	0	0	0	0	0	0	0	0	0	0	0	0	0	0
吸烟	1	1	0	0	1	0	1	0	0	0	0	0	0	0	0	0	0	0	0	0	0
煤氧化自燃	1	1	1	1	0	1	1	0	0	0	0	0	0	0	0	0	0	0	0	0	0
变压器	1	0	1	0	0	1	0	0	0	1	0	0	0	0	0	0	0	0	0	0	0
电缆短路	1	1	1	0	0	1	1	0	0	0	0	0	0	0	0	0	0	0	0	0	0
瓦斯燃烧	1	0	1	0	0	0	0	0	0	0	0	0	0	0	0	0	0	0	0	0	0
其他	1	1	1	1	1	1	0	1	0	0	0	0	0	0	0	0	0	0	0	0	0
炸药自燃	1	0	0	0	0	1	0	0	0	0	0	0	0	0	0	0	0	0	0	0	0

附表 4 水害事故知识元子网网邻接矩阵

	水害事故	采空区	采煤工作面	采区水仓底	井底	井底车场	井口	井筒	掘进工作面	溜煤道	煤仓	煤窑	溜洞	石门	水采面	水仓	巷道	闸门	工程质量差	管理失误	技术管理失误
采动影响	1	0	1	0	0	0	0	0	0	0	0	0	0	0	0	0	0	0	0	0	0
违章放炮	1	0	1	0	0	0	0	0	1	0	0	1	0	0	1	0	0	0	0	0	0
违章施工	1	1	0	1	0	0	0	0	0	0	1	0	0	0	0	0	1	0	0	0	0
违章探井	1	0	0	0	0	0	0	0	0	1	0	0	0	0	0	1	0	0	0	0	0
预见性突水	1	0	0	1	0	0	0	0	0	0	1	0	0	0	0	0	0	0	0	0	0
无方案施工	1	1	0	0	1	0	0	0	0	1	1	0	0	0	0	0	0	1	1	0	0
酸乱开采	1	0	1	0	0	0	0	1	0	0	1	1	0	0	1	0	0	0	0	0	0
支护不修冒顶	1	1	0	1	0	0	0	1	0	0	0	0	0	1	1	0	0	0	0	0	0
违法开采	1	1	1	0	0	0	0	1	0	0	0	0	0	0	0	0	0	0	0	0	0
清查水原则	1	1	1	0	0	0	0	0	0	0	0	0	0	0	0	0	0	0	0	0	0
瓦斯聚守	1	0	0	0	0	0	0	0	0	0	0	0	0	0	0	0	0	0	0	0	0
水文地质不清	1	1	1	0	1	0	1	0	0	0	1	0	0	1	0	0	1	0	0	0	0
冒险蛮干	1	1	1	0	0	1	0	1	0	0	0	1	1	0	0	0	0	1	0	0	0
违章指挥	1	0	1	1	0	0	0	0	1	1	0	1	0	0	0	0	0	0	0	0	0
盲目施工	1	0	0	1	0	0	0	0	0	0	0	0	0	0	0	0	0	0	0	0	0
乱采滥挖	1	0	1	1	0	0	0	0	0	0	0	0	0	0	1	0	0	0	0	1	0
技术管理失误	1	0	0	0	0	0	0	0	0	0	0	0	0	0	0	0	0	0	0	1	0
管理失误	1	0	0	0	0	0	0	0	0	0	0	0	0	0	0	0	0	0	1	0	0
工程质量差	1	1	0	0	0	0	0	0	0	0	0	0	0	0	0	0	0	0	0	0	0
闸门	1	0	0	0	0	0	0	0	0	0	0	0	0	0	0	0	0	0	0	0	1
巷道	1	0	0	0	0	0	0	0	0	0	0	0	0	0	0	0	1	0	0	1	0
水仓	1	0	0	0	0	0	0	0	0	0	0	0	0	0	0	0	1	0	0	1	0
水采面	1	0	0	0	0	0	0	0	0	0	0	0	0	0	0	0	0	0	0	0	0
石门	1	0	0	0	0	0	0	0	0	0	0	0	0	0	0	0	0	0	0	0	0
溜洞	1	0	0	0	0	0	0	0	0	0	0	0	0	0	0	0	0	0	0	0	0
煤窑	1	0	0	0	0	0	0	0	0	0	0	0	0	0	0	0	0	0	1	0	1
煤仓	1	0	0	0	0	0	0	0	0	0	0	0	0	0	0	0	0	0	0	0	0
溜煤道	1	0	0	0	0	0	0	0	0	0	0	0	0	0	0	0	1	0	0	0	0
掘进工作面	1	0	0	0	0	0	0	0	0	0	0	0	0	0	0	0	1	0	0	1	0
井筒	1	0	0	0	0	0	0	0	0	0	0	0	0	0	0	1	1	0	0	1	0
井口	1	0	0	0	0	0	0	0	0	0	0	0	0	0	0	1	1	0	0	1	0
井底车场	1	0	0	0	0	0	0	0	0	0	0	0	0	0	0	0	0	0	0	0	0
井底	1	0	0	0	0	0	0	0	0	0	0	0	0	0	0	0	0	0	0	0	0
采区水仓底	1	0	0	0	0	0	0	0	0	0	0	0	0	0	0	0	0	0	0	0	0
采煤工作面	1	1	0	0	0	0	0	0	0	0	0	0	0	0	0	0	1	1	0	1	0
采空区	1	0	0	0	0	0	0	0	0	0	0	0	0	0	0	0	0	0	0	0	0
水害事故	0	1	1	1	1	1	1	1	1	1	1	1	1	1	1	1	1	1	1	1	1

续表

	采动影响	巷害破坏	巷害施工	巷害凿井	预见性突水	无方案施工	越界开采	支护不修冒顶	巷法开采	巷青探水原则	玩忽职守	水文地质不清	冒险蛮干	巷章指挥	盲目施工	乱采滥挖	技术管理失误	管理失误	工程质量差	闸门	巷道	水仓	采面	石门	煤壁	煤窑	煤仓	溜煤道	掘进工作面	井筒	井口	井底车场	井底	采区水仓底	采煤工作面	采空区	水害事故
乱采滥挖	0	0	0	0	0	0	0	0	0	0	0	0	0	0	0	0	0	0	0	0	1	1	1	0	0	0	0	0	1	1	0	0	0	0	1	1	1
盲目施工	0	0	0	0	0	0	0	0	0	0	0	0	0	0	0	0	0	0	0	0	1	0	0	0	0	0	0	0	1	0	0	0	0	0	1	1	1
违章指挥	0	0	0	0	0	0	0	0	0	0	0	0	0	0	0	0	0	0	0	0	0	0	0	0	0	0	0	0	0	0	0	0	0	0	0	0	1
冒险蛮干	0	0	0	0	0	0	0	0	0	0	0	0	0	0	0	0	0	0	0	1	1	0	0	0	0	0	1	1	1	1	0	0	0	0	1	1	1
水文地质不清	0	0	0	0	0	0	0	0	0	0	0	0	0	0	0	0	0	0	0	0	0	0	0	0	0	0	0	1	1	0	0	0	1	0	1	1	1
玩忽职守	0	0	0	0	0	0	0	0	0	0	0	0	0	0	0	0	0	0	0	0	1	0	0	0	1	0	0	0	0	0	1	1	0	0	1	1	1
违背探水原则	0	0	0	0	0	0	0	0	0	0	0	0	0	0	0	0	0	0	0	0	0	0	0	0	0	1	0	0	0	1	0	0	0	0	0	0	1
违法开采	0	0	0	0	0	0	0	0	0	0	0	0	0	0	0	0	0	0	0	0	0	0	0	0	0	0	0	0	0	0	0	0	0	0	0	1	1
支护不修冒顶	0	0	0	0	0	0	0	0	0	0	0	0	0	0	0	0	0	0	0	0	0	0	0	0	1	1	0	0	1	0	0	0	0	0	1	1	1
越界开采	0	0	0	0	0	0	0	0	0	0	0	0	0	0	0	0	0	0	0	0	1	0	0	0	0	0	0	0	1	1	0	0	0	0	1	0	1
无方案施工	0	0	0	0	0	0	0	0	0	0	0	0	0	0	0	0	0	0	0	0	0	0	0	0	0	0	0	0	0	0	0	0	0	0	0	1	1
预见性突水	0	0	0	0	0	0	0	0	0	0	0	0	0	0	0	0	0	0	0	0	0	0	0	0	0	0	0	0	1	0	0	0	0	0	1	1	1
违章建井	0	0	0	0	0	0	0	0	0	0	0	0	0	0	0	0	0	0	0	0	0	0	0	0	0	0	0	0	0	1	0	0	0	0	0	0	1
违章施工	0	0	0	0	0	0	0	0	0	0	0	0	0	0	0	0	0	0	0	0	1	0	0	0	0	1	1	0	1	0	0	0	0	0	1	1	1
违章放炮	0	0	0	0	0	0	0	0	0	0	0	0	0	0	0	0	0	0	0	0	0	0	0	0	1	0	0	1	0	0	0	0	0	0	0	0	1
采动影响	0	0	0	0	0	0	0	0	0	0	0	0	0	0	0	0	0	0	0	0	0	0	0	0	0	0	0	0	0	0	0	0	0	0	1	1	1

附表 5　机电事故知识元子网邻接矩阵

	机电事故	泵房	变电所	采煤工作面	带式输送机机尾处	矸石山	隔离间	工地	井筒	掘进工作面	巷道	操作失误	带电作业	机电设备管理混乱	危险地带工作	违章操作	违章蹬车	违章指挥	无安全措施
机电事故	0	1	1	1	1	1	1	1	1	1	1	1	1	1	1	1	1	1	1
泵房	1	0	0	0	0	0	0	0	0	0	0	0	0	0	0	0	0	0	1
变电所	1	0	0	0	0	0	0	0	0	0	0	0	0	1	0	0	0	0	0
采煤工作面	1	0	0	0	0	0	0	0	0	0	0	0	1	1	0	0	0	0	1
带式输送机机尾处	1	0	0	0	0	0	0	0	0	0	0	1	0	0	0	1	0	0	1
矸石山	1	0	0	0	0	0	0	0	0	0	0	0	0	0	0	0	0	0	0
隔离间	1	0	0	0	0	0	0	0	0	0	0	0	0	1	1	0	0	0	0
工地	1	0	0	0	0	0	0	0	0	0	0	0	0	0	0	0	0	0	0
井筒	1	0	0	0	0	0	1	0	0	0	0	0	0	1	0	0	0	0	1
掘进工作面	1	0	0	0	1	1	0	0	1	0	0	0	0	0	0	0	0	0	1
巷道	1	0	1	1	0	0	0	0	0	0	0	0	0	1	0	1	1	0	0
操作失误	1	0	0	0	0	0	0	0	0	0	0	0	0	0	0	0	1	1	0
带电作业	1	1	1	1	0	0	0	0	0	0	0	0	0	0	0	0	0	0	0
机电设备管理混乱	1	0	0	0	0	0	0	0	1	0	0	0	0	0	0	0	0	0	0
危险地带工作	1	0	0	0	0	0	0	0	1	0	0	0	0	0	0	0	0	0	0
违章操作	1	0	0	0	0	0	0	0	0	0	0	0	0	0	0	0	0	0	0
违章蹬车	1	0	0	0	0	0	0	0	0	0	0	0	0	0	0	0	0	0	0
违章指挥	1	0	0	0	0	0	0	0	0	0	1	0	0	0	0	0	0	0	0
无安全措施	1	1	1	1	0	0	0	1	1	1	0	0	0	0	0	0	0	0	0

附表 6　放炮事故知识元子网邻接矩阵

	放炮事故	采煤工作面	掘进工作面	巷道	井下火药库	平巷	新建井	办公楼	简化放炮程序	爆破警戒线不够	爆破冒顶	违章处理瞎炮	丢药引药	反向爆破	火药爆炸	未设警戒	违章连线爆破	明火爆破	平行作业	炸药自燃
放炮事故	0	1	1	1	1	1	1	1	1	1	1	1	1	1	1	1	1	1	1	1
采煤工作面	1	0	0	0	0	0	0	0	1	0	0	0	0	0	1	1	1	1	0	0
掘进工作面	1	0	0	0	0	0	0	0	0	0	1	0	1	0	1	1	1	0	1	0
巷道	1	0	0	0	0	0	0	0	0	1	0	1	0	1	0	0	1	0	0	0
井下火药库	1	0	0	0	0	0	0	0	0	0	0	0	0	0	0	0	0	0	0	1
平巷	1	0	0	0	0	0	0	0	0	0	0	0	0	0	0	0	0	0	0	1
新建井	1	0	0	1	0	0	0	0	0	0	0	0	0	0	0	0	0	0	0	1
办公楼	1	0	0	0	0	0	0	0	0	0	0	0	0	0	0	0	0	0	0	1
简化放炮程序	1	1	0	1	0	0	0	0	0	0	0	0	0	0	0	0	0	0	0	0
爆破警戒线不够	1	0	1	0	0	0	0	0	0	0	0	0	0	0	0	0	0	0	0	0
爆破冒顶	1	0	0	1	0	0	0	0	0	0	0	0	0	0	0	0	0	0	0	0
违章处理瞎炮	1	0	0	0	1	0	0	0	0	0	0	0	0	0	0	0	0	0	0	0
丢药引药	1	0	1	0	0	0	0	0	0	0	0	0	0	0	0	0	0	0	0	0
反向爆破	1	0	0	1	0	0	0	0	0	0	0	0	0	0	0	0	0	0	0	0
火药爆炸	1	1	1	0	0	0	0	0	0	0	0	0	0	0	0	0	0	0	0	0
未设警戒	1	1	1	0	0	0	0	0	0	0	0	0	0	0	0	0	0	0	0	0
违章连线爆破	1	1	1	1	0	0	0	0	0	0	0	0	0	0	0	0	0	0	0	0
明火爆破	1	1	0	0	0	0	0	0	0	0	0	0	0	0	0	0	0	0	0	0
平行作业	1	0	1	0	0	0	0	0	0	0	0	0	0	0	0	0	0	0	0	0
炸药自燃	1	0	0	0	1	1	1	1	0	0	0	0	0	0	0	0	0	0	0	0

附表 7　运输事故知识元子网邻接矩阵

	运输事故	车场	风门	锅炉房	井塔	井筒	掘进工作面	煤仓	石门	输送机头	铁路专用线	巷道	绞桥	操作失误	超负荷运载	技术管理失误	冒险作业	人员失职	设备管理不完善
无证上岗	1	0	0	0	1	1	0	0	0	1	0	1	0	0	0	0	0	1	0
违章指挥	1	0	0	0	0	0	1	0	0	0	0	0	0	0	0	0	0	0	0
违章行走	1	0	1	0	0	0	0	0	0	0	0	0	0	0	0	0	0	0	0
违章送车	1	0	0	0	0	0	0	0	0	0	0	0	0	0	0	0	0	0	0
违章爬车	1	1	0	0	0	0	0	0	0	0	0	0	0	0	0	0	0	0	0
违章驾驶	1	0	0	1	0	0	0	0	0	0	0	0	0	0	0	0	0	0	0
违章放车	1	1	0	0	1	0	0	0	0	0	0	0	0	0	0	0	0	0	0
违章蹬钩	1	0	0	0	0	0	0	0	0	0	0	1	0	0	0	0	1	0	0
违章跳车	1	1	0	0	0	0	1	0	0	0	0	0	0	0	0	0	0	0	0
违章乘罐	1	0	0	0	0	0	0	1	0	0	1	0	0	0	0	0	0	0	0
违章乘车	1	0	0	0	0	0	0	0	1	0	0	1	0	0	0	0	0	0	0
违章操作信号	1	1	0	0	0	0	0	0	1	0	0	1	0	0	0	0	0	0	0
违章操作	1	0	0	0	0	0	0	0	0	0	0	0	0	0	0	0	0	0	0
施工质量低	1	0	0	0	0	0	0	0	0	0	0	0	0	0	0	0	0	0	0
设备管理不完善	1	1	0	0	0	0	0	0	0	0	0	0	0	0	0	0	0	0	0
人员失职	1	0	0	0	0	0	0	0	0	0	0	0	1	0	0	0	0	0	0
冒险作业	1	1	0	0	0	0	0	0	0	0	0	0	1	0	0	0	0	0	0
技术管理失误	1	1	0	0	0	0	0	0	0	0	0	1	0	0	0	0	0	0	0
超负荷运载	1	1	0	0	0	0	0	0	0	0	0	1	0	0	0	0	0	0	0
操作失误	1	1	0	1	0	0	0	0	0	0	0	0	1	0	0	0	0	0	0
绞桥	1	0	0	0	0	0	0	0	0	0	0	0	0	0	0	1	0	1	0
巷道	1	1	0	0	0	0	0	0	0	0	0	0	0	1	0	0	0	1	0	1
铁路专用线	1	1	0	0	0	0	0	0	0	0	0	0	0	0	0	0	0	0	0
输送机头	1	0	0	0	1	0	0	0	0	0	0	0	0	0	0	0	0	0	0
石门	1	0	0	0	0	0	0	0	0	0	0	1	0	0	0	0	0	0	0
煤仓	1	0	0	0	0	0	0	0	0	0	0	0	0	0	0	1	0	0	0
掘进工作面	1	0	0	0	0	0	0	0	0	0	0	0	0	0	0	0	0	0	0
井筒	1	0	0	0	0	0	0	0	0	0	1	0	1	0	1	1	1	1	0
井塔	1	0	0	0	0	0	0	0	0	0	0	1	0	0	1	0	0	0	0
锅炉房	1	0	0	0	0	0	0	0	0	0	0	1	0	1	0	1	0	0	0
风门	1	0	0	0	0	0	0	0	0	0	0	1	0	1	0	0	1	0	0
车场	1	0	0	0	0	0	0	0	0	0	0	1	0	1	0	0	1	0	0
运输事故	0	1	1	1	1	1	1	1	1	1	1	1	1	1	1	1	1	1	1

续表

	运输事故	车辆	风门	锅炉房	井塔	井筒	掘进工作面	煤仓	石门	输送机头	铁路专用线	巷道	挖掘	操作失误	超负荷运转	技术管理失误	冒险作业	人员失职	设备配置不完善	施工质量低	违章操作	违章操作信号	违章乘车	违章乘罐	违章摘车	违章蹬钩	违章放飞车	违章驾驶	违章爬车	违章试车	违章行走	违章指挥	无证上岗
施工质量低	1	0	0	0	0	0	0	0	1	0	0	1	0	0	0	0	0	0	0	0	0	0	0	0	0	0	0	0	0	0	0	0	0
违章操作	1	1	0	0	0	1	0	0	0	1	0	0	0	0	0	0	0	0	0	0	0	0	0	0	0	0	0	0	0	0	0	0	0
违章操作信号	1	1	0	0	0	1	1	1	0	0	0	1	1	0	0	0	0	0	0	0	0	0	0	0	0	0	0	0	0	0	0	0	0
违章乘车	1	0	0	0	0	1	1	0	0	1	0	0	0	0	0	0	0	0	0	0	0	0	0	0	0	0	0	0	0	0	0	0	0
违章乘罐	1	0	0	0	0	1	0	0	1	0	0	1	0	0	0	0	0	0	0	0	0	0	0	0	0	0	0	0	0	0	0	0	0
违章摘钩	1	0	0	0	0	1	0	0	0	0	0	1	0	0	0	0	0	0	0	0	0	0	0	0	0	0	0	0	0	0	0	0	0
违章蹬钩	1	0	0	0	0	0	0	0	0	0	0	1	0	0	0	0	0	0	0	0	0	0	0	0	0	0	0	0	0	0	0	0	0
违章放飞车	1	0	0	0	0	0	0	0	0	0	0	0	0	0	0	0	0	0	0	0	0	0	0	0	0	0	0	0	0	0	0	0	0
违章驾驶	1	0	0	0	0	1	0	0	0	0	0	1	0	0	0	0	0	0	0	0	0	0	0	0	0	0	0	0	0	0	0	0	0
违章爬车	1	0	1	0	0	0	0	0	0	0	0	1	0	0	0	0	0	0	0	0	0	0	0	0	0	0	0	0	0	0	0	0	0
违章试车	1	0	0	0	0	1	0	0	0	0	0	0	0	0	0	0	0	0	0	0	0	0	0	0	0	0	0	0	0	0	0	0	0
违章行走	1	1	0	0	0	1	0	0	0	0	0	1	0	0	0	0	0	0	0	0	0	0	0	0	0	0	0	0	0	0	0	0	0
违章指挥	1	0	0	0	1	1	0	0	0	0	0	0	0	0	0	0	0	0	0	0	0	0	0	0	0	0	0	0	0	0	0	0	0
无证上岗	1	0	0	0	0	0	0	0	0	1	0	1	0	0	0	0	0	0	0	0	0	0	0	0	0	0	0	0	0	0	0	0	0

附表 8 其他事故知识元子网邻接矩阵

	其他事故	采煤场	车间	工地	井塔	井筒	掘进工作面	库房	煤仓	平台	屋面	巷道	阳台	绞车房	操作失误	工程质量低	检查不力	冒险作业	擅离职守	违章施工	违章指挥	违章作业	无安全措施	信号不清
其他事故	0	1	1	1	1	1	1	1	1	1	1	1	1	1	1	1	1	1	1	1	1	1	1	1
采煤场	1	0	0	0	0	0	0	0	0	0	0	0	0	0	0	0	0	0	0	0	1	1	0	0
车间	1	0	0	0	0	0	0	0	0	0	0	0	0	0	0	0	0	0	0	0	1	0	1	0
工地	1	0	0	0	0	0	0	0	0	0	0	0	0	0	0	0	0	0	0	1	0	0	1	0
井塔	1	0	0	0	0	0	0	0	0	0	0	0	0	0	1	0	0	0	0	0	0	0	0	0
井筒	1	0	0	0	0	0	1	0	0	0	0	0	0	0	0	0	1	1	1	0	1	1	1	1
掘进工作面	1	0	0	0	0	0	0	0	0	0	0	0	0	0	0	0	0	1	1	0	1	1	1	1
库房	1	0	0	0	0	0	0	0	0	0	0	0	0	0	0	0	0	1	0	0	1	1	0	0
煤仓	1	0	0	0	0	0	0	0	0	0	0	0	0	0	0	0	0	1	0	0	0	1	1	0
平台	1	0	0	0	0	0	0	0	0	0	0	0	0	0	0	0	0	0	0	0	0	1	0	0
屋面	1	0	0	0	0	0	0	0	0	0	0	0	0	0	0	1	0	0	0	0	1	0	1	0
巷道	1	0	0	0	0	0	0	0	0	0	0	0	0	0	0	0	1	0	0	0	0	1	0	0
阳台	1	0	0	0	0	0	0	0	0	0	0	0	0	0	0	0	0	0	1	1	0	0	1	0
绞车房	1	0	0	1	1	1	0	0	0	0	0	0	0	0	0	0	0	1	0	0	0	1	0	0
操作失误	1	0	1	0	0	0	0	0	0	0	0	1	0	0	1	0	0	0	0	0	0	0	0	0
工程质量低	1	0	0	0	0	1	1	0	0	0	1	0	0	0	0	0	0	0	0	0	0	0	0	0
检查不力	1	0	0	0	0	1	1	0	1	0	0	0	0	0	0	0	0	0	0	0	0	0	0	0
冒险作业	1	0	0	0	0	0	0	0	1	0	0	0	0	0	0	0	0	0	0	0	0	0	0	0
擅离职守	1	0	1	1	1	0	0	0	0	0	0	0	0	1	0	0	0	0	0	0	0	0	0	0
违章施工	1	1	0	0	0	1	1	0	0	0	0	0	0	0	0	0	0	0	0	0	0	0	0	0
违章指挥	1	0	1	0	0	1	0	0	1	0	0	1	0	0	0	0	0	0	0	0	0	0	0	0
违章作业	1	0	0	1	0	1	0	1	0	0	1	0	0	0	0	0	0	0	0	0	0	0	0	0
无安全措施	1	0	1	0	0	0	0	0	1	0	0	0	0	0	0	0	0	0	0	0	0	0	0	0
信号不清	1	0	0	0	0	1	0	0	0	0	0	0	0	0	0	0	0	0	0	0	0	0	0	0